★ 名师论教丛书 ★

格物致理育英才

—— 教学文稿自选集

李承祖 著

Inquiring into the Nature to Cultivate the Mind
—Self-selected Essays on Education

国防科技大学出版社
·长沙·

图书在版编目（CIP）数据

格物致理育英才：教学文稿自选集/李承祖著. —长沙：国防科技大学出版社，2021.7

ISBN 978 - 7 - 5673 - 0572 - 4

Ⅰ.①格…　Ⅱ.①李…　Ⅲ.①物理教学—教学研究—文集　Ⅳ.①O4-53

中国版本图书馆 CIP 数据核字（2021）第 127603 号

国防科技大学出版社出版发行

电话：（0731）87000353　邮政编码：410073

责任编辑：邹思思　责任校对：欧　珊

新华书店总店北京发行所经销

国防科技大学印刷厂印装

*

开本：710×1000　1/16　印张：25　字数：348 千字

2021 年 7 月第 1 版第 1 次印刷　印数：1-1000 册

ISBN 978 - 7 - 5673 - 0572 - 4

定价：98.00 元

前　言

收到学校准备编辑出版"名师论教"丛书我是其作者之一的消息，倍感荣幸，同时又十分惶恐。我虽然在本科生教学、课程建设、学科建设和研究生教育等方面做了一些工作，对遇到的问题做过一些思考，有些经验和体会，也写过一些小文章，但从没想过成集出书，更不敢奢求"上升到教育学的高度，成为得以普遍适用的教育理论和规律"。这里我只能把多年教师生涯中对遇到的问题所做的研究和探索，以及得到的经验和体会，通过当时所写的教学研究论文、论证报告、总结报告、交流报告等，原汁原味地呈现给大家。为了适应本书出版宗旨的要求，对有些文章做了适当的删减和修订。

上述处理方法虽然显得粗糙一些，比如相同或大致相同的观点和论述会出现在不同篇中，尽管从每篇局部看是适当的、必要的，但从全书整体看就会显得有些重复。不过，这样做也有好处，那就是读者可以从中看出我关于一些问题的理念、思想形成的过程，还可以追寻出它发展演变的脉络。作为一名老教师，我相信虽然环境、条件发生了变化，但读者也会遇到和我类似的问题，我思考、处理这些问题的方式，得到的经验和体会或许会给读者一些借鉴、参考和启迪，这也是学校出版这套丛书的目的所在。最后即使不能达到这一目标，我仍想借"抛砖引玉"聊以自慰，衷心希望本书能对物理专业同行以及其他专业读者有所裨益，也诚恳期望读者对本书某些不甚如意之处给以谅解，对其中不当或错误给予批评、指教。

按照"紧紧围绕'论教育人'主体，结合学科专业背景、教学科研工作经历"这一出版要求，文集中收录了我多年从事理论物理、大学物理、量子信息教学做过的教学理念、教学内容、教学方法研究和教学改革经验总结；关于课程建设、学科建设项目的研究建议、论证报告、总结报告、具体做法和体会；应邀或受派在不同场合所做的交流报告，其中包含如何当好教师、如何上好课、如何指导研究生、如何教育孩子，以及关于量子信息简介、物理学和计算机科学、量子力学哲学问题讨论等。

文集中有几篇看似和教学关系不大的文章，有人建议删除，我仍坚持保留了下来。原因是这些内容是我退休前十几年教授本科生、研究生教学研究的成果，也是进行课程建设、学科建设所做的思考和探索。把教学和科研分开的看法，是和我在书中表达的观点相背的。我认为教师的基本职责是向学生传授科学文化知识，培养科学精神、科学态度和创新能力，教师要履行好这一职责，最基本的是教师本身应具备较高的学术水平。要提高学术水平除了刻苦钻研教材、在教学实践中提高外，还需要参加科学研究。特别是现在研究生学习的目的已经不仅仅是学习知识、获得技能，而是要创造知识。作为研究生导师，要在学术、科研上给学生以指导，就需要在相关专业领域站得更高、看得更远，而要做到这些就必须做好实际上的科研工作，努力做到教学与科研互相促进。我所选入的关于量子信息学科建设的几篇文章，也反映了我是如何接触到量子信息这个新兴学科的，如何从不知到知道，从知之甚少到深入其中，如何调研以及申请科研项目，如何和研究生一起创建实验室、在我校开创量子信息学研究这个学科方向，以及我对物理专业、量子信息学科理解、深化的过程和对该学科发展前景的认识和展望。我相信这对本学科年轻教员和学生以及其他专业人员也会有参考价值和借鉴意义。

将《也谈孩子智力的早期开发——关于子女教育的几点体会》一文录入本书的主要缘由是，首先，这篇稿子是应当时理学院领导为解决一些教师的后顾之忧，帮助家长教育好孩子，提高子女的升学率，要我在全院教师大会上谈教育子女的体会形成的。讲完后反响很好，不断有教员找我要讲稿，这使我相信，放在这里可能会对目前仍承担子女教育任务的中青年教员有参考价值。其次，实际上我在教学中特别是在研究生培养中的一些理念、做法就是从教育孩子中得到启发的，例如《关于如何当好研究生导师的思考》一文谈到"避免两个极端"时提到"过于关心或包办代替"；在谈到"一个值得重视的问题"时提到"导师要尊重学生的人格，保护学生的自信心"等内容，都是我从中得到的体会。此外，我想文集主体是"论教"，教育孩子也是"教"，仅只是教育对象不同，在不同对象的"教育"中，本来就包含某些共同的东西。最后，专家在对本书的评审意见中，建议我概括地总结一下有关观点，还特别提到"儿童智力早期开发的经验"，这更加强了我上面的认识。

我编写的几部教材都已独立成书出版，现已公开发表的科研论文和学术著作也不适合收入本书，但由于《基础物理学》一书中的"前言"部分系统、全面地概括了我们关于物理教学内容研究和改革的结果，因而也收录进本书。

本书文稿共32篇，另有1个附录。虽然都在不同场合、不同范围内交流过，但公开发表的仍然是少数，其中有些内容是直接从报告演示文稿文件中整理出来的。

最后关于材料组织和编排方式，作为一本文稿选集，一种自然的安排就是把这些文稿按年代先后时间排列。这样做的好处是能很好地反映思想、观念形成和发展的历史过程，自然地符合认识发展演变规律。其缺点则是全书的内容结构不够一目了然，读者需要通读全书才能把握其中的来龙去脉，从中找出自己所关注和感兴趣的地方。我在这里采用了折中的办法，把全书分为"大学物理教学理念创新和素质教育""大学物理教学内容研究和改革""大学物理教材建设""课程建设、学科建设"和"交流报告"五个板块，每个板块中的内容按时间顺序排列。划分为板块的做法虽然可以一定程度上解决上述问题，但由于当初每篇文章并不是按这种设计撰写的，所以往往一种理念或观点的表述会出现在不同板块中。如在"大学物理教学理念创新和素质教育"板块中阐述的关于教学理念和素质教育的某些观点几乎贯穿全书，在其他板块中也有不同程度地体现。此外，采取上述方式编排内容，还可能造成个别内容前后缺乏连贯性等问题，还望读者谅解。

最后，根据专家建议，我又写了一个比较详细的导读，希望能弥补上述不足。

对帮助出版本书的学校有关人员表示感谢；对国防科技大学出版社张静总编为本书出版给予的关注、邹思思编辑为本书出版付出的辛勤劳动表示衷心感谢！再次诚恳希望读者不吝批评指教！

李承祖

2018 年 5 月

导　读

　　本书分为："大学物理教学理念创新和素质教育""大学物理教学内容研究和改革""大学物理教材建设""课程建设、学科建设"和"交流报告"五个板块，每个板块内的内容按时间顺序排列。

第一部分：大学物理教学理念创新和素质教育

　　教学理念反映教学要实现的目的，决定了教学改革的方向和目标。要进行教学改革，首先就需要创新教学理念。大学物理教学的新理念应当改变单纯知识教育和技能训练，应当在注重知识教育的同时，还要注重科学文化教育，把素质教育作为大学物理教学目的的重要方面。

　　这一板块共包括五篇文章。分别从不同角度阐述了大学物理教学理念不应当只是为后续专业课服务，而是在为后续专业课打好基础的同时，还为素质教育服务。大学物理教学在科学方法、科学思想方法以及科学世界观教育中有独特的优势和不可替代的作用。开发大学物理教学的高品位文化功能，是大学物理教学改革的重要方向，在这个板块的最后一篇，还详细阐述了一般素质教育的内涵，并根据对大学物理教学情况的认识，就如何进行大学物理教学内容、教学方法的改革提出了建议。

　　第一篇《基础物理教学和高素质工程技术人才培养》（1998年10月），首先分析了在经济增长日益依赖科技进步的"知识经济"

时代，工程技术人才应具备怎样的素质。其次根据基础物理教学内容，指出基础物理教学在高素质工程技术人才培养方面具有独特的优势和不可替代的作用，这些方面包括：（1）宽广、扎实的专业技术理论基础教育；（2）知识更新能力和创新能力培养；（3）科学方法、科学思想方法以及科学世界观教育；等等。最后指出当时基础物理教学存在教学指导思想落后、教学内容陈旧、经典物理比重过大、近代物理内容不足、教学方法和教学手段不能适应素质教育的情况。

第二篇《关于军队院校基础物理教学改革的几点建议（提纲)》（2000 年 6 月），是应"军队院校物理教学协作组长联系会"的要求写的建议讨论提纲。

文中指出当时基础物理教学改革的必要性和改革条件，提出"实现思想认识上的两个转变"，即从单纯服务于后续专业课，到使学生获得完整物质世界图像、建立科学的物质观和世界观的转变；从单纯向学生灌输物理知识，到同时提高其科学素质，即从应试教育到素质教育的转变。并对当时国内"基础物理教材内容体系改革"讨论、多媒体教学、加强实验课教学、考试制度改革等问题简要地表达了看法和意见。

第三篇《开发大学物理教学的高品位文化功能是大学物理教学改革的重要方向》（2007 年 8 月），是在大学物理教学改革积累一定经验后，为进一步推进素质教育而写的。比较系统地阐述了大学物理教学在素质教育中的作用，并对如何发挥这种作用提出了具体建议。

文中指出，传统的大学物理教学对知识教学、技能训练已给以足够重视，但对培养科学精神、提升科学文化素质的认识还不统一，重视还不够。针对这种情况，提出了当前物理教学改革的一个重要方向，就是发掘、开发物理教学的高品位的文化功能，为提高学生的科学文化素质服务。

文中指出，物理学反映的物质世界图像和物质运动规律是科学物质观、世界观的基础，通过物理学教学可以对学生进行具体的、生动的、有说服力的科学世界观教育。文中讨论了物理学中科学方法的辩证法，指出物理教学另一个任务就是通过具体的物理知识教学、演示、示范这些科学方法，使学生经受科学方法训练。文中还指出，物理学和科学精神教育之间密切关联，在物理教学中应适当地、恰如其分地介绍杰出物理科学家的科学活动和社会活动，使学员从他们成功的方法中接受科学方法的训练，学习他们积极进取的探索精神，实事求是的科学态度以及崇高的社会责任感，用他们高尚的人格魅力感染人、教育人，这是开发物理学高品位文化功能的另一个重要方面。

文中最后提出了开发大学物理教学高品位文化功能的具体做法和建议：（1）创新大学物理的教学理念，把开发大学物理高品位文化功能作为教学改革的一个重要方向；（2）根据开发高品位文化功能的需要，改革传统的教学内容；（3）改变教学方法，强调物理思想教学，突出物理图像教学。

第四篇《听课情况汇报及对深化基础物理教学改革、强化素质教育的几点建议》（2012年10月），是作者作为理学院教学专家组成员在院教学工作总结会上的发言稿。

文中首先提出"合格的任课教员"和"优秀任课教员"的条件，其次根据这些条件分析了学院的物理教学情况和存在的问题，最后提出关于深化基础物理教学改革、强化素质教育的几点建议。

第五篇《素质教育和大学物理教学改革》（2012年10月），是根据作者在国防科技大学理学院聘任教学顾问大会上的报告演示文稿所改写的。

文中首先阐释了"素质"的概念——包含生理学素质和教育学

意义上的素质两个方面。指出所谓素质教育，就是通过教学、知识传授和能力培养，提高学生的综合素质特别是教育学意义上的素质。其次从四个方面阐述了素质教育和大学物理教学之间的关系。最后为了适应素质教育的要求，开发物理教学的高品位的文化功能，并根据当时对大学物理教学情况的认识，就如何进行大学物理教学内容、教学方法改革提出了几点建议。

第二部分 大学物理教学内容研究和改革

教学内容是服务于教学理念的，教学理念的转变必然伴随着教学内容的改革。这一部分包含五篇文章，反映了作者对大学物理教学内容研究的情况以及对教学内容改革的尝试。其中第一篇尤为重要，文章针对当时"基础物理教学内容的改革仍然步履艰难、进展缓慢，指导思想不很明确，改革已进入攻坚阶段"的情况，提出用系统学观点分析基础物理教学内容、结构，解决基础物理教学内容设计、教材组织等问题。本文是之后作者有关大学物理教学内容改革的指导思想和方法的基础。此板块其余几篇分别研究了大学物理中的量子力学教学、相对论中的张量教学、电磁学部分的教学组织，以及力学教学的新思路等。

第一篇《用系统学方法研究基础物理教学内容改革》（2001 年 8 月），曾发表在《高等教育研究学报》上，其主要思想也在全军大学物理教学研讨会报告过，报告提纲收入当年理学院编写的《教学改革研究论文集》中。

文中首次提出基础物理教学的目的应当是多目标的，并把教学理念比较完整地表述为：（1）认识物质世界本质，树立科学世界观，获得完整物质世界图像；（2）掌握基本物理学语言、理论，探索物质世界规律的基本原理和方法；（3）学会科学思想、科学方法，提高其分析问题、解决问题的能力；（4）为后续专业课程打下扎实的物理理论基础，并把基础物理教学改革定义为在一定条件下（计划学时、学生基础、其他课程安排等），根据上述目标，对教学的内容、体系、结构的整体优化设计。

文中提出的优化设计方法是把大学物理教学内容作为一个系统，按照系统学原理，首先从层次上把握系统结构。把大学物理内容划分为三个层次，不同层次服务于不同的教学目标。进行大学物理教学内容改革，就是要正确处理这三个层次的教学内容的关系。文章接着分析了构成基础物理教学内容各板块（子系统）存在的共同点，提出"一个统一"的内容处理方法，就是突出"运动状态"的概念，用"独立状态参量"描述运动状态，通过状态参量或适当状态函数的演化表述"运动规律"，用这一理论框架统一地处理力、热、电及量子物理内容的总思路。

用上述系统学方法可以把大学物理教学内容纳入一个主线条清晰的系统，很容易区分出教学内容的骨干和枝节，突出教学重点，优化经典物理教学内容，同时可以把量子力学和经典力学纳入同一理论框架，把量子物理看作是经典物理发展的一个逻辑结果，一定程度上降低了学习量子物理的难度。

第二篇《关于非物理专业理工科基础物理中的量子物理教学》（2004年10月），曾在2004年"全国高等学校量子力学研究会"年会上报告过，并于2007年收入由北京科学出版社出版的《量子力学朝花夕拾》一书。

教学内容的现代化是基础物理教学内容改革的基本问题之一，而现代化的核心是如何讲好相对论和量子物理学。文中首先说明在基础物理教学中应系统地介绍量子力学的基本概念、原理，不应只满足于"开窗口"。然后根据所进行的教学内容改革经验和体会，提出了讲授量子力学的具体做法：（1）改造经典力学体系，以统一的、系统的观点理解包括量子物理在内的物理学；（2）突出微观粒子的波性，把量子力学和经典力学对照起来讲清楚其区别和联系；
（3）难点分散，在讲授经典物理内容时为量子力学做好铺垫；（4）
突出经典物理中没有的量子纠缠现象，适当介绍量子信息学的基本
原理。

第三篇《应把张量概念引入基础物理教学》（2005 年 5 月），
阐明的基本思想和做法已经在当时新编的教材《大学物理学》中采
用。文章首先分析了在基础物理教学中引入张量概念的必要性、可
能性、可带来的好处，以及"畏难情绪"的不必要性，指出"勇敢
地跨越这一步，剩下的就是海阔天空"。其次详细说明如何在三维
空间中用坐标系转动变换定义三维张量，以及如何把这种做法推广
到四维空间定义四维张量，接着演示了用四维张量表述相对论带来
的诸多好处。最后指出引进张量的概念由于直接反映了相对论中
"时－空"的统一，抓住了相对论内容的精华和核心，可以避免将
相对论作为知识教学，从而有利于加强相对论物理概念、物理图像
和物理思想的教学，这符合教学内容现代化和教学改革的要求。

第四篇《如何组织基础物理中的电磁学教学研究——电磁场的
数学结构和电磁学理论体系》（2005 年 9 月）。文中的基本思想曾在
国内物理系学术报告会上进行交流。文中指出，电磁场的基本性质
可由关于矢量场的几条基本定理描述，在组织电磁学教学中认识到
这一点，有助于区分内容的主线条和枝节，突出重点，科学组织教
学，在有限的学时下收到更好的教学效果。

文中首先根据矢量场矢量线的几何形状分类矢量场，给出它们
的数学定义，然后不加证明地引用关于矢量场的六条基本定理，说
明电磁场的数学结构。其次根据电磁场的数学结构、普遍的教学规
律，说明基础物理教学中电磁学部分的内容体系。最后阐明电磁学
教学内容的三个层次。

第五篇《改革基础物理力学教学的新思路》（2007 年 10 月），

曾收入《大学物理课程报告论坛文集2007》中。文中根据前面阐明的"一个统一"的方法，重组力学部分教学内容。其中引入"运动状态"和"可观测力学量"的概念，指出坐标、动量是状态参变量（动力学变量）；角动量、动能以及在存在保守力场情况下的位能、机械能等是"可观测力学量"。这些可观测力学量在描述机械运动规律上地位同等，所以牛顿第二定律、动能定理、角动量定理、功能原理都可归于"描述机械运动规律"同一层次。同时指出这种处理方法可推广用于基础物理的其他部分。

第三部分　大学物理教材建设

教材是教学理念、教学指导思想的具体体现，是教学内容的载体，也是教学内容改革和教学经验的结晶。教材不仅对提高教学质量有重要作用，而且教材建设本身对提高教师学术水平、教学水平以及加强教师队伍建设也有积极的促进作用。

这一部分共收录五篇文章，从不同角度阐述了编写教材的规律。强调教材一定要有自己的特色，编写教材要符合教学理念需要，"教学理念是教材的灵魂，教材的特色决定教材的价值"。阐述了编写技术原则：内容安排上要循序渐进，由浅入深，符合认识规律和教学规律；材料组织上要有条理性、层次感、内在逻辑性；概念、定理、结论要准确，语言要精练；所要达到的目标应当是教学理念先进，具有明显特色和优势，体系结构科学合理，整体上具有系统性、先进性、新颖性、可教性。

第一篇《新编大学物理教材＜基础物理学＞论证报告》（2002年11月），摘自当时填报的"国防科技大学自编教材选题申报表"中"申报选题的主要理由"一项。

"基础物理学"是工程技术、指挥类各专业的共同基础理论课，对培养学员扎实的自然科学基础，学好后续专业课程，以及在培养学员科学思维方法、科学态度、创新意识，提高其科学素质方面有重要作用。新教材希望通过对传统基础物理教学内容进行层次分析、内容整合，使教材整体得到优化，并较好地解决内容现代化和循序渐进的教学规律、教材内容的先进性和教材本身的可教性的矛盾。同时新教材需要体现素质教育要求和国防现代技术需要的军队特色。文中列举了编写中要突出的特色，给出了编写提纲。在"说明"栏目下，简要地阐明了"三个层次"，突出"运动状态"处理教学内容的思路和方法。

第二篇《＜基础物理学＞一书前言》（2003 年 9 月），是为科学出版社出版的大学物理教材《基础物理学》一书所写的前言，收入本书时新加了小标题，并做了个别修改。

文中首先阐述了基础物理学课程的性质和目的定位。其次阐述了教材体现的教学理念、内容改革的理由和依据、改革的具体思路和做法。最后在"关于几个问题的看法"标题下，具体谈了关于《基础物理学》内容选取、普物风格、数学工具处理以及教学指导思想和教学方法等几个问题的观点和认识。最后强调要以改革的精神看待基础物理教学内容的改革。

第三篇《编写基础教育合训＜大学物理学＞立体化系列教材的论证报告》（2004 年 10 月），明确了教材目标定位：体现大学物理教学的科学知识教育、科学文化教育的双重功能。编写指导思想：坚持改革，突出军事需要特色，以现代物理思想、观点，整合压缩经典内容，加强近代物理教学，体现基础物理教学新理念和素质教育要求。教材的编写原则：具有先进性、新颖性、体系结构科学合理性、系统性、可教性。教材要达到的目标：体现物理教学改革和内容现代化要求，具有鲜明国防需要特色，符合现代教育理念和素质培养需要；结构上符合认识规律和教学规律；内容准确、系统全面、语言精练，有较高学术水准。报告列出了要实现的创新、特色目标以及为达到上述目标的具体思路，最后详细介绍了教材内容和编写提纲。

第四篇《突出特色 坚持高标准 精心打造新版＜大学物理学＞教材——在修订＜大学物理学＞第二次讨论会上的发言》（2016 年10 月），较为系统地反映了作者关于大学物理教材建设的理念。首先，肯定了第一次讨论会决定的修订内容，强调"教材的灵魂就是教材反映的教学理念，教材的特色决定教材的价值"，希望在修订的新版教材中继承原版的教学理念，坚持发扬原版的特色，以更高的标准做好修订工作。其次，详细介绍了原版教材的教学理念以及"三个层次""一个统一""两个突出"的处理方法，重新阐述了"编写的处理原则"要求：（1）坚持从现象中引进概念，从实验中总结出规律的普物风格；（2）突出物理图像、物理思想和物理方法教学，淡化数学处理和技术细节；（3）充分发掘、开发物理教学的高品位文化功能，为提高学员科学、文化素质服务；（4）尽量避免艰深和复杂的数学，突出物理本质，树立鲜明的物理图像；（5）主张"渗透式"的教学方法，不赞成要求学生当堂消化、当堂理解的"填鸭式"教学。另外，要求坚持在实现上述教学理念、达到上述教学目标前提下，尽量降低难度，做到通俗易懂，易教易学。最后，对编写格式提出了几点要求：教材每章、每节都要具有条理性、层次感、内在逻辑性；要符合认识规律和教学法要求；概念、定理、结论要正确、没有原则性的错误；语言精练，避免不必要重复；需要强调的要点要明确、简洁；等等。

第五篇《关于修订大学物理教材的三个坚持》（2017 年 12月），是在《大学物理学》教材修订过程中，为进一步统一思想认识所进行的讨论会上的一篇发言稿。

此篇根据修订过程中存在的问题，有针对性地强调修订大学物理教材必须坚持改革的思想。（1）坚持对传统的大学物理教学内容进行现代化改革；（2）坚持大学物理教学不仅仅是单纯的知识教学和技能训练，而应是包含科学文化素质、科学精神的培养和训练；（3）坚持已有的改革经验和方法，即大学物理教学改革是一定目标、一定条件下的优化设计，而对教学内容则采用"三个层次""一个统一""两个突出"的处理方法。在上述三个坚持前提下，鼓励积极创新，发挥各自聪明才智，共同打造高质量的新教材。

第四部分　课程建设、学科建设

学校对学生的教育，主要是通过课程教学进行的，不同的具体课程，就是学校对学生实施教育和训练的基础环节。课程建设包括教学理念的创新，教学目标、教学内容和课程标准的确定，以及教学方法的改革等。教师是教学的主体，课程建设自然还要包括教师队伍的建设，建设一支师德高尚、治学严谨、学术和教学水平高的师资队伍，是课程建设的关键。由于课程教学在学校教育中的基础作用，要培养高质量的学生必须进行高水平的课程建设。

课程建设和学科建设有密切关系。按专业性质和研究方向划分的学科，通常包含几个课程或课程系列。高水平的学科除需要高水平的科研条件和科研成果外，还需要高水平的课程或课程系列支撑。学科是学生培养、研究生教育的基地和依托。课程建设、学科建设历来是高水平大学建设的一个重要内容，建设水平体现了学校的办学水平、学术地位和核心竞争力。

这一部分有九篇文章。其中两篇文章是关于课程建设的，分别是作者作为教研室主任、大学物理首席教授代表教研室和课程组所写的经验总结。这些经验中最重要的就是创新教学理念，转变教学指导思想，从单纯知识教育、应试教育过渡到素质教育；强调课程建设关键点是教师队伍的建设。教师队伍建设的一条重要经验就是把教学和科研结合起来，"以学科建设为龙头，走教学、科研相结合的道路"，努力做到教学、科研互相促进，进入良性循环。

　　另外有七篇文章属于学科建设，这里主要指量子信息学科建设。量子信息是 20 世纪 80 年代形成的一个新兴交叉学科，作者退休前十几年主要从事该学科的科学研究和教学工作。这七篇文章一定程度地反映了作者对这个新兴交叉学科从最初的无知到有知的认识过程，以及如何进行量子信息教学内容研究，建设从本科生到博士研究生的教学、教材体系；如何在校系支持下，建设从最初的团队、实验室到有一定规模的学科点，培养一批有较高水平的硕士、博士研究生的历史过程。其中，《基础物理发展战略研究报告》展望了学科发展方向，提出我校发展措施建议；《量子计算机的全电路超导簇态实现》和《也谈量子程序设计》还对未来量子计算机的实现和量子计算机研究方向提出了自己的看法。这一部分中的《量子信息学科建设十八年》是应研究生院要求、为庆祝国防科技大学研究生院成立三十周年写的专稿，是作者作为量子信息学术带头人代表集体所写的一篇总结报告，总结了我校量子信息学科建设创立、发展、壮大的十八年的做法、经验和体会。

　　第一篇《应用物理专业理论物理系列课程建设》（1996 年 5 月），是作者为当时的理论物理学组准备的"国防科工委优秀教学成果奖"报奖材料的一部分，该项目曾获"国防科工委优秀教学成果"一等奖。

　　文中反映了在当时市场经济大潮对理论物理长线课程冲击的大背景下，理论物理课程组是如何建设理论物理系列课程的。主要经验有以下四点：（1）教师是教学活动的主体，教师队伍建设是提高教学质量的关键；通过发挥老教师传、帮、带作用，教学和科研互相促进，创造浓厚的学术氛围进行教师队伍建设。（2）通过教学内容改革和教材建设进行课程建设。（3）改革教学方法，强调教学指导思想的转变是根本；强调理论联系实际，注重应用；规范课堂教学环节，讲究课堂教学艺术。 （4）积极推进教学手段现代化改革等。

第二篇《关于量子计算和量子计算机的调研报告》（1997 年 7 月）。文中阐述了开展量子计算研究的学术价值、科学意义和潜在应用，以及在我校开展这一研究对加强理科建设、提高基础研究水平、培养人才方面的重大作用。并提出了初步的研究目标、计划和措施。文中满腔热情地提出："量子计算和量子计算机研究是具有物理、计算机专业博士、硕士学位，年龄三十岁左右，有良好外语能力，有好奇心、有进取心的年轻人的事业，这个领域是他们驰骋、拼搏、施展才华的好战场。开展这一领域的研究有可能锻炼、造就一批高水平的基础研究人才，这一研究有可能成为我校培养理科人才的一个基地。"

第三篇《量子信息学科建设论证报告》（2002 年 6 月），是在我校开展量子信息研究的第一个论证报告（"十五"建设项目）。报告首先通俗地解释了什么是量子信息；其次从国防建设、商业价值和经济效益、学术价值和科学意义、人才培养等多个方面，阐述了量子信息学科建设的意义；再次介绍了国内外当时的研究现状和需要研究的主要科学问题；最后根据当时具体情况，提出了建设思路、建设内容和主要措施。

第四篇《量子保密通信技术项目研究论证报告》（2005 年 2 月），是作者为实验室所写的装备技术创新项目论证报告。报告中首先通俗地解释了经典保密通信模型以及经典密钥分配存在的困难；其次介绍了量子密钥的基本原理、两类典型的实现方案；最后介绍了量子保密通信研究的国内外进展，并展望了量子密钥应用前景。

第五篇《"大学物理"系列课程教学理念的创新和实践》（2006 年 6 月），是作者为大学物理课程组申报"国家精品课程"所写的大学教学改革经验总结。

此篇包括以下六个方面的内容。（1）教学理念是教学改革的灵魂，决定了教学改革的方向。我们创新了基础物理教学新理念，把基础物理教学的目的突出地放到学生科学、文化素质教育和培养上。（2）在思想认识上对传统的"大学物理学"教学内容、普物风格、张量数学工具的使用、教学指导思想等方面有新的突破。（3）区分学历教育合训、文科、高级干部高科技知识培训班等不同类型学员，选择不同的教学内容、教学方法，有所侧重、有所区别地贯彻教学新理念；同时开展双语教学实验。（4）积极推进"大学物理"教学内容改革和教材现代化建设。（5）突出物理实验教学，建立多元化教学手段，加强现代教育技术的应用。（6）强调教员是教学的主导力量，教学改革的成败关键在于教师。明确提出了"以学科建设为龙头，走教学、科研相结合的道路推进教师队伍建设"的指导思想。

第六篇《基础物理学发展战略研究报告》（2007 年 8 月），是研究课题"基础物理发展战略研究报告"的一部分。文中列出了当代物理学研究主流和趋势的三个特点，即：研究尺度向宇观和微观两极端方向发展；极端条件下物态和运动规律成为研究热点；物理学向实用技术转化周期越来越短。在"当前活跃的、和国防技术关系密切的物理学研究领域"中列出理论物理、凝聚态物理、原子分子和光物理、极端条件下的物理学和生物物理五个学科方向。在"物理学和国防高技术"中，阐述了国防高技术的概念以及物理学和国防高技术的密切关系。在"国防高技术涉及物理学的主要方面"中，列出辐射源、辐射控制技术，信号捕获和信息采集技术，高性能信息处理技术，新材料科学和纳米技术，以及高能物理和等离子体物理五个方面。最后根据我校实际提出物理学基础研究发展战略的四条建议。

第七篇《量子计算机的全电路超导簇态实现》（2008 年 1 月），

是作者所写的建议报告，曾在国防科技大学举办的科技创新研讨会上进行交流，并收入会议论文集。

文中提出采用固体超导 Josephson 电路量子位和簇态量子计算模型，通过二者的结合实现量子计算，是一种有希望的量子计算机物理实现方案。同时，介绍了超导量子计算机的物理原理以及簇态和簇态上的量子计算模型，分析了全电路超导簇态量子计算机的优点，最后展望了未来量子计算机可能的体系结构。

第八篇《量子信息学科建设十八年》（2015 年 8 月），本文最初于 2015 年 12 月 29 日发表在《国防科大报》上，并收入由当时研究生院院长王振国主编的《行进》一书中。

文章总结了我校量子信息学科建设创立、发展、壮大的十八年，我们进行学科建设主要是从结合军队院校特点的三个坚持着手：（1）坚持学科前沿与应用需求相结合；（2）坚持理论和实验相结合、独立自主与对外开放结合；（3）坚持学科平台建设和人才培养相结合。最后总结开创新学科建设的一个重要启示就是"要甘于寂寞、刻苦钻研、敢于创新，要在战略上有勇气迎接挑战，在战术上顽强拼搏、攻坚克难"。

第九篇《也谈量子程序设计》（2017 年 1 月），是作者整理、补充在国防科技大学高性能国家重点实验室 2016 年学术年会上发言的内容所写成的。写这篇文章的直接起因是计算机学院吴俊杰教授转来的一篇私人通信中有关"量子程序设计研究的近期进展"的讨论，本文试图回答其中的几个问题。

文中首先比较了量子计算机和经典计算机的异同，分析了量子计算机可能的体系结构，讨论了量子计算机的编程问题，大胆预测未来的量子计算机也应具有类似的 Von Neumann 结构，可能将包括有经典计算机功能的量子、经典复合系统。

第五部分　交流报告

这一部分共九篇文章，其中八篇是作者应邀或被指派在不同场合做的交流报告，内容比较宽泛、综合。其中包含量子信息简介、物理学和计算机、量子力学哲学问题讨论、物理专业教育，以及如何教育孩子、如何当好教师、如何上好课、如何指导研究生等。最后一篇是"名师推荐文档"，是当年应"申报国家教学名师"要求写的三段文字，概括地阐述了作者关于教师、治学、物理教学的基本认识和态度，作为附录一起放在这个板块中。

第一篇《量子信息学和量子信息技术简介》（2004年12月），是根据作者在全国大学物理研讨会（2001年7月）、国防科技大学计算机学院（2004年12月）、理学院数学系等几个不同场合的报告演示文稿文档整理而来。

本篇包括以下六个部分：（1）量子信息概念的产生和发展简史；（2）什么是量子信息；（3）量子态的非经典特性，包括量子纠缠现象、量子态非克隆定理、量子位和量子门；（4）量子通信，包括量子密钥分配、量子隐形传态和量子超密编码等；（5）量子计算原理和量子算法；（6）量子态的消相干和量子纠错。以尽可能通俗、易懂的语言介绍量子信息的概念、原理，目标是向非物理专业教学、科研人员详细地介绍量子信息学。相信这将对刚入门量子信息或希望了解量子信息的其他专业人员有所帮助。

第二篇《也谈孩子智力的早期开发——关于子女教育的几点体会》（2006年3月）。2006年春天，理学院领导为解决一些教师的后顾之忧，帮助家长提高孩子的升学率，要我在全院教师大会上谈谈教育子女的体会（之前在科大附小家长培训班上也讲过），过后反响很好，所以我才敢于稍加整理，新加了一个主标题放在这里，相信本篇对关注子女教育的家长会有所启发。

文中阐述的主要观点有以下八点。（1）耐心解答孩子的问题，保护孩子思考的主动精神和求知欲望。（2）书籍是启迪孩子思想，培养孩子学习兴趣的有效工具，适时地给孩子多买书，买好书。（3）孩子的求知欲望和进取精神是可以培养的，对孩子的点滴进步要给以及时的表扬、鼓励。（4）鼓励孩子去参与竞争，只有在竞争中，在挑战面前，在适当的压力下，孩子的智慧和能力才能得以迸发。（5）从成功的实践中建立起来的自信心是孩子继续取得成功的保证，要启发孩子认识自己的潜能和价值，认识自己的能力，建立必胜的信心；要帮助、教育孩子摆脱对父母的依赖，要强调靠自己的努力奋斗去达到目标；家长的责任是帮助孩子培养本领，增长才干，为孩子今后走自己的路做好准备，而不是去包办代替。（6）创造和谐、温暖、积极向上的家庭氛围，用温暖和爱开启孩子的心扉，孩子只有在父母爱的阳光沐浴下，智慧和潜能才可能迸发出来。（7）父母是孩子的第一任老师，身教重于言教，你希望孩子怎么样，你就应该努力为孩子做出榜样。（8）成功并不仅仅取决于智力因素，非智力因素的培养也至关重要。

第三篇《浅谈量子力学的自然观》（2006年5月），是根据2006年春在物理系学术报告会上的演示文稿文档整理、补充写成的。文章根据量子力学基本原理，阐述了量子力学自然观，这对澄清当前关于量子力学、量子信息学种种不正确的看法具有现实意义。

文中主要观点有以下五点。（1）人类关于物质世界的自然观，是实践经验的概括和总结，在任何阶段都只具有相对真理性；经典物理的物质观是机械的、二元论的，量子力学的发展证明了变化的、统一的辩证唯物主义的自然观。（2）我们认识的自然界永远是观测条件下的自然界，注意到这一事实，就有可能理解量子测量的一系列新特点，也就可以理解在量子物理中我们对某些物理过程的认识是存在原则性限制的。（3）量子力学统计的因果关系相对拉普拉斯决定论的因果关系，体现了在物质演化中人的主观能动作用，具有积极意义。（4）文中根据量子力学理论，深入阐述了"量子纠缠"现象，肯定地回答了利用纠缠不能实现超光速通信，不能实现即时的"隐形传态"，对所谓流行甚广的"借尸还魂"提出强烈的质疑。（5）论述了虽然在量子测量中存在意识的作用，但量子力学并没有为脱离开物质的意识存在提供任何证据，也不承认在宇宙某个地方存在超物质的、独立于物质之外的精神或意识，所以量子力学没有为脱离人体的灵魂存在提供证据，也不能为各种宗教提供科学证明。量子力学改变的仅仅只是经典物理中的机械唯物论，也恰恰证明了辩证唯物主义的自然观——物质决定意识，意识影响物质；量子力学不仅有可能为解开高度有组织的物质是如何产生出意识的做出贡献，还将在解开生命的奥秘的生命科学中做出贡献。

第四篇《关于如何当好教师的几点体会》（2008 年 10 月），是作者在国防科技大学 2007 年和 2008 年两期青年教师培训班上的讲稿，也是应邀在桂林空军学院教师大会上的报告稿，后经综合和修订。此文反映了作者长期从事教师职业的实践经验和体会。

作者认为要当好教师，以下六点至关重要。（1）要热爱教师这个职业；选择了教师这个岗位，就应当承担向学生传授科学文化知识、社会文明和道德精神的责任；要在这个岗位上耐得住寂寞、耐得住清贫、抵挡得住各种诱惑，通过自己的修身立德，严谨治学，敬业爱生，为人师表，担负作为一名教师应有的责任。（2）教师要爱自己的专业，爱才能产生兴趣和爱好，才能孜孜不倦地去探索，才可能有丰富的专业知识，在讲课时才能有激情和感染力。（3）作者认为上好课的关键是刻苦努力学习，"教"是消化、理解、知识再加工，是用自己的语言及自己创造的方式重新表述的过程；不赞成（指在校读书时）没学过的课就不能教，也不赞成学过的课就一定能教，教自己没学过的课程应当是更普遍的现象；教学是既教又学的过程，善于学习、刻苦学习是提高教学水平的关键。（4）参加科研是提高学术水平和教学质量的重要途径。（5）教学需要不断地进行改革，不断追求完美，永远不要停留在一个水平上。（6）教师的职责不仅仅是教好书，更重要的是育好人；教师要爱自己的学生，以自己的人格魅力感染学生，身教重于言教；教师要注意尊重学生人格，保护学生自信心。

第五篇《学习物理学——是你无悔的选择》（2008年11月），是根据理学院领导指示，对新生进行专业教育报告的演示文稿整理而成。

文中首先阐述了物理学无处不在，作为一个现代人，作为一名技术军官或指挥军官，不能没有物理学知识。接着从以下三个方面阐述了学习物理的重要性和用处：（1）物理学给我们描绘了完整的物质世界图像，是科学世界观的基础；（2）物理学是科学思想方法的宝库；（3）物理学是科学技术进步的源泉和推动力，是现代高新技术产生的主要理论基础。然后通过物理学中牛顿力学、电动力学、热学和统计物理学、量子力学、相对论等各部分具体的物理内容，阐明物理学规律的普适性、统一性，其表现形式的简单性，展示物理学无与伦比的美。最后指出物理学既是科学，又是高品位的文化，具有艺术品的特质，号召同学们爱物理学，学好物理学，为国防现代化做出贡献！

第六篇《关于如何当好研究生导师的思考》（2008年10月），是应石家庄高级军械学院邀请在全校大会上进行演讲的讲稿，本稿也曾在学校研究生导师培训班上做过交流；后应编辑部约稿，有些内容于2007年发表在《高等教育研究》上；部分内容于2009年收入中国研究生院院长联系会编的《我看研究生教育30年——纪念中国恢复研究生招生培养30年征文选》一书中。

此篇反映了作者研究生培养的经验、体会和理念。文中首先阐述了当好研究生导师的两个必要条件。其次从以下五个方面强调抓住"学位论文"这个主要环节：（1）强调"创新"是学位论文的灵魂，创新性的选题是高水平论文的关键；（2）宽广、扎实的理论基础是高质量论文的保证；（3）浓厚的学术氛围有利于激发创新灵感；（4）严格要求，把好学位论文关；（5）努力构建实验环境和实验条件。最后指出要避免研究生教育中漠不关心和包办代替两个极端，强调导师必须靠自身的德行与人格魅力去感染学生，要尊重学生人格和保护学生自信心；启发学生认识自己的潜能和价值，认识自己的能力，建立必胜的信心，这将比学业上一时的成功更重要。

第七篇《物理学和计算机》（2012 年 1 月），是作者在国防科技大学计算机学院量子计算机高级研讨班上做的"量子计算机系列讲座"第一讲，本文是根据讲座演示文稿整理而成。

文章首先阐述了"计算机是个物理系统，计算本身是个物理过程"的观念，然后由此出发对计算机进行分类，并用这种观点描述计算过程，得出实现有价值计算机的物理条件。其次讨论了基本物理规律对计算机性能的限制，包括物理规律对信号在两元件间传播速度的限制、有效阻抗和容抗对元器件开关速度的限制、发热效应和量子效应对元器件小型化的限制等，以及经典可逆计算的研究和Landauer 原理。然后介绍了为改进计算技术而发展的几种新概念经典计算机（包括超导计算机、光计算机、生物计算机等）的物理原理和存在的限制。最后介绍了量子计算机的起源和发展，指出由于量子计算机物理实现理论上已没有原则性的困难，因此建造量子计算机已经是一个工程技术问题，而不再是一个基础科学问题。

第八篇《我是怎样努力上好课的》（2016 年 9 月），是应理学院领导之邀在理学院 2016"红烛文化节"闭幕式上所做的报告稿。教师最基本的任务是向学生传授科学文化知识，培养学生的科学思想方法、科学态度和创新能力，这一任务常常是通过授课方式完成的，因此，上好课就是对教师的最基本要求。

文中用自身的经验来说明如何上好课。（1）上好课需要用心学习、肯下苦功，在教学中提高；要备好课，写好教案。并介绍了自己的备课经验和做法，指出上课是一门艺术，强调切记不要不懂装懂；"在教中学"是治学的基本途径。（2）上好课还要积极进行教学研究、改革教学理念，探索新的教学方法，不断提高教学质量。用亲身经历的大学物理教学改革为例，说明了如何进行教学内容改革，如何创新教学理念，如何改革教学指导思想，如何进行教材建设。（3）强调上好课最根本的是教师本身应具有较高的学术水平，而要提高学术水平，除了从教学实践中学习提高外，还要积极参加科学研究。（4）把上好课的首要条件归结为爱岗敬业，即热爱教师这个岗位、热爱自己所选择的专业。

附：《名师推荐文档》（2008年5月），是当年应"申报国家教学名师"要求写的三段文字，当时字数受限，收入本书时字数略有增加。此文比较全面地反映了作者对物理学的理解，对教师的理解，对大学物理教学改革的理解，也反映了作者对教师、教学的态度和对学员的期望。

目录

第一部分　大学物理教学理念创新和素质教育

3　基础物理教学和高素质工程技术人才培养

3　　　一、基础物理教学可以培养学生宽广、扎实的专业技术理论基础，培养学生的知识更新能力和创新能力

6　　　二、基础物理教学在高素质人才科学方法和科学思维方法培养中有独特的优势和不可替代的作用

8　　　三、物理学是科学世界观教育的好教材

11　关于军队院校基础物理教学改革的几点建议（提纲）

11　　　一、基础物理教学改革的必要性和条件

12　　　二、实现思想认识上的两个转变

12　　　三、关于基础物理教材内容、体系的改革

13　　　四、基础物理内容和体系的主线条

15　　　五、关于教学手段改革

15　　　六、重视、加强实验课教学

15　　　七、积极稳妥地改革教学评估制度和学生考试方法

15　　　八、发挥军队院校物理协作组组长联系会的作用

17　开发大学物理教学的高品位文化功能是大学物理教学改革的重要方向

17　　　一、物理教学和科学世界观教育

23　　　二、物理学中的科学方法和辩证法

27　　　三、物理学和科学精神教育

34　　　四、关于开发"大学物理"教学高品位文化功能的建议

38　听课情况汇报及对深化基础物理教学改革、强化素质教育的几点建议

38　　　一、基本估计

39　　　二、主要问题

43　　　三、关于深化基础物理教学改革、强化素质教育的建议

46　素质教育和大学物理教学改革

46　　　一、什么是素质教育

47　　　二、素质教育和大学物理教学

49　　　三、大学物理教学理念创新和教学内容改革

50　　　四、大学物理教学现状和改革深化

51　　　五、教师队伍建设

52　　　六、考试制度改革

第二部分　大学物理教学内容研究和改革

55　用系统学方法研究基础物理教学内容改革

55　　　一、基础物理教学内容改革势在必行

57　　　二、如何认识基础物理教学内容改革

58　　　三、基础物理教学的目的、目标和环境

58　　　四、基础物理教学内容、体系结构

60　　　五、基础物理学教学内容的三个层次

62　　　六、突出"运动状态"概念、坚持"一个统一"方法

65　关于非物理专业理工科"基础物理"中的量子物理教学

65　　　一、在基础物理教学中要系统地介绍量子力学的基本概念、原理和思想方法，不应当只满足于"开窗口"

67　　　二、改造经典力学体系，以统一的、系统的观点理解包括

　　　　　　量子物理在内的物理学

69　　　三、突出微观粒子的波性，把量子力学和经典力学相对照，
　　　　　　讲清楚其区别和联系

71　　　四、难点分散，在讲授经典物理内容时为量子力学做好
　　　　　　铺垫

72　　　五、突出量子纠缠现象，介绍量子信息学

74　应把张量概念引入基础物理教学

74　　　一、引言

76　　　二、三维空间坐标系转动变换

78　　　三、用三维空间坐标系的转动变换定义三维空间张量

79　　　四、洛伦兹变换作为四维空间中的坐标系转动变换

81　　　五、四维张量

82　　　六、用四维张量表述的相对论

85　如何组织基础物理中的电磁学教学研究

85　　　一、电磁学的研究对象

86　　　二、矢量场的分类

88　　　三、关于矢量场的基本定理

89　　　四、电磁学的理论体系

93　　　五、电磁学内容的三个层次

95　改革基础物理力学教学的新思路

第三部分　大学物理教材建设

103　新编大学物理教材《基础物理学》论证报告

103　　　一、选题主要理由

104　　　二、教材所体现的特色

104　　　三、教材编写大纲

106　　　　四、说明

108　《基础物理学》一书前言

108　　　　一、基础物理学课程性质和目的定位

109　　　　二、为什么说基础物理教学必须改革

111　　　　三、我们关于基础物理教学改革的思路

112　　　　四、关于基础物理教材编写的具体做法

116　　　　五、关于几个问题的看法

119　编写基础教育合训"大学物理学"立体化系列教材的论证报告

119　　　　一、教材目标定位

120　　　　二、编写指导思想、原则和目标

120　　　　三、创新、特色及思路

122　　　　四、大学物理立体化系列教材内容

123　　　　五、编写提纲

125　突出特色　坚持高标准　精心打造新版《大学物理学》教材

　　　　　　——在修订《大学物理学》第二次讨论会上的发言

125　　　　一、第一次讨论会结果回顾

126　　　　二、教学理念

127　　　　三、三个层次

131　　　　四、突出"运动状态"的概念

133　　　　五、突出军事应用和实验教学

134　　　　六、编写技术原则

137　关于修订大学物理教材的三个坚持

第四部分　课程建设、学科建设

145　应用物理专业理论物理系列课程建设

146　　　　一、努力建立一支思想素质好、业务水平高的教师队伍

147　　二、积极开展教学内容改革和教材建设

149　　三、转变教学指导思想，改进教学方法

151　　四、教学手段现代化

151　　五、丰硕的成果

153　关于量子计算和量子计算机的调研报告

153　　一、历史

155　　二、量子计算机原理和实现中的困难

156　　三、研究意义

159　　四、研究目标、计划和措施

161　量子信息学科建设论证报告

161　　一、什么是量子信息学

162　　二、量子信息学科建设的意义

164　　三、主要科学技术问题 国内外研究现状和发展趋势

167　　四、建设思路、内容和措施

172　量子保密通信技术项目研究论证报告

172　　一、经典保密通信模型

173　　二、经典密钥分配及存在的问题

174　　三、量子密钥和量子密钥分配原理

177　　四、量子保密通信研究进展

178　　五、量子密钥应用前景

181　"大学物理"系列课程教学理念的创新和实践

181　　一、教学理念创新和思想认识上的突破

185　　二、针对不同类型学员，选择不同的教学内容、教学方法，
　　　　　有所侧重地贯彻教学新理念

186　　三、积极推进"大学物理"教学内容改革和教材现代化建设

192　　四、突出物理实验教学，加强现代教育技术的应用，建立

多元化教学手段

194　　　　五、以学科建设为龙头，走教学、科研相结合的道路

197　基础物理学发展战略研究报告

197　　　　一、物理学

198　　　　二、物理学研究发展趋势和主要方向研究领域

204　　　　三、物理学和国防高技术

210　　　　四、关于物理学基础研究发展战略建议

213　量子计算机的全电路超导簇态实现

213　　　　一、前言

214　　　　二、超导量子计算机的物理原理

215　　　　三、簇态和簇态上的量子计算

216　　　　四、全电路超导簇态量子计算机

217　　　　五、展望和总结

222　量子信息学科建设十八年

223　　　　一、坚持学科前沿与应用需求相结合

224　　　　二、坚持理论和实验相结合 独立自主与对外开放结合

225　　　　三、坚持学科平台建设和人才培养相结合

227　也谈量子程序设计

227　　　　一、引言

227　　　　二、量子计算机和经典计算机比较

229　　　　三、量子计算机的体系结构

230　　　　四、量子计算机编程

232　　　　五、未来的量子计算机——量子和经典复合计算机

第五部分　交流报告

237　量子信息学和量子信息技术简介

237　　　　一、量子信息概念的产生和发展

239　　　　二、什么是量子信息

242　　　　三、量子态的新特性

247　　　　四、量子通信

251　　　　五、量子计算

253　　　　六、量子态的消相干和量子纠错

259　　也谈孩子智力的早期开发

260　　　　一、耐心解答孩子的问题，保护孩子思考的主动精神和求
　　　　　　　知欲望

262　　　　二、根据孩子的年龄、知识成长的不同阶段，给孩子买好
　　　　　　　书，培养孩子的学习兴趣

263　　　　三、培养孩子的求知欲望和进取精神，对孩子的点滴进步
　　　　　　　要给予及时的表扬、鼓励

264　　　　四、鼓励孩子去参加竞争

266　　　　五、注意培养孩子的自信心，教育孩子依靠自己，不要造
　　　　　　　成他们的依赖心理

268　　　　六、创造和谐、温暖、积极向上的家庭气氛，只有在爱的
　　　　　　　阳光沐浴下，孩子才能健康成长

271　　　　结束语

272　　浅谈量子力学的自然观

272　　　　引言

273　　　　一、量子物理学的物质观

275　　　　二、我们观测到的客体永远是观测环境下的客体

278　　　　三、统计的因果关系

280　　　　四、量子纠缠

285　　　　五、再谈量子测量

287　关于如何当好教师的几点体会

287　　　一、要热爱教师这个职业

289　　　二、要热爱自己的专业

291　　　三、上好课的关键是刻苦努力

295　　　四、参加科研是提高学术水平的重要途径

296　　　五、要不断地进行教学改革，不断追求完美

300　　　六、教师要为人师表 以自己的人格魅力感染学生、教育
　　　　　学生

303　关于如何当好研究生导师的思考

303　　　一、情况简介

304　　　二、当好研究生导师的两个必要条件

307　　　三、抓住"学位论文"这个主要环节

313　　　四、避免两个极端和一个值得重视的问题

316　学习物理学——是你无悔的选择

316　　　一、物理学无处不在，作为一个现代人，作为一名技术军
　　　　　官或指挥军官，你不能没有物理学知识

317　　　二、物理学给我们描绘出完整的物质世界图象，是科学世
　　　　　界观的基础

318　　　三、物理学是科学思想方法的宝库

319　　　四、物理学是科学技术进步的源泉和推动力

320　　　五、物理学是大自然的美学，具有无穷的魅力

328　物理学和计算机

328　　　一、计算机的物理本质

330　　　二、计算机分类和实现计算机的物理条件

332　　　三、物理学基本规律对计算机性能的限制

337　　　四、几种新概念经典计算机简介

340　　　　五、量子计算机的起源和发展

344　我是怎样努力上好课的

344　　　　引言

344　　　　一、用心学习、刻苦钻研，在教中提高

348　　　　二、深化改革、大胆创新，不断追求完美

354　　　　三、教学和科研结合，提高教学水平

357　　　　四、爱岗爱业，为爱献身

附录

361　名师推荐文档

361　　　　一、名师心得

362　　　　二、名师寄语

363　　　　三、名师名言

第一部分
大学物理教学理念创新和素质教育

基础物理教学和高素质工程技术人才培养[*]

　　即将到来的 21 世纪将是科学技术迅猛发展，国际间经济竞争日益激烈，经济增长日益依赖科学技术进步的知识经济时代。为了适应这种新时代挑战，我国高等教育正掀起一场以培养高素质人才为目的、波澜壮阔的教育改革浪潮。

　　在知识经济时代，工程技术人才应当具备什么样的素质呢？首先，需要有爱国主义、集体主义、社会主义思想道德素质，具备坚强的意志和勇敢面对挑战的健康心态。其次，需要有宽广、扎实的基础理论，掌握多学科、多专业知识，视野开阔，有适应科学技术迅猛发展以及市场激烈竞争所需的应变能力。显然，如果知识面偏窄，限制在一个狭窄学科范围内，仅有"一技之长"是不能胜任的。此外，还需要掌握一套科学方法和科学思维方法，能够在群体协同工作中对跨学科、多领域的科学技术问题进行综合分析研究，提出创造性的见解和解决办法。由于今天技术迅猛发展，知识爆炸性地增长，作为一个现代人，还需要有边工作、边学习，不断更新知识的能力。在这样的高素质工程技术人员培养中，基础物理教学具有特殊的优势和不可替代的作用。

一、基础物理教学可以培养学生宽广、扎实的专业技术理论基础，培养学生的知识更新能力和创新能力

　　物理学研究物质结构和物质运动最基本、最普遍的规律，物理学

---

　　* 此篇曾于 1999 年 1 月发表在《高等教育研究》上，收入本书时，个别地方做了修订。

理论具有高度的概括性和普遍适用性，所以物理学是工程技术类各专业的共同基础，是现代高新技术的主要源泉。

现代高新技术的各部门，绝大部分都根源于物理学。

材料科学在当代社会进步中的作用是众所周知的，各种新材料被称为"发明之母""现代化的骨肉"，是现代社会进步的物质基础。如半导体器件、高密度存储、热敏光敏、压电、传感器、生物、高分子、医疗器械等材料已广泛应用于国民经济的各个方面。但是，任何一种新材料表现出的特异性能，都取决于它的特殊的组分、内部结构和具体的生成条件。正是近代物理的量子力学以及以此为基础的固体物理学、量子化学、微电子学、光电子学等，奠定了认识、了解各种材料结构的基础。而新材料合成和制造所需要的特殊的极端环境条件，如超高温、超高压、超高真空、极低温等，几乎无一例外都是在物理理论指导下实现的。事实上，许多新材料、新工艺都是首先诞生在物理实验室里，成熟以后才移植到工业中去的。我们曾经和几个做隐身材料的单位进行过技术合作，深切地感受到他们是多么希望深入了解电磁场和物质相互作用机理，摆脱掉"炒菜"式的、带有盲目性的研究方法。尤其是现代信息材料、新能源材料等，甚至需要进行原子、分子层次上的设计，因此，若没有近代物理理论基础将是不可思议的事情。

能源是现代社会生产、生活的又一重要物质基础，新能源技术是现代科学技术的重要门类。由于地球上煤、石油、天然气能源有限，原子能（核能）、太阳能、氢能可能成为未来的主要能源。原子能就是利用原子核的裂变或聚变所释放出的能量，这种梦想萌发于放射性现象的研究和相对论中质能关系的发现。核能的开发和应用需要解决核反应堆技术及高温度、高密度核聚变反应约束技术。正是核物理学的研究进展以及受控核反应、受控核聚变技术的研究，才使核能利用成为可能。太阳能的利用需要解决光电、光热转换以及能量存储和传输等问题，氢能的利用需要解决氢的廉价制备、水的廉价分解，以及氢的存储、输运、能量转换等技术问题，这些问题的解决，都必须以物理理论为基础。

为了探索、开发和利用太空资源，人类综合了物理学以及工程技术新成就，使航天技术也成为现代高新技术的一个重要方面。航天技术需要材料科学、电子技术、喷气推进、计算机、自动控制等现代科学技术的支撑。航天器轨道的精确计算，对航天器运行、工作环境进行充分了解，以及航天器本身的设计和制造，也必须以力学、材料物理、天体物理、空间物理等物理理论为基础。

最后说到信息技术，其主要指信息获取、传输、处理、存储等技术，包括微电子技术、光电子技术、光导技术、计算机技术等。信息技术的进步与半导体材料、传感器敏感材料、磁电记录材料、光导纤维、激光技术的出现和进步有密切关系。如前所说，正是量子力学、固体物理奠定了这些新材料的理论基础。

近年来人们越来越注意信息本身与物理学的联系。信息归根结底是编码在物理态中的东西，信息传输是编码信息的物理态的传输，信息存储实际上就是用存储器不随时间变化的物理态编码信息，信息处理则是用被称为计算机的物理系统态编码信息，并按算法要求演化这些态，最后通过某种测量提取出计算末态的信息。不仅信息传输、存储、信息处理依赖于物理手段执行，而且信息科学本身及其概念和原理也依赖人们对物理态的认识和描述。最近几年以量子力学为基础的量子信息理论已发展起来，把量子态的干涉、叠加、关联等现象用于信息传输和信息处理，产生了量子通信、量子计算等新兴技术学科。这些学科的研究有可能将在下一世纪引起信息技术的一场新的革命。

物理学对工程技术的基础作用还表现在几乎物理学的每一突破都将引起工业技术上的一场革命。回顾人类历史上发生过的三次工业革命。第一次是蒸汽机的广泛使用，如果说在蒸汽机革命中，物理学还没明显地表现为一种源泉，但热力学研究则已十分明显地推动了热机效率的提高和蒸汽机的技术进步。第二次工业革命——电气化时代的到来，则完全萌发于物理学中电和磁研究上的突破，即电流磁效应、电磁感应的发现。第三次工业革命开始于 20 世纪 40 年代，它已不是单一技术的革命，而是包括信息技术、材料技术、能源技术、空间技术、生物技术等技术群的革命。这些技术的发展和进步都是以物理学理论进步为基础的。20 世纪初诞生的相对论、量子理论，推动人们对相对论力学、质量能量关系、物质结构、物质运动规律有了更深入的了解，促进了原子分子物理学、激光光谱学、固体物理学、半导体能带理论、量子化学、分子生物学、空间物理学等学科的发展，为现代各主要技术学科的产生和发展奠定了理论基础。而核技术、激光技术、微电子技术则是物理学突破导致新技术部门、新产业部门出现最明显的例证。现在人们又注意到了一些新的、潜在可能的产业部门，可能将由于物理理论和技术的突破而出现，例如高温超导、量子信息技术等。

总结上述，物理学作为工程技术学科的基础，物理学的重大突破往往会带来相关工程技术的变革和技术进步，甚至全新的产业部门的出现。工科基础物理教学的目的就是培养工程技术人才具有扎实的物理理论基础，掌握基本的物理学语言、概念、思想和方法，使学员对所从事的专业技术的基本原理有深入的了解，有更新自己知识的基础和不断获取相关专业技术的能力；能进行创造性的工作，适应日新月异的科技进步和瞬息万变的市场经济发展的需要。

二、基础物理教学在高素质人才科学方法和科学思维方法培养中有独特的优势和不可替代的作用

物理学是人类历史上最古老的学科之一。在长达数千年的发展过程中，人类孜孜不倦地探索物质世界的奥秘，汇集了一代又一代人的创造和智慧，铸就了今天的物理学。在人类几千年的发展和文明进步中，不仅丰富和发展了物理学本身，而且也锤炼、升华出许多放之四海而皆准的科学研究方法，使物理学成为人类科学方法的宝库。今天的基础物理学教学内容已包含有千锤百炼的物理学知识的精华，概念清晰，逻辑严谨，还体现了丰富的科学方法和科学思维方法。

实验的研究方法。伽利略第一次把物理学从经院哲学的桎梏中解放出来，开辟了用实验方法研究物理学的先河，为物理学发展开辟了广泛的发展前景。从此以后，人们开始主动地、有目的地在实验室中制造自然界已有或没有的现象，通过对现象仔细的、反复的、多方位的观察和分析，认识现象的本质，检验某种认识，发现新的规律。今天，"实验"已成为物理学的基本研究方法之一，不仅应用于其他自然科学，而且已广泛地应用于社会科学中。

理想化模型的研究方法。在物理学研究中，为了抓住复杂的研究对象的本质和主要方面，常常首先忽略对象某些次要的、非本质的东西，抽象出简单的"理想化模型"。通过对理想化模型的研究，把握事物发展、演化的基本规律，然后再通过对理想化模型适当的修正，考虑它的次要方面，逼近真实的事物。如物理学中"质点""刚体""理想气体""点电荷"等，就是理想化模型的例子。这种研究方法不仅有深刻的哲学基础，而且也广泛地应用于其他自然科学以及社会科学中。显然，这种理想化模型的研究方法能为我们分析各种复杂的技术问题提供一个清晰的思路，有助于找出解决实际问题的办法。

逻辑推理、归纳演绎的研究方法，是物理学另一个重要研究方法。例如，整个电动力学就可由归纳、演绎的方法系统化。首先由电磁学的实验规律出发，归纳出电磁现象的基本规律——麦克斯韦方程组、电荷守恒定律、洛伦兹力公式，然后就可靠逻辑用数学方法演绎地导出不同条件下电磁场分布、运动的规律。牛顿力学、狭义相对论以及量子物理学都是建立在少数几个基本原理基础上，体系之完美堪比欧几里得几何学。物理学理论逻辑上的严谨和体系的完美，以及它所揭示的物质世界无比奇妙的和谐、统一，本身就具有强大的吸引力，曾吸引着一代又一代物理学家去探索、去创造，它也必定能激发工程技术人员的灵感和创造力。

物理学中统计的研究方法，是19世纪玻尔兹曼和吉布斯等人建立起来的。统计物理就是利用统计的方法研究热力学系统状态变化的规律，解释和揭示系统整体表现出的宏观规律和构成系统的微观分子运动之间的关系。在系统包含大量微观粒子情况下，已不可能通过其中一个一个分子的运动去研究系统整体的性质，实际上也完全没有这种必要性，在这种情况下，运用统计的方法恰到好处。迄今统计的方法已广泛应用于社会学各方面的研究中，"统计"在了解国民经济运行状况，规划、指导社会经济发展中的重要作用已是众所周知的。

在物理学中还有所谓"思想实验"、对称性分析等研究方法。物理学就是通过具体的物理教学材料为载体，向学生阐明、解释这些科学方法，演示这些科学方法的运用，通过物理学习训练学生掌握这些方法，使学生经受科学方法的熏陶和训练。

对上述这些科学方法的掌握和自觉的、创造性的运用，于任何一个工科专业技术人员来说都是十分重要的，甚至对社会科学各专业也有重要价值，这也是社会科学各专业普遍开设物理学的一个重要原因。我们常看到有些人处理问题思路清晰、条理清楚，这固然与其他因素有关，但不能不说也与他（她）是否受过科学方法、科学思维方法的训练，是否掌握这些方法大有关系。有材料显示说，在美国纽约一些大银行、大公司往往专门招聘有物理学背景的雇员；布朗克就是学习物理出身的，他参与的项目"期权定价公式模型 Black – Scholes 公式"就是用布朗运动的物理模型和随机微分方程建立起来的，此项目获 1997 年度诺贝尔经济学奖。

三 、物理学是科学世界观教育的好教材

世界观是方法论的基础。毫无疑问，一个科学工作者需要有正确的世界观做指导，而辩证唯物主义的世界观是唯一正确的世界观。物理学的每一进步都是唯心主义世界观的失败，都以新的事实证明唯物辩证法世界观的正确性。历史上"日心说"的提出被天文观测证实，动摇了中世纪占统治地位的唯心主义宗教神学。能量转换和守恒定律的发现，证明了事物不是孤立的、静止的、一成不变的，而是相互联

系、对立统一、发展变化的。相对论的新时空理论否定了牛顿、伽利略的绝对时空观，把时间、空间和物质运动联系起来。相对论中质能关系的发现进一步证明物质和运动不可分割的联系。量子力学的建立，揭示了经典概念上的对立的粒子和波在微观世界是可以统一的，否定了物理过程相对测量仪器的绝对性，强调了物理过程和仪器、环境不可分割的联系；揭示了概率和多种潜在可能性是微观世界固有的性质，否定了测量结果的拉普拉斯单值决定论。量子物理的结果引起人们关于物质世界运动规律认识的深化，量子力学蕴含的深刻哲理现在仍吸引着人们去探索和研究。

基础物理教学就是用具体的物理事实说明物质世界的本质、运动规律、不同运动形态的相互联系和转化的辩证唯物主义世界观。基础物理教学内容本身就贯穿着生动的、有说服力的辩证唯物主义世界观教育。

四、结论

当前我们面临着发展知识经济的挑战，全社会都在倡导素质教育，提倡创造性人才培养。由于物理学是工程技术各专业的共同基础，基础物理教学的目的就是使学生对物理学的基本理论、思想、方法有系统的了解，熟悉物理学的工作语言，掌握物理学的基本概念、基本物理过程图像，为他们从事专业工作打下坚实、宽广的理论基础。同时，通过物理教学阐明、解释科学方法和科学思维方法，使学生经受科学方法、科学思维方法的训练和熏陶，利用具体的物理事实和物理规律对学生进行辩证唯物主义世界观教育，使学生在掌握物理理论和科学方法的同时，学会从未知到已知的求知方法，培养自由探索的创新精神。由此可知，基础物理教学在高素质工程技术人才培养中有重要的地位和独特的作用。

应当看到，现在基础物理教学本身还存在着不能适应素质教育的情况。教学指导思想落后，应试式的教学思想还没有完全克服；教学内容陈旧，经典物理比重过大，近代物理内容不足；教学方法、教学手段落后。因此，基础物理教学面临教学改革的艰巨任务。我们希望借助于教育革命的强劲东风，正确认识基础物理教学在工程技术人才培养中的地位和作用，重视基础物理教学，深入推进我校基础物理教学改革，把我校基础物理教学提高到一个新水平。

（1998 年 10 月）

关于军队院校基础物理教学改革的几点建议（提纲）*

一、基础物理教学改革的必要性和条件

1. 为了培养 21 世纪我军现代化建设和赢得未来高技术局部战争需要的高素质人才，基础物理教学担负着素质教育（培养学员具有扎实的自然科学基础，掌握科学思维方法，具有严谨的科学态度和追求真理的科学精神，有积极的创新意识和独立获取知识的能力）和专业基础教育（为学习后续专业课程打下坚实的物理理论和实验技术基础）双重任务。而目前基础物理教学的指导思想、教学内容、教学方法都与完成这一任务的要求不相适应。

2. 现有的基础物理教学内容陈旧。以相对论、量子论为核心的 20 世纪新物理学，不仅已改变了对时空观念、物质世界的理解，而且正是这部分内容构成现代新能源技术、激光技术、信息处理技术等高新技术的基础。而现行基础物理学教学仍以经典物理内容为主，近代物理内容太少，无论从物理学本身，还是从应用目的需要来说，都需要改革。

3. 自从实行每周五天工作制后，有效教学学时减少，而现在的基础物理教学内容、教学方法还基本停留在 20 世纪 80 年代，内容

---

* 本篇是应"军队院校物理教学协作组联系会"的要求写的建议讨论提纲。

和学时矛盾突出。

4. 迅速发展起来的多媒体技术、计算机辅助教学等新教学手段和工具，为教学内容和教学方法改革提供了物质条件。

5. 为适应市场经济、知识经济社会发展需要，地方高校以素质教育为中心的教学改革，已经在基础物理教学改革中做出了有益的尝试，积累了宝贵的经验；教育部面向 21 世纪工科物理教学基地建设，已初见成效。军队院校应汲取他们的经验，改革军队院校的基础物理教学，同时发挥其优势，根据军队院校的特殊要求，在基础物理教学改革中做出应有的贡献。

二、实现思想认识上的两个转变

1. 基础物理教学任务不是仅为后续专业课程打基础，而是使学生在学习物理学基本理论、掌握探索物质世界规律的基本理论和方法的同时，还能让学生认识物质世界，获得完整物质世界图像，建立科学的物质观和世界观。

2. 基础物理教学任务不是仅仅向学生灌输物理知识，而是使学生学会科学思想、科学方法、科学思维方法，提高其科学素质。要从应试教育转变为素质教育，物理学在学生科学素质培养中有独特的作用和优势。

三、关于基础物理教材内容、体系的改革

1. 关于基础物理教材内容、体系的改革，国内有几种不同的意见：

（1）基本沿用旧体系，强调"精讲经典，加强近代，接触前沿"。

（2）彻底打破旧体系，使"近代物理内容进入主渠道"。

（3）把物理教学内容归结为几个基本方程、几个基本原理、几

类研究方法。

（4）完全根据后续专业课程的需要，选择教学内容。

2. 我们的意见：

（1）基础物理教学内容、体系改革必须受认识规律（由浅入深，由表及里，由直观到抽象，由简单到复杂），以及教学规律（循序渐进等）的支配，教材体系必须满足这些规律要求。

（2）改革重点是教学内容的现代化，相对论、量子物理要适当介绍，同时尽可能以近代物理观点阐释经典内容；从基础物理教学上述目标出发，做到包括经典教学内容在内的整体的优化。

（3）为了反映素质教育的要求，新教学内容应突出科学方法、科学思维方法教学；突出创新精神、创新能力培养；突出分析问题和解决问题能力的训练。

（4）作为军队院校的基础物理教学，应加强现代高新技术物理基础，特别是和军事有关的高技术基础教学，教材应包括与之有关的专题和材料。

（5）组织新教材要从以上要求出发，优化内容和结构。分析每一部分在实现整体目标中的作用、地位、权重；分清主次，决定取舍内容以及处理方式（课堂讲或自学、重点讲或一般讲、作为例题讲或是留作习题让学生思考），在有限学时内取得尽可能大的综合效益。

四、基础物理内容和体系的主线条

1. 力学

研究对象：质点、质点系、刚体的机械运动。

内容：质点运动学，质点、质点系运动定律，动量定理，角动量定理，功能原理及相应守恒定律，刚体运动学和动力学。

2. 振动和波动

研究对象：振动和波动——自然界物质普遍存在的特殊运动形式。

内容：振动运动学，振动动力学，振动合成和分解，机械波，机械波的干涉和衍射，多普勒效应。

3. 热学

研究对象：热力学系统——关注其热学性质的物理系统。

内容：四条热力学定律，两种研究方法（宏观描述、以实验事实为基础、归纳推理的研究方法；微观描述、统计的研究方法），突出熵和热力学第二定律教学。

4. 电磁学

研究对象：电磁场（电磁现象）。

内容：真空中的静电场，有导体、电介质存在的静电场，稳恒电场，真空中的稳恒磁场，有磁介质存在的稳恒磁场，电磁感应，麦克斯韦方程组，电磁波。

5. 波动光学

研究对象：波动光学。

内容：光干涉、光衍射、光偏振。

6. 近代物理

近代物理包括相对论和量子物理。

相对论研究对象：时间、空间和物质运动关系。

内容：狭义相对论的基本原理，相对论时空观，相对论力学，相对论电磁学。

量子物理研究对象：微观世界物质运动规律。

内容：波粒二象性，不确定关系，量子态描述，量子态叠加原理，量子态的演化，定态系统（势阱、势垒、谐振子、量子隧穿），量子测量理论，原子结构等。

若干专题：激光、固体能带理论、广义相对论、对称性与守恒定律。

五、关于教学手段改革

1. 积极推广多媒体教学，计算机辅助教学。这些新工具有直观、形象化教学内容，能增大课堂信息量，缓解有限学时和教学内容增加的矛盾，推广应用势在必行。注意：这些仅仅只是辅助教学手段，是达到教学目的的强有力工具。

2. 积极稳妥地推进课堂教学、考试制度等改革。

六、重视、加强实验课教学

1. 物理学是实验科学，以实验事实为基础，新的物理理论的检验、新规律和新现象的发现都依靠实验。

2. 学生工程意识、创新意识养成以及动手能力训练等综合素质培养都要通过实验进行。

3. 重视实验课、表演实验、自选开放实验等在基础物理教学中的地位和作用，加强实验室建设和实验环境教学。

七、积极稳妥地改革教学评估制度和学生考试方法

积极稳妥地推进教学质量评估和考试制度改革，原则是：

1. 改革要体现基础物理教学目的和任务的要求；

2. 研究制定新的教学质量评价指标体系；

3. 改革学生考试内容；

4. 改革学生考试方法。

八、发挥军队院校物理协作组组长联系会的作用

1. 同意"章程"规定的"联系会"的基本任务和职责。

2. 加强"联系会"与地方各相关方面（如中国物理学会物理教学

专业委员会、全国重点理工科高校,特别是教育部"面向 21 世纪工科教学实验基地")的联系。

鼓励军队各院校根据各自的任务和特点,在教学改革上积极探索,大胆实验,不宜做太多硬性规定和统一要求,着重协调、指导,不做包办代替。

(2000 年 6 月)

开发大学物理教学的高品位文化功能是大学物理教学改革的重要方向[*]

传统的大学物理教学目的强调为后续专业课程服务，强调大学物理知识教学，关注对学生的技能训练，这无疑是正确的，但是大学物理教学作为一门科学教育的课程，教学目的不应仅仅只是使学生获得生活和工作的知识和技能，还应在学员科学思想、科学精神、科学方法、科学素质培养上发挥作用。物理学作为自然科学的基础学科，在科学素质教育上较其他学科有独特的优势和不可替代的作用。传统的大学物理教学虽然对知识教学、技能训练方面已给以足够重视，但对科学精神培养、文化素质方面的重要性则重视不够，认识不统一。针对这种情况，当前物理教学改革目的的一个重要方向，就是发掘、开发物理教学的这种高品位的文化功能，为提高学生的科学文化素质服务。

一、物理教学和科学世界观教育

人来到这个世界上，注定要和物质世界打交道。人本能地想了解周围的环境，了解物质世界的神秘和奥妙，提高社会生产力，促进社会从蛮荒向更高的物质文明进步，从而提供了人类探索、研究大自然源源不断的动力。在对大自然长期探索和认识的基础上，创造了今天

---

* 本篇最初写于 2007 年，收入本书时做了修订和补充。

蔚为壮观的物理学理论大厦。物理学反映的物质世界图像和物质运动规律是科学物质观、世界观的基础，通过物理学教学，可以对学生进行具体的、生动的、有说服力的科学世界观教育。

（一）物理学是科学世界观的基础，是朴素的辩证唯物主义

几乎所有的物理学家都相信，物质世界独立地存在于我们意识之外。爱因斯坦就坚信，存在一个独立于人的主观意识之外的、按照严密精确方式自行运转的客观世界[1]。这种朴素的唯物主义观点是物理学家进行物理学研究的前提。

物理学研究告诉我们，构成大自然的所有物质都处在永恒的变化中，这种变化在物理学中称为"运动"。运动是物质的基本属性，是物质存在最普遍的形式。物质的运动形式多种多样，如机械的、热的、电磁的、化学的、生命的、思维的等。其中，机械运动——物体相对位置的变化——是最简单的运动形式，而生命可能是我们知道的最复杂的运动形式。不同运动形式在一定条件下可以互相转化，在任何转化过程中，物质既不能被创生也不能被消灭，可保持质和量上的守恒性。

物理学揭示，物质世界的各部分相互作用、相互联系着，共同构成一个统一体；物质结构可划分为不同层次，不同层次的物质运动遵循不同的运动规律。运动规律是可认识的。17世纪牛顿力学以及牛顿万有引力研究第一次把包括天体运动在内的机械运动规律概括在牛顿力学中。到了19世纪，人们从广泛涉及的热现象研究中，总结出热力学两条基本定律，建立了热力学理论；与此同时，麦克斯韦电磁理论把电和磁统一起来，其适用性囊括了包括光在内的所有电磁现象；狭义相对论的创立，把牛顿力学推广到高速度、大范围情况，同时揭示了时间、空间和物质运动的联系；广义相对论也进一步把支配宇宙天体运动的引力包括其中；量子物理学则深入原子、电子等微观领域，确立了微观世界物质运动规律。今天，物理学还在继续深化我们关于

物质世界的认识。物理学展现在我们面前的物质世界是变化的、分层次的、相互作用的、统一的客观实在，这些认识是科学的、辩证唯物主义世界观的基础。

（二）物理学的每个进步，都完善了我们的科学世界观

在历史长河中，伽利略是第一个把物理学从经院哲学的桎梏中解放出来的人，他开辟了用实验方法研究物理学的先河，把物理学置于实验基础之上，同时也把物理学同宗教和神学区分开来。到了17世纪中叶，牛顿发现了万有引力定律，确立了力学三大定律，第一次把包括天体在内的所有宏观物体的机械运动统一在"牛顿力学"体系中。在其后的近二百年间，牛顿力学经受了实践检验，获得巨大成功。但在牛顿力学中，物质是物质，运动是运动，两者是割裂开的；时间、空间只是描述物质运动的背景、参数，和物质运动本身是没有关系的。牛顿力学以绝对时空观为基础，描述的物质运动的因果关系是决定论的。在19世纪初，拉普拉斯甚至宣称："如果有这样一种智力，能在给定的时刻知道使自然界生机盎然的各种力，知道作为自然界组成的各种生物的各种情况，此外这种智力还能对足够的数据进行计算和分析，那么这种智力就可能把宇宙中最大的天体以及最小的原子的运动都包含在运动方程中，对于这种智力来说，没有任何东西是不确定的，而未来就如同过去一样展现在面前。"[2]这就是我们今天所说的拉普拉斯决定论。按照这种决定论的因果关系，不管你是否知道，一切已经注定，意识的主观能动作用已经完全不起作用。所以牛顿力学哲学思想是机械唯物论的，具有宿命论的色彩。最终，牛顿不能解释物质世界表现出的统一、简单、逻辑体系的完美，把这些归结为超物质的精神存在——上帝，得出上帝是世界第一推动力的结论。

牛顿力学之后，19世纪的麦克斯韦电磁理论描述了电磁场运动规律。电磁场是场形态的物质，是物质存在的另一种形式。麦克斯韦电磁理论统一了电、磁、光，丰富发展了物理学，虽然没能改变牛顿力

学的自然观，但却暴露了电磁学和牛顿绝对时空观的矛盾。直到 20 世纪初，爱因斯坦建立了相对论，这个矛盾才得以解决。在相对论中，时间、空间和物质运动是密切联系的，"物质分布决定时空几何，时空几何影响着物质运动"。特别是质能关系的发现，明确了表示物质的质量和表示运动的能量之间的关系，进一步揭示了物质和运动不可分割的联系。但是，相对论仍然没有触动拉普拉斯决定论的因果观。

几乎在麦克斯韦电磁力理论建立的同时，描述大量粒子热运动的物理学另一个重要领域——热力学也建立起来。热力学把热现象的规律归结为几条基本定律，其中，热力学第二定律指出：孤立系统状态函数熵总是向着熵增大的方向演化。这为定义时间箭头方向提供了物理依据。时间箭头方向是和因果律有联系的，作为因的物理事件总是发生在前，作为结果的事件必定发生在原因之后，有因果关系的两个物理事件，客观上定义了时间箭头的方向。但无论是牛顿力学，还是麦克斯韦电磁学或是相对论，描述的规律在时间上都是可逆的，不能用来定义时间进行方向，从现在热学的研究看来已经解决了这个问题。

然而当我们把热力学理论推广到整个宇宙时，我们又很难解释"大爆炸"产生今天银河系、星体、行星等井然有序体系的可能性，运用到生物界，又和达尔文生物进化论发生尖锐的矛盾。更为严重的是，如果把宇宙看作是一个"孤立系统"，热力学第二定律将导致形成宇宙走向死亡的"热寂说"——这一极度消极的结论。在 20 世纪非线性物理学研究中，艾利亚·普利戈金提出了解决这一矛盾的可能性，指出：远离平衡态的热力学系统可以表现出强烈的非线性动力学行为，而宇宙是一个远离平衡态的系统。一个远离平衡态的宇宙，不可逆的非平衡态热力学允许产生自发的自组织结构，使得星系、细胞、生物体得以出现；而生物体作为一个开放的物理系统，可以通过和外界交换物质和能量，当负熵流大于生物体内的熵产生时，生物体可以保持在低熵状态，维持一定的有序结构，甚至可从一定的有序结构向更高级有序结构进化。

20 世纪物理学两个新进展，颠覆了拉普拉斯决定论的因果关系。其中一个就是非线性问题的研究。经典物理中普遍的线性描写，只是更普遍的非线性问题在特定平衡态附近线性化或理想化的结果；对非线性系统，动力学方程的解极为敏感地依赖初始条件，对于问题的初始条件，我们往往不能精确地描述，甚至原则上我们也无法完全准确地给出（例如，我们无法在机器上准确地描述一个无理数等），而初始条件失之毫厘，将导致系统长期行为谬之千里，这使我们不可能拉普拉斯地预言系统的长期行为。

如果说经典物理中非线性现象还不足以原则上排除拉普拉斯决定论，20 世纪量子力学的出现，则从根本上摈弃了决定论。按量子力学的理论，虽然运动状态演化是决定论的，但对实际物理量的测量结果则是完全概率的，并且测量过程将破坏运动状态的因果联系。测量是一种有意识参与的过程，这显示了在局部、小范围世界上意识的主观能动性。虽然其中意识并没有起到决定测量结果的作用，但意识却有决定测量什么、什么时候测量、怎样测量的权利。所以说决定论的因果关系是一般统计因果关系的特殊情况。

讲到因果关系和决定论，不得不讲到时间。关于时间，绝大多数人都是实用主义者，多采取兰姆的观点："时间和空间比什么都使我烦恼；它们比什么都更不使我烦恼，因为我从来不想这些玩意儿。"[3]在牛顿力学中，时间是个基本量，是牛顿为描述机械运动而引入的，除去作为一个运动参数外，并没有任何物理意义。在相对论中，爱因斯坦第一次赋给时间和空间相同的物理意义，把时间、空间和物质运动联系起来，时间和空间都是物质存在的方式，给出了可以接受实践检验的科学时空观。

（三）物理学的发展是辩证唯物主义自然观战胜唯心主义自然观的过程

在物理学的长达数千年发展过程中，始终贯穿着辩证唯物主义自然观和唯心主义的斗争，物理学的每个进步都表现为辩证唯物主义自然观的胜利。前面已说过，从早期太阳中心说的提出，到伽利略开始建立在实验基础上的物理学，以及牛顿力学的成功，使物理学不仅和经院哲学划清了界限，而且从根本上动摇了中世纪宗教神学的基础。

当热力学第一、第二定律建立后，有些人就得出"宇宙熵正趋向极大值，宇宙正走向'热寂'死亡"的结论。恩格斯就从自然辩证法哲学高度对这种错误观点给以批判[4]，指出"运动的不灭不能仅仅从数量上去把握，还应当从质量上去理解"，"放射到太空中的热一定有可能通过某种途径（指明这一途径将是以后自然科学的课题）转变为另一种运动形式，在这种运动形式中，它能够重新集结和活动起来"。今天的物理学可以说已经解决了这个问题。

相对论中质能关系建立后[5]，唯心主义者坚持物质和运动是可分离的，质量只描述物质，能量只描述运动，于是把质能关系解释为消灭一定量的物质，获得一定量的运动。把高能量物理中正、负电子对湮灭而转化为光子这一现象，看作是物质消灭、运动产生的证据。实际上，质能关系的发现就反映了物质和运动不可分割的联系。表观是静止的电子也具有内部运动的能量（m_0c^2），光子也是物质，也具有质量（$m = \bar{\hbar}\omega/c^2$）。在上述正负电子对湮灭的反应中，电子的静止质量转化为光子的运动质量，而实物电子的内部能量则外化为光子场的能量，这里既没有物质的消灭，也没有能量产生，所发生的仅是一种形式的质量转化为另一种形式的质量，一种形式的能量转化为另一种形式的能量。质能关系的发现恰恰是体现辩证唯物主义观点正确性的一个证据。

历史往往惊人的相似，当量子力学确立以后，在量子力学的测量理论中，测量过程必须有意识地参与才能完成（虽然仍有人正努力把测量过程解释为没有意识参与的纯物理过程，但这种努力至今并未成功），这固然和传统的物理学过程是完全独立于意识之外的、完全客观的认识相矛盾，但这种矛盾是否就意味着物理学从此就失去客观性了呢？是否意味着就能为某些宗教和神学提供依据或基础了呢？某人在某处一个实验中测得一个电子自旋向上或者向下，仅仅非常局部的（和整个宇宙相比）、非常个别的一个电子运动状态（不是电子本身）的改变，既不能改变宇宙物质本身，也无法改变宇宙整体的运动状态，如果把这样一个测量时间当作宇宙的一次分裂（多宇宙解释），未免有些太夸张了。我们认为量子力学的测量理论，可能意味着意识的能动作用，如同我们在世界上修桥、开山，虽然改变了物质形态，但并没改变物质本身和物质运动基本规律一样，只是意识对物质的能动作用的表现而已。

二、物理学中的科学方法和辩证法

在物理学长达数千年的发展过程中，锤炼、升华出一套行之有效的科学研究方法，如实验的研究方法、理想化模型的研究方法、分析的研究方法、统计的研究方法、对称性的研究方法等。这些科学研究方法揭示了科学研究和科学发现的逻辑，其应用已远远超出物理学范围。物理教学另一个任务就是通过具体的物理知识教学，演示、示范这些科学方法，使学生经受科学方法训练。要掌握和应用这些科学方法，也需要辩证看待，既要看到它们的普遍适用性，也不能把它们绝对化，要根据具体环境和条件灵活运用。

（一）坚持实践是检验真理的唯一标准，同时重视逻辑思维的作用

物理学建立在实验的基础上，实验的方法就是物理学的基本研究方法。科学理论正确与否，不能单凭逻辑推论，必须借助真实、可靠的实验证实，即"实践是检验真理的唯一标准"。

坚持实践是检验真理的唯一标准，并不是要求理论的每个概念和假设都要分别经受实践检验。爱因斯坦说："为了使一个逻辑体系能被认为是物理理论，没有必要要求它的全部论断都能被独立地解释，在

操作上是可检验的；事实上这种要求从来没有一个理论达到过，……为了使一个理论能被认为是物理理论，只要它一般地包含着经验上可以检验的论断就可以了。"[6]

坚持实践是检验真理的唯一标准，并不是否定逻辑思考在物理学中的作用。爱因斯坦说："常听人说，伽利略之所以成为近代科学之父，是由于他以经验的、实验的方法来代替思辨的、演绎的方法。但我认为，这种解释是经不住严格审查的。把经验的态度同演绎的态度截然对立起来，是错误的，而且也不代表伽利略思想的全部。"[6]伽利略本人也认为，表象如果没有理性插进来，感觉也是会受到蒙蔽的。所以爱因斯坦又说："要创造一门理论，仅仅搜集一下记录在案的现象是远远不够的，还必须有深入事物本质的、大胆的、创造性的思维能力，因此，物理学家不应当仅仅满足于研究那些从属于事物现象的表面因素，相反，他应当进一步采取推理的方法，探索事物的根本实质。"[7]历史事实表明，许多取得举世瞩目成就的科学家，他们的成就就建立在他们系统的、清晰缜密的逻辑思考上。

逻辑思考、逻辑推理在物理学中的重要作用，使逻辑推理成为物理学的一个重要研究方法。整个电动力学就是由电磁学的实验规律出发，归纳出电磁现象的基本规律——麦克斯韦方程组、电荷守恒定律、洛伦兹力公式，然后靠逻辑用数学演绎地导出不同条件下电磁场分布和运动的规律。相对论就是建立在爱因斯坦的两条基本假设之上，靠逻辑建立起整个理论大厦的；更典型的就是量子理论，整个量子力学就是建立在几条基本假设之上。如果说相对论的假设还可能从实验上直接验证，量子力学的假设则完全没有分别验证的可能性，它的正确性全靠这个理论的逻辑结果而屡屡被实验证明。

坚持科学研究中实验检验和逻辑思考两者的统一性、一致性绝不是偶然的，因为理论逻辑思考的规则，从根本上说也不是先验的、纯粹理性独创的，它也是从更广泛的经验和实验中抽象、总结出来的。逻辑思考只是把过去实验中抽象出来的规则应用到新的实验结果的分析中去。

（二）理想化模型的研究方法和哲学中的矛盾分析

辩证唯物主义哲学把事物发展变化的根本原因归结为事物内部的矛盾运动，归结为事物中各种矛盾的主要矛盾，特别是主要矛盾的主要方面。在物理学中理想化模型的研究方法，就是这种认识在物理学研究方法论中的体现。一个物理系统常常是高度复杂的，其中包含着复杂的相互作用。如果胡子眉毛一把抓，我们可能就无从下手，得不到任何结果。根据研究问题的需要，抓住研究对象主要的、起支配作用的、本质的东西，暂时忽略一些次要的、非本质的方面，就可能得到解决问题的清晰的途径。从具体的研究对象中抽象出简单的"理想化模型"，通过对理想化模型的研究，找出最基本规律，然后通过对理想化模型的适当的修正，再考虑其次要方面。如物理学中"质点""刚体""理想气体""点电荷"模型等就是理想化模型的例子。这种研究方法不仅有深刻的哲学基础，而且也已经广泛地应用于其他自然科学以及社会科学中。显然，这种理想化模型的研究方法能为我们分析各种复杂的技术问题提供一个清晰的思路，有助于我们找出解决问题的办法。

（三）分析与综合　还原论和整体论

分析的方法或还原论的研究方法就是把整体看成由一个一个部分所构成，通过对各个部分的研究获得对整体的认识。这种"还原论"的研究方法在传统的物理上是成功的。迄今，物理学家仍在试图把物质还原为最终的构件，获得支配物质和运动最根本的认识。许多物理学家相信，只要把质点之间的相互作用和运动规律搞清楚了，这些粒子的聚合体——宏观物理的运动规律也就清楚了；把点电荷之间的相互作用弄清楚了，带电体之间的相互作用也就解决了。这在热力学中更为典型，通过对构成热力学系统大量微粒子运动的描写，应用统计

的方法就可得到系统宏观的运动规律。这些都是分析的方法的成功之
处。但不能把它绝对化，甚至认为物质在结构上也是无限可分的，似
乎这才是辩证法。物理学中大量事实表明分析的研究方法是有局限性
的。量子物理奠基者之一海森堡就认为："通过寻找越来越小的物质单
位，我们并不能找到基本的物质单位，……但我们的确碰到了一个点，
在这一点上分割是没有意义的。"[8] 任何由部分构成的系统，都会表现
出某些特质，这些特质是系统整体的特性，不能通过分别的、各个部
分的行为表现出来。这样的例子不胜枚举，最有说服力的例子就是，
我们迄今不能仅仅用构成人的原子、分子运动解释生命现象，在量子
物理中已经证明，两个处在纠缠态的电子中任一个都没有确定的性质，
但整体上却是处在一个确定态中[9]。

人们常说，起源于西方的现代科学多重于分析的方法、定量的方
法，而中国传统的科学则更强调从整体上把握，使用定性的方法。最
明显的就是中医理论，中央电视台有一个"健康之路"的节目，常请
一些老中医谈健康，他们常使用热、寒、火、阴虚、阳虚、穴位、经
络等名词，作为一种科学概念，就让我们这些学物理的人很难把握。
据说在解剖学中，并没有发现穴位、经络的位置，这些可能就是属于
系统整体的、不能单纯由各个"部分"体现的性质。我相信中医是非
常有用的，因为有一次我在美国犯偏头痛病，在美国看了几次医生，
他们只知道给我开止痛片，我忍了一个月，直到我回国后吃了两个星
期的中药才治好。

（四）坚持物理学的美学标准

"美"是美学中的用词，是用来表达艺术特征的，但许多成就卓著
的物理学家都相信自然界是按美学原理设计的，是由数学的优美和质
朴性统治的。爱因斯坦说："世界富于秩序与和谐，我们只能以谦卑的
方式不完全地把握其逻辑质朴性的美。"[9]300 "美的理论不一定在物理
上为真，但是真的物理理论必定是美的；不美的理论肯定是不完善的、

暂时的、过渡性的，它将被美的理论所取代。"[6]172惠勒持有相同的看法，他说"物理定律的美，就是它们所具有的那种难以置信的质朴性。"[10]费曼说："大自然具有一种质朴性，因而非常优美。"[11]许多物理学家都为大自然的质朴性和数学形式的优美所感动，认为这种质朴性和优美正是大自然的本质。对大自然的这种认识，使追求美上升为一个物理学研究方法。P. A. M. 狄拉克说："让方程式优美比让方程式符合实验更重要……在我看来，假如一个人在进行工作时着眼于让它的方程式优美，假如它真有正常的洞察力，那么他就肯定会获得进步。"[12]海森堡认为，科学思维绝不是纯而又纯的逻辑思维过程，其中包含有艺术思维的因素。作为科学创造的第一步"猜想"就是一种直觉的审美过程，没有对物理定律服从的美学观念（如和谐性、对称性、简单性）的深刻领悟，就不能发现自然界隐而不显的基本结构和规律。[6]23

牛顿力学、狭义相对论以及量子物理学都是建立在少数几个基本原理基础上的，体系之完美堪比欧几里得几何学。物理学理论逻辑上的严谨和体系的完美，以及它所揭示的物质世界奇妙的和谐、统一，本身就具有强大的吸引力。开发物理教学的高品位文化功能，就要引导学生去领略和欣赏物理学的美，把美作为一种科学方法，按美学思路去创造美。

上述这些科学方法的掌握和自觉地、创造性地运用，对任何一个自然科学工作者都是十分重要的，甚至对社会科学也有重要价值，我想这可能也是社会科学各专业普遍开设物理学的一个原因。

三、物理学和科学精神教育

历史上优秀的物理学家他们之所以能成功，必定具有其他人没有的精神和品质。在物理教学中适当地、恰如其分地介绍杰出物理家的科学、社会活动，使学员从他们成功的方法中接受科学方法的训练，学习他们积极进取的探索精神、实事求是的科学态度以及崇高的社会责任感，用他们高尚的人格魅力感染、教育学生，是开发物理学高品位文化功能的另一个重要方面。

（一）学习优秀科学家自觉坚持辩证唯物主义世界观

物理学需要创新，创新不仅需要胆识和勇气，更需要科学世界观、科学方法的指导。历史上许多优秀科学家都是自觉或不自觉的辩证唯物主义者。

前面已经说过，伽利略开创了实验研究物理学的先河，把物理学结论建立在实验基础之上，这表明伽利略承认独立于我们认识之外，存在一个客观世界，对这个客观世界，我们可以通过观察、实验认识。这就是最朴素的唯物主义世界观。

爱因斯坦自觉地坚持自然科学的唯物主义传统，他坚定地相信存在一个独立于我们意识之外的客观世界[6]37，并把掌握这个外在世界作为一个崇高的目标。他认为一切关于事物的认识，不过是对感觉提供素材的一种加工。他重视实验事实，坚持以实验事实为出发点。爱因斯坦说："科学理论家是不值得羡慕的，因为大自然——或者更准确地说，实践——总是毫不留情并且很不友善地批评科学理论家的工作。它从来不对一项理论说'对'，即使是最获青睐的理论也不过得一个'也许'的评价，……如果不相符合，那就是个'否'字了。"[8]24爱因斯坦最初是相信以太存在的，并打算用实验证实这件事，当他得知迈克尔孙实验的零结果后，大声疾呼把迈克尔孙实验的零结果作为一个实验事实接受下来。也正是这种思考最早引导他走向相对论。

的确，历史上有些杰出的物理学家相信"上帝"的存在，太阳中心说的创立者哥白尼就认为宇宙是万能的上帝所创造，牛顿也曾经把和谐统一、富有理性和秩序的宇宙的创造者归为上帝，爱因斯坦也多次引用"上帝"这个词，对于量子力学中的统计因果关系，他的一句名言是"上帝不会掷骰子"。不过他们心目中的"上帝"和神学宗教中的上帝是完全不同的。唯心主义的上帝是人性化的、无所不能的、随心所欲的、超物质的"精神存在"，而这些物理学家所说的上帝则是按物理规律行事、理性、和谐的上帝，他们所做的一切，不是在证明上帝的存在，而恰恰是在证明那个超物质的上帝是无用的，因而是不必要的。他们所说的"上帝"仅仅只是大自然的一个代名词，表达对按严密、精确、秩序自行运转的大自然的敬畏。爱因斯坦就不止一次说"我不相信什么人格化的上帝，……如果我身上有什么称得上宗教的东西，那就是一种对迄今为止我们的科学所能揭示的世界的结构的无限敬畏。"[8]44对支配宇宙种种规律中远远超越人类的某种精神，他说："能力有限的人类在这一精神面前应当感到渺小。这样研究科学就会产生一种特别的宗教情感，但这种情感同一些幼稚的人所笃信的宗教实在是大不相同的。"[8]35关于他心目中的上帝，他说："我想象不出一个人格化的上帝，……尽管现代科学对机械因果关系提出了一定的怀疑。我的宗教思想只是对宇宙中无限高明的精神所怀有的一种五体投地的崇拜心情。"[8]58在回答一位教士关于相对论和宗教关系的提问时，爱因斯坦说："我认为相对论的基本理论和与一般科学知识大相径庭的宗教没有任何关系……用逻辑思维来认识这种深奥的相互关系，就会产生一种宗教情结，但这种宗教情结同一般人通常所称之为的宗教情绪大不相同。很大程度上它是对物质宇宙的结构模式所产生的一种敬畏心情，它不会使我们创造一个类似人的形象的神……"[8]61

（二）学习优秀科学家的爱国、爱人民的高尚社会责任感

爱因斯坦不仅是一位伟大的科学家和一位富有哲学探索精神的思想家，而且还是一个正直的、有高度社会责任感的人。他除了孜孜不倦地进行科学研究外，还积极参加正义的社会斗争。他一贯反对侵略战争，反对军国主义和法西斯主义，反对民族压迫和种族歧视，为人类进步进行坚决的斗争。他一心希望科学造福人类，表现出对人类面临的各种社会问题的高度关注和热情。他反对个人主义和利己主义。他曾说"人是为别人而生存的"，"一个人的价值首先取决于他的感情、

思想和行动对增进人类利益有多大作用"。他的一条著名格言是："人只有献身社会，才能找出那实际上短暂而又有风险的生命的意义。"

尼耳斯·玻尔是丹麦杰出的物理学家，近代量子物理学的奠基者之一。玻尔在科学上的贡献是巨大的，玻尔的爱国主义精神和高尚的思想情操也是值得称道的。1918 年，玻尔的导师和挚友曾以高薪盛情邀请玻尔去英国任职，玻尔婉言谢绝了，他在回信中说"我非常喜欢再次到曼彻斯特去。我知道，这对我的科学研究有极大的重要性。但我觉得我不能接受您提到的这一职务，因为哥本哈根大学已经在尽力支持我的工作，虽然他们在财力上，在人员能力上，以及在实验管理上，都远远达不到英国的水平。""我立志尽力帮助丹麦发展自己的物理学研究工作……我的职责是在这里尽我的全部力量。"[13]玻尔对自己祖国的热爱，促使他留在人口不足 500 万的丹麦继续自己的工作，在 20 世纪 20 年代，以玻尔为中心，哥本哈根聚集了一批世界优秀的物理学家，形成了著名的"哥本哈根学派"，在量子力学的创立和发展中起着主导作用。

哥白尼也是一位伟大的爱国者[6]15，当他的祖国波兰受到条顿骑士团侵略时，他挺身而出，勇敢地组织和领导奥尔兹丁保卫战，他说"没有任何义务比得上对祖国义务那么庄严，为了祖国而献出生命也在所不惜"。

（三）学习优秀科学家的批判精神和创新意识

科学不是亘古不变的宗教经典，科学需要不断创新，创新是科学研究的灵魂。大学物理教学要启迪学生创造性思维，培养创新意识，就要用伟大科学家的批判精神和创新意识启迪学生。爱因斯坦对传统和已有的认识采取独立的批判态度，勇敢地冲破传统束缚，敢于去触碰被称为"常识"的信条，就是一个创新的典范。当迈克尔孙的零结果实验使一些物理学家感到震惊和迷惘，忙于从传统物理理论出发修补以太论时，爱因斯坦却跳出传统思想的束缚，从更广泛、更普遍的惯性系在物理上是等效的这一原理出发解决这一矛盾，即使是冒着修改旧时空理论"常识"的风险，他也在所不惜。

要创新就需要批判地学习，不要墨守成规，人云亦云。爱因斯坦也善于从哲学批判中吸取营养。爱因斯坦曾说道："对于发现这个问题的中心点所需要的批判思想，就我的情况来说，特别是由于阅读了戴维·休谟和恩斯特·马赫的哲学著作而得到决定性的进展。"马赫认为时间、空间概念是通过经验形成的，而绝对时空观念无论依据什么经验也不能把握，只不过是一种无根据的、先验的概念而已。于是他得出结论，在力学中具有意义的只是相对运动，绝对运动是没有意义的。这些思想使爱因斯坦感到"引人入胜"，认为"表达了当时还没有成为物理学家公共财富的思想"。

创新需要有创新意识。要主动地、积极地、有意识地去探索新途径，尝试新方法，提出新概念，导出新结论。在这里我们可以举理查德·费曼的例子。费曼是 20 世纪最著名的物理学家之一，费曼喜欢别人提问题，但不喜欢别人帮他解决问题，他总是愿意用自己的方式独立地解决问题。在费曼那个时代，量子力学理论已经表述得很完善了，但费曼不满足这些，他用自己发明的路径积分重新表述了量子力学。当费曼还在读大学时，当时的量子电动力学理论认为带电粒子之间的相互作用是通过交换光子传递的，根据这种图像计算出的电子碰撞后的飞行方向与实验很相符，但当用这个理论计算高级修正项时，却总是得到无穷大（发散）的结果，明显与实际情况不符。费曼发明了称为"费曼图"的直觉方法表示两粒子间相互作用的不同方式。他因"做了对量子电动力学的奠基性工作以及深刻揭示了基本粒子物理学的重大结果"共享了 1965 年度的诺贝尔物理学奖。

（四）要追求真理，坚持真理，为真理献身

要勇于追求真理，敢于坚持真理。爱因斯坦说："我从事科学研究完全是出于一种不可遏制的想要探索大自然奥秘的欲望，别无其他动机。"追求真理的道路不是一帆风顺的，往往会遇上这样或那样的困难，只有不畏艰险、勇敢攀登的人才有希望到达光辉的顶点。爱因斯坦说："至于探索真理，我从自己不时撞入死胡同的痛苦的探索中认识到，在朝着真正有意义的事物方面每迈进一步，不管多么渺小的一步，都是难乎其难的。"[8]23 在爱因斯坦创造相对论时，那时的他还仅仅只是瑞士伯尔尼专利局的一个小职员，但却敢于对统治物理学二百年、作为牛顿力学基础、人们生活常识的绝对时空理论的正确性提出挑战，并创造出一个没有内部矛盾的新理论去取代它，这需要多么大的勇气！

追求真理就不能怕名人权威，要敢于怀疑旧理论，创造新理论。恩斯特·马赫是奥地利物理学家、哲学家，在19世纪以前牛顿绝对时空观支配整个物理学时，他就认为绝对时间和绝对空间的观念都是一种先入为主的思辨产物，是不必要的。马赫的批判精神给后来爱因斯坦创立相对论以不可或缺的启发和帮助。爱因斯坦认为，马赫的伟大就在于他坚不可摧的怀疑态度和独立性。

历史上布鲁诺一生追求"世界的统一和本源"，赞赏"思想家的最高品德就是为了真理而把个人生死置之度外"。勇敢地捍卫和发展了哥白尼的太阳中心说，并为之献出了宝贵的生命。

（五）科学需要想象力，也需要坚忍不拔、持之以恒的努力

科学需要想象力。爱因斯坦说："想象力比知识更重要，因为知识是有限的，而想象力概括着世界上的一切，推动着进步，并且是知识进化的源泉。严格地说，想象力是科学研究中的实在因素。"[6] 大自然"真正的"规律埋藏在观察和实验的数据之中，只有带着灵感进行坚持不懈的研究，才能把规律发掘出来。

爱因斯坦在科学上的成就，固然与他不同寻常的想象力、逻辑思维能力、正确的思想方法有关，但也与他坚忍不拔、持之以恒的努力脱不了关系。爱因斯坦说："唯一使我坚持下来、唯一使我免于绝望的，就是我自始至终一直在自己力所能及的范围内竭尽全力，从没有

荒废任何时间，日复一日，年复一年，除了读书之乐外，我从不允许自己把一分一秒浪费在娱乐消遣上。"[8]20爱因斯坦一生为追求真理勤奋、刻苦工作、持之以恒地探索。他说："空间、时间是什么，……我一直揣摩这个问题，结果比别人钻得更深些。"爱因斯坦在他 16 岁还在念中学时就开始思索"如果以光速追赶光的运动，将看到什么?"爱因斯坦后来说，这个问题他沉思了 10 年，才透彻地解决了这个问题。爱因斯坦曾把天才归结为：艰苦劳动 + 正确方法 + 少说空话。

勤奋，是许多科学家成功的另一个诀窍。勤奋，就是要把科学研究看成生活的一部分。科学不只是一种职业，一种谋生的手段，更是一种生活乐趣，著名物理学家费曼就是一个典型[6]167。他把科学视为一种生活情趣，把研究物理学当作是消遣，以至于"他不会带着疲惫感工作"。对他而言，"生活之所以五彩斑斓，因为充满了科学思索；科学问题之所以令他心旷神怡，因为饱含了生活的情趣"，科学和生活达到了高度的一致。他女儿在回忆父亲时说，"谁也不能把他和物理学分开"。

著名数学家华罗庚一生锲而不舍，锐意进取，是大家熟知的另一个例子。他认为"学习上没有什么天才，也没有什么捷径可走；如果说有捷径，那就是要勤奋刻苦地学习，并要坚持不懈地努力。"[6]337他的名言就是"天才在于勤奋，聪明在于积累"。

（六）学习优秀科学家谦虚、谨慎、高尚的人格魅力

著名的物理学家在科学上做出了巨大贡献，但他们都具有谦虚谨慎的品质。牛顿说："如果说我看到的比笛卡尔更远一点，那是因为我站在巨人的肩上。""我自己以为我不过像一个在海边玩耍的孩子，不时为发现比寻常更为美丽的一块卵石或一片贝壳而沾沾自喜，至于展现在我面前的浩瀚的真理海洋，却全然没有发现。"[6]147

爱因斯坦高尚的思想境界和崇高的人格魅力更是为人称道。在巨大的荣誉面前，他强调的是别人的贡献，别人为他的工作创造的条件。

他把相对论的发现看成是在牛顿、法拉第、麦克斯韦等人"伟大构思画上的最后一笔""是一条可以回溯几世纪的路线的自然延续"。

大学物理教学要使学生受到科学精神、科学态度的熏陶，就要学习伟大科学家高尚的人格魅力，培养学生勇于坚持真理、敢于修正错误的精神。

四、关于开发"大学物理"教学高品位文化功能的建议

从前面的讨论我们可以看到，物理教学蕴藏着丰富的科学文化，大学物理教学改革的一个重要方向就是开发这种功能，为提高学生科学文化素质服务。为此，根据我们从事大学物理教学和教学改革的经验，提出了以下四条建议。

（一）创新大学物理的教学理念，把开发大学物理高品位文化功能作为教学改革的一个重要方向

要把教学指导思想从单纯知识教育、技能训练转变为既注重知识教育，又注重科学文化教育的方向上来。要根据这种教学理念改革教学内容、教学方法。教师是教学工作的主体，教师本人要努力提高自身的科学文化素质，要学习物理学中体现的文化精神，要努力发掘物理教学内容中的科学文化内涵，并用这些活生生的材料，用适当的、恰如其分的方式启发学生、教育学生。

（二）根据开发高品位文化功能的需要，改革传统的教学内容

要强化近代物理教学。近代物理不仅是现代科学技术的基础，也是辩证唯物主义自然观的高度完善。在教材中系统地介绍相对论和量子力学的物理概念和原理，要强调相对论中包含的物理图像以及物质、运动、时空等的密切联系，在量子物理中要特别突出波粒二象性概念，系统地介绍这个概念和实验基础，以及波粒二象性带来的用波函数描述运动状态和牛顿力学中用坐标、动量描述运动状态的根本不同。突

出地介绍量子测量的原理及与此相关的概率的、非确定的因果联系，适当介绍"量子纠缠现象和量子信息学基础"，一方面，它作为高新技术的物理基础和量子力学的新发展，可使学生了解量子物理的最新进展，另一方面，通过对这些内容的学习，可使学生更深刻地理解量子力学揭示的物质世界不同于经典物理的新图像。虽然波的相干叠加在经典物理中已存在，但量子纠缠现象却是量子力学独有的，没有经典类比的现象。

要改变传统大学物理教学内容偏重理想化的线性问题的倾向，要适当介绍非线性、混沌、远离平衡态的非线性热力学等内容，加强熵、热力学第二定律的教学，努力在近代物理的基础上，给学员构建一个完整的物质世界图像。

对称性决定相互作用是现代物理学的一个基本观点。不仅要从各种相互作用出发研究物理系统运动规律，而且要把对称性作为支配这些相互作用的更深层次的规律介绍给学生。从自然界、艺术中的对称性阐明对称是美的要素，说明物理学中的对称性研究方法。

关于热力学，要扩充传统物理教材中熵的概念，强调熵在信息等社会科学中的应用，指出熵增是自然演化的动力、决定时间之箭的方向，适当拓宽热力学熵的意义和应用。

（三）改变教学方法，强调物理思想，突出物理图像教学

要突出物理思想、物理图像教学，淡化技术细节以及具体物理问题的数学处理。要改变传统教学中的只注重具体的物理知识教学，平铺直叙，只讲技巧、讲细节，使学生只见树木不见森林。而应当使学生既见树木，在适当的时候又可从树林里钻出来，见识见识整个森林，并在画好"龙"的基础上，恰当地点好"睛"。现代物理思想、物质世界图像和科学世界观，并不是物理教学内容的主体，而是需要在教学中，通过具体物理教学内容"点睛"体现。

（四）发掘物理教学的人文要素，主动涉及物理学史和科学家传记

在教材中可以适当地编入一些物理学家的生平趣闻轶事，以及充满哲理、启迪睿智的科学故事，体现教材的人性化和趣味性。在课堂上也可适当穿插一些物理学中的趣事珍闻，要做到恰如其分，不能喧宾夺主，这样既可以充实物理教学的人文内容，同时也可活跃课堂气氛，增加物理学的亲和力。我们在教材中就增加了伽利略、牛顿、焦耳、卡诺、克劳修斯、玻尔兹曼、安培、法拉第、麦克斯韦、惠更斯、迈克尔孙、爱因斯坦、玻耳、薛定谔等著名物理学家的小传，目的是使学生多了解一些物理学发展的历史，同时感受这些优秀物理学家的人格魅力，并从中受到科学精神、创新意识的熏陶。

开发大学物理教学中的高品位文化功能，是一个需要长期探索、研究的课题，愿本文的讨论能起到抛砖引玉的作用。

参考文献

[1] 爱因斯坦.爱因斯坦文集:第一卷.许良英,译.北京:商务印书馆,1976.

[2] 罗杰·G.牛顿.探求万物之理——混沌、夸克与拉普拉斯妖.李香莲,译.上海:上海科技教育出版社,2000.

[3] 彼得·柯文尼,罗杰·海菲德.时间之箭.江涛,等译.长沙:湖南科学技术出版社,2001:267.

[4] 恩格斯.自然辩证法.北京:人民出版社,1971.

[5] 李承祖,杨丽佳.基础物理学:中册.北京:科学出版社,2004:233.

[6] 何兆勇,等.中外著名科学家人文素养案例集.长沙:国防科技大学出版社,2009:39.

[7] 海伦·杜卡斯,巴纳布·霍夫曼.爱因斯坦谈人生.高志凯,译.北京:世界知识出版社,1984:33.

[8] 保罗·戴维斯.上帝与新物理学.涂培,译.长沙:湖南科学技术出版社,2007:196.

[9] 李承祖,杨丽佳.基础物理学:下册.北京:科学出版社,2004:183.

［10］ 保罗·戴维斯.上帝与新物理学.涂培,译.长沙:湖南科学技术出版社,2007:300.

［11］ FEYNMANR P. The character of physical law. B. B. C. Publication,1965.

［12］ DIRAC P A M. The evolution of the physicist's picture of nature. Scientific American,1963.

［13］ 向义和.大学物理导论:下册.北京:清华大学出版社,2001:309.

（2007 年 8 月）

听课情况汇报及对深化基础物理教学改革、强化素质教育的几点建议[*]

从 2011 年 10 月底到现在（指 2011 年 12 月），我一共听课 29 次，所听课程全是物理课，主要是大学物理以及部分物理专业课，听课面几乎覆盖大学物理全体任课教员，包括部分物理专业课任课教员。为了比较准确地把握教员教学情况，有些教员的课曾听过两次，有些甚至三次。即便如此，也仍然不能说对整个基础物理教学有了一个符合实际的、全面的、正确的把握，或很好地掌握了每个教员的教学情况。根据院领导的指示和要求，接下来就我听课所了解的情况和个人认识，做如下汇报。

一、基本估计

评估目前基础物理教学情况，可以用合格、优秀两套标准衡量。

一个合格的任课教员，我认为应满足以下基本条件：

1. 对教学有责任感，有积极的进取心，能实事求是地知道自己教学中的不足和缺陷；用积极的态度更新知识、改进教学。

2. 掌握所教每节课程的基本内容，能按照教学内容基本要求讲授课程，没有原则性的概念错误、理解错误。

---

[*] 本篇是作者作为理学院教学专家组成员，在学院 2011 年度教学工作总结会上的发言稿。

3. 掌握教学的基本方法和程式，明确内容主线条，用适当方式导入新课，比较有条理、层次清楚地实施教学，适当突出重点，能控制课堂气氛，并有一定感染力。

一个优秀的任课教员除了具备上述条件外，还应该满足以下条件：

1. 对教学内容有深入的理解，能整体把握所教课程的内容，知道所教课程的理论体系、重点难点以及在学生素质提高中的地位和作用。

2. 站在整个课程整体上把握每一节课，知道每节课在整个课程中的地位和作用，把每节课都看成实现课程整体目标的一个环节，精心组织教学内容，使其具有较强的内在逻辑性，且条理清楚，并在讲课时富有激情和较强感染力。

3. 有意识地贯彻素质教育的理念，积极主动地拓展、深化教学内容，不断更新知识，深化教学内容和教学方法改革，在讲课时有自己独到的见解和自己的特色。

若按照上面两套标准衡量，我认为绝大多数教员的课程都是合格的，青年教员中已涌现一批很好的苗子，如侯勇（大学物理）、杨明（大学物理）、欧阳建明（大学物理）、刘伟涛（非线性物理学）等。但仍有个别课程不满足合格条件。

按照优秀条件衡量，只有少数教员的课程能达到优秀条件，如张晚云（大学物理）、江遵汉（大学物理）、陈平形（热力学和统计物理）等。

整体而言，大学物理课程的教学水平优于物理专业课程。

二、主要问题

1. 有个别教员，主要是物理专业课程教员，不能达到合格要求。主要表现在对教学内容钻研不够，理解不深，对概念理解不准确，在讲解时有错误。例如，有一位教员在课件上提出"磁场能不满足叠加原理"这种似是而非、极容易引起误解的提法。果不其然，当时就有学生站起来提出异议："磁场能既然不满足叠加原理，为什么可以用积分求电流的磁场能呢？"这位老师不能正确解释"矢量场叠加原理"和"某个物理量具有可加性"的差别，反而不着边际地一通诡辩，不了了之。同一个教员，在讲物质的磁性时，没有给出磁介质的明确定义，在课件中显示出"多数物质一般情况下没有明显的磁性"这种含含糊糊、模棱两可的话；关于分子电流，课件中显示出"相当于一个环形电流，是电荷的某种运动形成的"；顺手画出一个圆环电流，没有说明其中圆环面积是多少，电流强度是多大，这些量如何和分子磁性质联系；解释顺磁质和抗磁质时根本没有引进"磁化率""磁导率"的概念；不能正确利用电流分布的轴对称性解释为什么无限长直通电螺线管外磁感应强度等于零这一事实，反而含糊地说"近似地"抵消。有的教员在讲量子物理时，课件上显示出"量子力学中测到的是力学量的平均值"这样错误的结论，混淆了平均值和本征值两个不同的概念；关于本征函数和本征值，课件上显示出"如果力学量 $\hat{A}$ 作用到 ψ_A 上有数值 A，则 ψ_A 是 A 的本征函数……"这样似是而非的东西。

有些年轻教员没有掌握教学的基本方法、程式，上课就讲新课，没有说明这节课与前面讲过的内容有什么联系，这节课所要讲的内容得听了一阵后才能慢慢了解他准备讲什么。有的教员讲课没有层次感，没有条理性，没有标题，上来就一页一页翻演示文稿课件，一页一个图或一个数学公式。

有些教员课件上没有给出章、节、标题、重要概念、定理、基本公式、主要结论等，反而出现无关痛痒的大段大段的一般性的叙述。

有些教员讲课缺乏内在逻辑性，听不出内容上的递进和前后逻辑关系，而是同义反复，充满通常所说的"车轱辘话"。例如，有些教员在讲物质波时，反反复复地提到物质波，但对物质波是什么、物质波如何描述物质运动这些关键点始终没有讲清；有些教员讲课不面向学生，讲话语言枯燥，充斥着无实际意义的发问和习惯性的语言冗余，或照本宣科，缺乏激情，没有感染力。

当然，上面所说的这些都是个别现象，但在不同教员身上有不同程度的反映。

　　有个别大学物理课教员，不认真钻研教材，年复一年都按过去老经验、旧教案讲课，墨守成规，教了好几年也看不出明显的改进和提高，或在教学中认识不到教学内容的难点，讲不出教材的亮点。例如，一个不算年轻的教员，在讲光在各向异性晶体中双折射现象时，没有抓住"光在晶体中的传播速度与光矢量振动方向和晶体光轴的夹角有关系，光矢量振动方向与晶体光轴夹角不同，光传播速度不同"这一根本要点，对根据惠更斯原理作图也没有抓住"波面上各点都是发射子波的波源，子波中心到下一个时刻波阵面与包络面切点连线表示波传播的方向"这一关键点，整个这一节的内容分析都不太到位。几年前我去听这个教员上课就这样讲，现在还这样讲。在讲相对论一章时，有些教员不了解教材中做出的新处理好处在什么地方，宁可按过去老办法讲，也不愿花功夫弄清新处理的好处和难点，适当做些改进尝试。

　　2. 大学物理教学改革的目标之一，就是努力在现代物理的基础上，给学员构筑一个合理的、开放的物理知识结构和背景，使他们具有接受、理解当代科技新概念、新技术和最新文献资料的基础。很难设想21 世纪的大学物理教课内容还基本局限在 19 世纪以前的物理学的情况是合理的。大学物理教学内容改革的一个重点就是压缩经典内容，加强近代物理教学，在新教材中也体现了这一要求，系统地介绍了量子力学、相对论的基本概念、原理和方法。大部分教员仍然把教学重点放在自己熟悉的力、热、电、光等传统教学内容上，而对相对不大熟悉的相对论、量子物理，则没有按课程标准要求，完成所要求的教学内容，而是到期末草草收场。例如，量子物理有 22 个计划学时，大部分教员只用了十几个学时或更少。

　　3. 大学物理教学在提高学员的科学文化素质方面有不可或缺的作用。所谓"素质"，是指人在先天生理基础上，后天通过教育训练获得的、内在的、相对稳定的、经常发挥作用的身心特征和基本品质。物理教学有使学员获得完整的物质世界图像，建立科学的物质观、世界观，学会科学思想方法，经受科学精神、科学态度的熏陶和训练的作用。大学物理教学改革的出发点和根本方向就是开发物理教学的这种高品位文化功能。在大学物理教学中要贯彻以人为本，发掘教学内容的人性化品质，使学员受到科学精神、创新意识的熏陶。

为贯彻这一教学新理念，教学重点应放在物理图像、物理思想、物理方法的教学上。在教材处理方法上，我们经多年探讨和实践，一致采用"三个层次""一个统一""两个突出"的处理方法。这套处理方法在传统的物理教学内容和内容现代化、知识教学和素质教育之间找到一个很好的平衡点，符合认识规律和教学规律，是科学的、符合实际情况的。对此，有些教员还没有很好地认识和贯彻执行。

部分教员还没有真正认识大学物理在素质教育中的独特作用，满足于每节课就事论事，不了解每节课在整个课程中的地位以及在素质教育中所发挥的作用，不能自觉地、主动地从第二层次上升到第一层次。在相对论部分基本仍属于知识教学，很少有人上升到如"时间、空间都和物质运动有关""由于相对论时空的统一，许多非相对论条件下不同的物理量统一为同一个物理量""物质分布决定时空几何，时空几何影响物质运动"这种相对论的精华内容。又如"量子物理"部分第二章中的第一节"不确定性关系"，这节以简单、直观的方式给出微观粒子运动的基本特征，但同时这节内容还有另外一个目的，那就是说明由于微观粒子坐标、动量不能同时取确定值，描述粒子运动的经典方法——用坐标和动量描述粒子运动状态——失效，为描述微观粒子运动必须寻找新的方法，这就为后面"引入波函数描述微观粒子运动状态"做出铺垫。有些教员可能并没有认识到这一点。

4. 物理学是一门实验科学。实验教学目的是说明物理学中的实验研究方法，正确认识理论和实践的关系，培养学员实事求是的科学态度，加强创新意识和创新能力培养。新教材中突出实验教学，坚持"从现象引出概念，由实验总结出规律"的普物风格，新增了描绘作为物理学基石的一些典型实验（如伽利略落体实验、焦耳热功当量实验、麦克斯韦速率分布律验证实验、库仑定律验证实验、法拉第电磁感应实验、赫兹实验、迈克尔孙－莫雷实验、米立根实验、卢瑟福实验、黑体辐射实验、光电效应实验、康普顿散射实验、物质波实验、量子密钥分配实验等）。在教学实施过程中有些教员遇到描述实验就跳过，课堂上也很少安排演示实验，更少组织学员主动设计、动手操作实验。

三、关于深化基础物理教学改革，强化素质教育的建议

（一）开展积极的教学研讨活动，努力提高教员的学术水平

教员是教学的主体，教师的教学水平是教学质量好坏的决定因素。目前教学监管、督导体制已比较完善，相对而言，教师业务素质提高机制还不够健全。建议开展积极的教学研讨活动，研讨内容包括对教学内容的理解、物理各部分在素质教育中可能发挥的作用以及教学方法的研讨。可以请有关专家讲课，也可以组织教员互教互学，互相观摩教学，把提高教师的业务素质、教学水平作为教师队伍建设的中心环节，使之常态化、机制化；努力创造浓厚的学术氛围，鼓励教员通过科学研究、进修，自学成才。

（二）强化素质教育

对于非物理专业本科生的大学物理教学，其重要方面并不是记几个物理公式、解几个关于弹簧和小球之类的物理问题，而是要了解掌握基本物理学语言、概念、基本原理和探索物质世界运动规律的理论和方法；对物理学发展历史、现状和前沿有整体、全面的了解，在现代物理的基础上有一个合理的、开放的物理知识结构和背景，在未来的军事生涯中对遇到的有关物理问题知道属于物理学的哪一部分、从哪里着手去解决以及需要什么样的资料。物理教学应着重物理概念、物理思想、物理图像教学，而不仅仅是数学推导、物理公式、解题方法和技巧训练。物理需要数学推导，但数学推导的目的应服从物理图

像、物理思想教学，一般不应要求学生死记硬背。

（三）稳妥地改革考试制度

考试方式和考试内容是指挥棒。目前的考试方式是导向应试教育，不利于素质教育，老师一般要求学生记住公式，学会解题，只有那样考试才能通过，学生对物理概念、思想、图像的掌握和理解在考试中并不能直接发挥作用。改革考试方式势在必行。但目前的考试方式简单、节省人力，相对比较公平。考试方式的改革需要增大教师工作量，不仅教师力量难以胜任，做不好还会有失公平。考试制度改革需要积极稳妥进行。

（四）加强实验演示和实验室建设

从认知规律看，人的认识发展过程都是"从生动的直观到抽象的思维，并从抽象的思维到实践，这就是认识真理、认识客观实在的辩证的途径"。在大学物理教学中开展实验演示，从实验现象中引出概念，从实验事实中总结出规律，是基础物理教学的基本风格。因此，演示实验是物理教学的重要手段。

由于演示实验在物理教学中能增加学生感性认识，能在强化素质教育中发挥重要作用，因而国外各高校的演示实验设施完善，内容丰富，如加利福尼亚大学伯克利分校和哥伦比亚大学均建有可容纳500人的物理多媒体教学演示专用教室，他们在教室内一边讲授一边演示，把大学物理理论讲授与演示实验融为一体，一般一堂课要做两三个演示实验，桌面上的演示实验仪器和实验过程通过摄像投影系统投射到黑板上方的大屏幕上，500名学生都能看到桌面上的实验演示。这些内容丰富的演示实验无疑可以很好地帮助学生观察现象、总结规律，既提高了学生学习大学物理的兴趣，又达到了启发思维、培养能力与提高素质的目的。我们现在缺乏这样的实验设施，演示实验从实验室搬到教室，实验效果受到较大影响，常常乱哄哄的时间就过去了，既没有完成教学任务，学生也没怎么看明白，不能自己动手操作，效果并不好。

建议建立专门演示实验室，由一个教师专门负责，任课教员利用课外时间组织学生到专门演示实验室做演示实验。

（五）把组织学员参加物理竞赛看成是因材施教、素质教育的一个方面，使竞赛选拔、培训常态化、机制化

近年来我校大学物理教学的一个突出成就就是学生在国家、省物理竞赛中取得了突出的好成绩，特别是今年在全国大学生物理学术竞赛中获得唯一一个特等奖，成为我校物理教学素质教育、因材施教成果的一个明显标志。取得这样的成绩不容易，但保持这样的成绩和荣誉更难。建议院、系充分重视，认真总结经验，从政策上、组织上给以保证。从大学物理开课就开始选拔苗子，利用课余时间培训，实行淘汰制，动态管理，有出有进，把这种重点培养看成因材施教、素质教育的一个组成部分，使其常态化、机制化。对于在组织、培训、竞赛中成绩突出的教师和学生给以鼓励与物质奖励。

（2011 年 12 月）

素质教育和大学物理教学改革[*]

一、什么是素质教育

素质是指人在某些方面以前就具有的、相对稳定的、经常起作用的特点、品质或基础。一般的"素质"概念包括以下两个方面：一是生理学素质，指人先天具有的、生理上的、解剖学意义上的素质，例如，人身体的运动系统、神经系统、感觉器官等先天赋予的特征或特质，这些素质是人后天适应社会和自然、获取知识、增长才能的物质基础和条件；二是教育学意义上的素质，指人在后天环境影响和教育训练中获得的、内在的、相对稳定的、长期发挥作用的身心基本品质和特性，例如，人的思想品德、文化修养、性格特点、意志毅力、智力水平、劳动技能以及通过后天训练获得的身体素质等。就素质概念而言，综合上述两个方面应当是比较全面的，称为综合素质。

我们接下来主要谈教育学意义上的素质，主要包括以下三个方面。（1）文化素质——体现人对社会、自然界的感悟、理解和适应能力。包括道德修养、与人相处和沟通的能力等。人们常说某某人文化素质高、有品位，往往就是指他明白事理，道德情操高尚，有丰富的社会、历史、地理知识。自古以来就有"世事洞明皆学问，人情练达即文章"的说法。相反，一个对社会、对自然没有基本了解，缺乏道德和修养

---

[*] 本篇是由在国防科技大学理学院聘任教学顾问大会上的报告演示文稿改写而成。

的人往往被看成是没有文化的。（2）科学素质——人对自然现象、自然规律的了解、把握、运用能力。有丰富的科学知识，有强烈学习科学知识的兴趣和接受、理解能力，有很强的创新意识、创新能力，办事不迷信，讲究科学方法等，常被看成科学素质高的表现。（3）业务素质——人从事某一特定专业工作的能力。包括专业知识、专业技能和工作能力。

所谓素质教育，我认为就是通过教学，通过知识传授和能力培养，提高学生的综合素质，特别是教育学意义上的素质。那么，大学物理教学和素质教育有什么关系呢？大学物理教学又应如何贯彻素质教育的要求呢？

二、素质教育和大学物理教学

关于素质教育和大学物理教学的关系，我想从以下四个方面进行说明。

1. 物理学是整个自然科学的基础，大学物理教学首先要提高学员的科学文化素质、业务素质。

物理学是一切自然科学和工程技术的基础，物理学概念、知识、理论是学生学习后续专业课程、提高业务素质的基础。就是因为这一点，几乎所有的理工科大学，甚至许多文科专业都把物理学列入学生必修的基础课。过去传统的物理教学特别强调把服务于后续的专业课程当作大学物理教学的唯一目标。一个非常有趣的现象是，几乎可以把对大学物理的重视程度以及大学物理计划学时的多少，作为评判一所理工科大学水平高低的指标，一般来说，重视大学物理教学、计划学时多的学校，都是教育水平较高的学校。

物理学知识是现代人知识结构必不可少的一部分。我们生活在史无前例的科学高度发达、技术高度进步的时代，科技已经成为生产力进步的主要因素。如今生产高度自动化，通信手段日新月异，新技术目不暇接，很难设想一个没有基本物理学知识的人如何适应今天的社会。

2. 通过物理学教学，学生可以学习基本物理学语言、概念，掌握物理学的基本原理和方法，提高其文化、科学素质。

由于物理学是我们理解、探索大自然奥妙的语言、工具和方法，学习物理学语言、概念，掌握物理学的基本原理和方法，就是我们理解可能遇到的各种自然现象，研究、探讨、解决生活和生产中遇到的各种物理问题的基础。

物理学不仅是知识，而且本身代表着一套获得知识、组织知识、运用知识的有效步骤和方法。通过物理课程学习，了解物理学历史、现状和前沿，学生不仅获得物理学知识，而且还能获得更新知识的本领，提高其学习能力、思维能力和创新能力。

3. 大学物理教学在科学世界观教育、思想品德教育、成功人格教育中具有独特的优势和不可替代的作用。

物理学研究万物之理，通过物理学教学，可以使学生认识物质世界运动、变化的基本规律，获得完整的物质世界图像，在自然哲学的基础上，帮助学生建立一个科学的物质观、世界观。

物理学的基本精神是彻底的唯物主义，坚持"实践是检验真理的唯一标准"，坚持"实事求是"的科学态度。只有被实践证明的，才能成为物理学真理。物理学给了我们判断关于自然界是非、真伪的标准和依据，是我们抵御一切伪科学的强大思想武器。学习物理学，可以使我们在物质世界的关系中减少盲目和迷信，提高对大自然的适应能力、行为能力。

物理学的研究目标是致力于利用自然界，服务于人类，把人类从自然界中解放出来，使人类的物质文化生活趋于文明和高尚。物理学的基本品质是崇尚实践、崇尚理性、追求真理，物理学的这些品格对培养学生高尚的思想文化素质产生强大感染力。在物理学发展史上，许多优秀的物理学家做出了突出的贡献，了解物理学发展历史和物理学家的人格魅力与榜样作用对培养学生成功的人格有不可替代的作用。

4. 物理学在长期发展过程中，锻造和升华出一套普遍适用的、卓有成效的科学思维方法，这些方法成为现代科学方法论的基础，不仅适用于自然科学，同时也适用于社会科学。例如，逻辑推理、归纳演绎、理想化模型、理想实验、实验研究、统计分析对比和对称性分析等方法。通过物理教学，可以培养、训练学生掌握这些科学思想方法，这对提高学生的科学文化素质显然十分重要。

那么，大学物理教学应如何适应素质教育的要求，开发物理教学这些高品位的文化功能从而为提高学员的科学、文化、业务素质服务呢？

三、大学物理教学理念创新和教学内容改革

为了适应素质教育的要求，首先必须进行大学物理教学内容的改革。

教学内容是服务于教学理念的，教学内容改革首先必须摈弃大学物理教学单纯只为学习后续专业课程服务的旧观念，创新大学物理教学的新理念。新理念包括：（1）使学生掌握基本物理学语言、概念和物理学的基本原理和方法，对物理学历史、现状和前沿有整体上比较全面的了解；（2）使学员认识物质世界运动、变化的基本规律，获得完整的物质世界图像，建立一个科学的物质观、世界观；（3）学会科学思想方法，经受科学精神、科学态度的熏陶和训练。

按照这样的教学理念，就需要重新定位大学物理的教学目标，即提高学员科学、文化素质，学会科学思想方法，树立科学世界观，使学员具备一个合理的、开放的物理知识结构和背景，为他们继续更新知识、学习当代科技新概念、新技术和创新研究打下坚实的基础。

贯彻这一新理念、新目标，首先必须对传统的大学物理教学内容进行改革。

我们在分析大学物理教学内容的基础上，提出"三个层次"的概念，对不同层次内容赋予不同的教学目的，对应素质教育的不同方面，

在教学过程中采取不同的处理方式，这仍不失为在大学物理教学中贯彻素质教育可行的思路。

其中的基本层次就是目前教学内容的主体——力学、热学、电磁学、振动波动、光学、相对论、量子物理等，通过这些内容的教学，培养学生掌握基本物理学语言、概念、理论和方法，掌握物质世界各层次运动的基本规律。这些都是大学物理教学内容的主干和骨架，就是我们所说的第二层次，这一层次的教学基本上是"知识"教学，但大学物理不应止于这一层次。教学中要注意"画龙点睛"，从物理知识教学中升华到第一层次。第一层次是有关认识论、方法论、科学世界观方面的内容。这一层次内容应体现现代物理思想，有助于学生获得较完整的物质世界图像、科学思想方法，建立辩证唯物主义世界观。第三层次是应用基本物理规律（即第二层次研究内容）研究局部的、具体的自然现象，或说明物理学在生产实际、科学技术中的具体应用。对这一层次的内容进行灵活的、恰当的处理，可以在训练学生分析、解决问题能力，以及建模、创新意识、创新能力培养等方面发挥作用。

四、大学物理教学现状和改革深化

对大学物理素质教学的现状，我认为思想认识上已有许多重要进步，并在教学过程中得到不同程度的贯彻执行。具体表现在：

1. 在指导思想上，已经摒弃了单纯为后续专业课程服务的大学物理教学理念，普遍重视大学物理教学在素质教育中的作用。

2. 在教学方法上，已不再坚持"细嚼慢咽""课堂上解决问题""把所有教学内容都讲深讲透""不给学生留下疑难"的旧做法。

3. 普遍注重组织教学，努力做到条理清楚，重视教学内容的内在逻辑性。

4. 重视分析过程，重视演绎推理以及推理过程的严格和明晰。

5. 重视物理概念、物理图像教学，努力做到表述严谨、准确。

6. 重视实验、演示实验的作用。

认识并重视了，并不等于已经做到了，更不是已经做得很好了。相反，为服务于素质教学，大学物理教学改革仍做得很不够，仍有巨大的潜力可挖。主要表现在：步子迈得不够大，胆子比较小，思路还不够开阔；较为普遍的现象是怕改不好，宁可不改，对于新的、较难接受的东西，怕讲不透，宁可不讲，只字不提，课堂教学活动仍保持着知识传授型的特征。

必须认识到，虽然一个高素质的人往往有丰富的知识，但知识不等于素质，知识多并不代表素质高。素质是知识和运用知识的能力的总和。我认为，为了培养高素质人才，大学物理教学改革特别是课堂教学，还需要完成以下三个转变：

1. 课堂教学由单纯讲概念、定理、结论等知识，转变为讲科学知识的同时还讲科学思想和科学方法，向哲理高度升华。

2. 由系统地、不加区分地放在具体问题细节、数学推导、数值计算上的讲授，转变为站在学科理论体系整体的高度上讲线条、讲框架、讲重点和难点，启发性地教授。

3. 在教学方法上，变知识灌输为"分析、归纳、综合、渗透"，由单纯知识传授转变为主动的能力培养。培养、训练学生独立获取知识，特别是运用知识解决问题的能力。

实现上述转变的关键点是教师自身素质的提高，所以高素质教师队伍建设就是素质教育改革的关键因素。

五、教师队伍建设

教师是教学活动实践的主体，素质教育改革的成败，教师是关键因素。素质教育对教师提出了以下三点要求：

1. 深入理解知识不等于素质，要深入理解知识和素质的关系以及素质教育在人才培养中的地位和作用。基础物理教学改革，从根本上说就是知识教育向素质教育的转变。

2. 教师需要完整地了解大学物理教学的目标和任务，了解教学的环境和条件，了解教学内容各个部分的内在联系，了解不同部分的教学目的及其在实现总目标中的地位和作用。把握教学内容的不同层次，会在恰当的地方、用适当的方式把第二层次的内容升华到第一层次，会根据环境、条件、专业需要，适当地选择、处理第三层次。

3. 要做到上述两点，没有捷径可循，必须刻苦学习、深入钻研，提高自己的学术水平和教学水平。

为此，建议要把教学团队建设成学习型组织。学校、学院要努力创造浓厚的学术氛围，在教师中形成积极进取的学习风气，要鼓励每位教员把教学、学习、科研紧密结合起来。教员要努力提高自身的学术水平，在学习物理学同时，还要学习教学方法，提高教学水平，要把"今天相较昨天学术上有哪些进步，弄清了哪些问题，今年相较去年教学水平有哪些提高"作为教师队伍建设的一个尺度。持之以恒，必有成效。

六、考试制度改革

考核方式和考试内容是教学工作的指挥棒，不光学生围绕着考试学习，教师也把学生考试成绩作为教学目标，学校也往往把学生考试成绩高低作为教师教学成败、水平高低的重要指标。这自然没有错，但问题出在考试内容和考试方法。所以，要贯彻素质教育，必须改革考试方式和考试内容。

考试改革包括考试内容改革和考核方式改革两个方面，要积极探索切实可行、适合素质教育的考核方法，变考知识为考素质。如何才能考素质，寻找切实可行的方法，是需要继续探讨的难题。

（2012 年 10 月）

第二部分

大学物理教学内容研究和改革

用系统学方法研究基础物理教学内容改革[*]

　　为了培养 21 世纪我军现代化建设和赢得未来高技术战争需要的高素质人才，基础物理教学的目标和任务应当是：使学生具有扎实自然科学知识，为学习后续专业课程打下坚实的理论和实验技能基础；发挥物理学在素质教育中的优势，培养学员的科学世界观、科学思维方法；培养严谨求实的科学态度和追求真理的科学精神；培养学员自我更新知识的能力和强烈的创新意识。为完成这一任务，基础物理教学理念和指导思想已经发生了一些改变，基础物理的教学不再仅仅作为后续专业课的基础课，基础物理在素质教育中的特殊优势和不可替代的作用逐渐被人们认识。围绕着素质教育的要求，对教学做了一些尝试和改革。随着多媒体技术进步和计算机教学软件的开发和应用，先进教学手段在教学中被越来越多采用，其优越性也逐渐被认识，使用水平逐渐提高。与此不相适应的是，基础物理教学内容的改革仍然步履艰难、进展缓慢，指导思想不明确，基础物理教学改革已进入最困难的攻坚阶段。

一、基础物理教学内容改革势在必行

　　现行基础物理教学内容陈旧是大家的共识。以相对论和量子论为

---

　　* 本篇曾于 2001 年发表在《高等教育研究学报》上。主要思想曾在全军大学物理教学研讨会、原理学院教学改革研讨会上报告，报告提纲收入学院印制的《教学改革研究论文集》中，收入本书时做了个别补充和修订。

核心的 20 世纪新物理学，不仅在物理思想上根本改变了旧的时空观念和旧的物质世界图像，而且正是这部分内容构成了新能源、激光、信息处理、通信等现代科学技术和现代国防技术的基础。而现行基础物理教学仍以 19 世纪以前的经典物理为主要内容，相对论、量子物理、非线性等 20 世纪新物理学教学内容和计划学时都明显不足。从物理学本身看，由于这些物理学新进展反映不够，现行基础物理教学并没有包括物理学最基本的原理，也不可能给出完整的物质世界图像，学员缺乏理解当代科技新概念、新技术和最新文献资料必要的物理知识背景和知识结构。

从素质教育角度看，不得不承认目前基础物理教学基本上仍是知识传授型。表现在教学上仍着眼于物理概念和物理定律等物理知识的阐述、处理具体物理问题的技巧训练，而且各部分内容平均用力，层次不明确，重点不突出。对物理教学在学生人文素质、科学世界观的培养以及科学思想方法训练中的功能发掘不够、体现不明显，不能反映科学素质训练和创新能力培养方面的要求。

现行基础物理教学内容存在的诸多问题已经是大家的共识。对于如何改变这种状况，不少人把希望寄托在调整现行教学计划，增加物理教学学时上。的确，基础物理教学学时相对教学内容相差较多，但必须看到，随着每周五天工作制的实行，总学时减少，想大量地增加学时可能性不大。教学学时和教学内容的矛盾，也必须依靠教学内容改革来解决。

在基础物理教学内容改革中，一个主要问题是如何处理传统的基础物理教学内容，哪些应着重加强、哪些可以一般处理、哪些可以不要？不同内容做出不同处理的依据是什么，是不是内容越新越好？应采取什么样的体系结构，是不是必须打破旧的教学内容体系？关于以上这些，基础物理教学内容改革的原则、思路并不很清楚。接下来将讨论这些问题。

二、如何认识基础物理教学内容改革

首先，我们注意到，基础物理教学内容整体上是一个"系统"。

按著名系统学专家钱学森的定义：系统是由相互联系、相互作用的诸元素（子系统）构成的，具有一定功能的整体[1]。按这一定义，系统具有以下特征：由两个或两个以上的元素构成；不同元素之间存在相互联系和相互作用；元素和元素间的相关，使系统成为一个整体或统一体。考察基础物理教学内容，大体包括力学、热学、电磁学、振动和波动、光学、相对论、量子物理、高新技术物理基础几个部分，各部分虽然研究不同的对象，但都构成物理学的一个方面，各自研究自然界不同形态的物质运动或运动的不同形式（每一部分又都可以看作是一个子系统），都包含许多共同的物理要素（物理学基本概念和原理），并按照一定的认识规律和教学规律组织起来，共同构成了基础物理学教学内容全体，所以说，基础物理教学内容整体上是一个系统。

按照系统学的观点，"凡需要处理多样性的统一、差异的整合、不同部分的耦合、不同行为的协调、不同阶段的衔接、不同结构或形态的转换以及总体布局、长期预测、目标优化、资源配置、信息的创生与利用之类的问题，都是具有系统意义的问题"[1]5。如果说物理教学内容是个系统，教学内容改革就是处理各个部分之间的关系，处理"具有系统意义"的问题。当然，有人参与的基础物理教学改革实践也是一个系统，整个教学改革就是一个系统工程。

用系统学方法研究基础物理教学内容改革，就是强调整体性，强调各个部分的统一和联系，要求把系统学方法和物理教学内容改革结合，用系统学观点分析基础物理教学内容、结构，解决基础物理教学内容设计、教材组织、执行办法以及教学管理等问题，在一定的外部条件下，使教学改革整体效果最优化。

用系统学方法优化基础物理教学，首先必须明确基础物理教学改革的总体目的、目标是什么，实施教学改革的环境、条件是什么。基础物理教学内容改革，实质就是在给定的环境条件下，为实现这一特定的教学目标而对教学内容整体的优化设计。所以，简单来说，基础物理教学内容改革就是系统优化设计问题。

三、基础物理教学的目的、目标和环境

传统的基础物理教学目标、目的通常是为学生学习后续专业课程服务，为学好专业课程打下物理学基础。在强调素质教育的今天，显然，我们必须修改这一目标，使基础物理教学在学生的科学、文化素质教育以及能力培养中发挥更大作用。因此，我们认为基础物理教学的目的应当是多目标的，应当使学员：

（1）认识物质世界本质，树立科学世界观，获得完整物质世界图像；

（2）掌握基本物理学语言、理论，探索物质世界规律的基本原理和方法；

（3）学会科学思想、科学方法，提高其分析问题解决问题的能力；

（4）为后续专业课程打下扎实的物理理论基础。

其中，第 4 点就是传统的大学物理教学目标；第 2 点与培养学生知识更新、继续学习能力有关；而第 1 点和第 3 点则是从培养学生科学世界观，使其学习科学方法，提高其科学文化素质出发的。

基础物理教学改革的环境条件是：其他课程安排、基础物理教学总学时、学生已有知识结构、学习积极性、教学条件等。基础物理教学改革就是在这些条件下，根据上述目标，对基础物理教学的内容、体系、结构进行优化设计的。

四、基础物理教学内容、体系结构

如前所述，基础物理教学内容由力学、热学、电磁学、振动和波动、光学、相对论、量子物理、高新技术物理基础等子系统构成。我们首先考察这几个子系统的内容及其相互联系。

（1）力学：研究对象是宏观物体（质点、质点组、刚体）系统的机械运动。内容主要有牛顿定律、动量定理、动能定理、角动量定理、功能原理。提供物理学动量、能量等基本概念，给出机械运动的描述方法及基本运动定理。这部分内容是其他各部分的共同基础。

（2）振动和波动：研究对象是物质运动一种普遍而又重要的运动形式。在这一部分要建立周期、频率、振幅以及相位、相干叠加等概念，这些概念在电磁波，特别是在光波以及量子物理中都有广泛应用。

（3）热学：研究大量粒子系统热力学性质和热运动规律；对热力学系统有宏观、微观（统计）两种描写方法；主要内容是建立温度、压强、热量、内能、熵等概念，阐明包括热现象在内的能量守恒等四条热力学定律，特别是热力学第二定律。

（4）电磁学：研究对象是电磁现象，本质是电磁场。主要内容包括静电场（电场强度、电势、电场高斯定理、环路定理），稳恒磁场（磁高斯定理、安培环路定理），电磁感应法拉第定律，麦克斯韦方程组，电磁波，电磁场的物质性。

（5）波动光学：用波动观点研究电磁波可见光波段。主要内容是光波的干涉、衍射和极化。

（6）相对论：研究时间、空间和物质运动联系。主要内容包括：狭义相对论的基本原理、相对论的时空理论、相对论力学、质能关系、电磁相对性广义相对论简介、广义相对论等效原理、引力场方程等。相对论是整个物理学，特别是近代物理的基础理论，与其他各部分都有直接或间接的关系。

（7）量子物理：研究微观粒子运动规律。主要内容包括：波粒二象性，不确定性关系，量子力学的基本原理（波函数（概率幅）、Schrodinger 方程、算子理论、量子测量原理、原子结构、特征量子现象（势阱、势垒贯穿、谐振子））等。这部分内容要用到力学、振动和波、光学部分建立起来的概念和原理，以及热学、光学和电磁学的知识。

（8）高新技术中的物理学：与高新技术有密切关系的几个领域。

内容可适当选择，如固体物理和材料、激光、核物理、超导体、量子信息等。其目的是深化量子物理教学，同时在量子物理和高新技术间架设桥梁。

这八个部分既具有相对独立性，又存在密切联系。我们需要按认识规律从简单到复杂，按教学规律先易后难、循序渐进，以及按各部分之间的内在逻辑关系将其组织起来。这个问题在传统教材中已得到基本解决，即按上述从 1 至 8 的顺序组织教学是比较合理的，当然，也可以把振动和波动、电磁波和光学合并成一部分，放在热学后。

五、基础物理学教学内容的三个层次

按照系统学原理，知道系统包含哪些子系统以及子系统之间的相互关联，还不能完全了解系统的结构。在一个复杂系统中，除了用子系统的概念描述系统结构外，更重要的是从层次上把握系统结构。系统整体上的某些性质，可以通过不同子系统的相互作用在整体上表现出来。根据这种认识，进一步分析基础物理学教学内容，可以将其划分为以下三个层次。

第一个基本层次是，描述不同类型物质或同一类型不同层次物质具体的运动规律，如宏观机械运动、热运动、辐射场，微观粒子运动的具体运动规律，给出主要的物理概念和基本的物理学规律。这一层次内容是教学的主体，是全部教学内容的骨干或支撑基础物理教学内容的"骨架"。

第二个层次的内容是本身不提供新的基本物理概念、规律，只是应用已有的基本规律去解释一些自然现象，给出特定条件下某些更具体的规律，或把基本物理原理具体应用在生产实际和科学技术中某些感兴趣的问题上，或给出某一类问题更方便、更简单的处理方法以及解答某一类问题的特殊技巧等。

属于这一层次的内容有：力学部分的科里奥利力、火箭飞行器原理、两体碰撞、质心参考系等；振动和波动部分的阻尼振动、受迫振

动、振动频谱分析、驻波、简正模、冲击波；热学部分的实际气体、范德瓦尔斯方程、理想气体的几个特殊过程等；电磁学部分的电偶极子、尖端放电、静电屏蔽、电容器和电容、似稳电路、电容器的充放电、带电粒子在电磁场中的运动、铁磁介质、自感和互感；光学部分在技术上的应用十分重要，但内容基本上都可归为这一层次；相对论比较特殊，它的研究对象不是一个具体的物理系统，但仍然可以把相对论的多普勒效应、光行差现象划为这一层次；在量子物理部分，传统教材中系统介绍的典型量子现象如无限深势阱中的粒子、线性谐振子、势垒贯穿恰恰都属于这相对次要的层次；原子结构问题中除泡利原理外，严格来说也都属于这一层次；高新技术的物理基础部分基本上也都属于这一层次。如果把前面基本层次内容称为"骨架"，这一层次内容就是"血和肉"，就像一个人一样，骨架必须有，但胖点、瘦点问题不大。

第三个层次属于系统的质。系统的整体质是由元素相互作用而产生的质的飞跃，要通过教材内容系统总体呈现出来。这一层次内容包括物理学基本思想，特别是现代物理基本观点，目的是给学生描述一个完整的物质世界图像，帮助学生建立科学的物质观、世界观。如果说上述两个层次可以分别看作是基础物理教学内容的"骨架"与"血和肉"，这一层次内容就是基础物理教学的"灵魂"。灵魂绝对不是可有可无的。

属于"灵魂"这个层次的内容包括：现代物理的基本思想和观点，如世界本质上是量子的，经典描写只是在一定条件下量子描写的近似；线性问题是一般非线性的理想化近似；拉普拉斯决定论的因果关系是一般统计因果关系的特殊情况；相对论的时空观，空间、时间和物质运动不可分离的观点；孤立系统自发过程熵增加及信息即负熵的观点；场作用的观点和场相干叠加的观点；物质和运动不可分割的观点；物质相互作用、相互联系，运动守恒的观点；对称性决定相互作用，对称性支配守恒定律的观点；物质结构分层次，不同层次的物质遵循不同运动规律的观点等。

如果我们按教学内容这个有机体的内在逻辑划分，可把"灵魂"看成是第一层次，"骨架"为第二层次，"血肉"为第三层次[*]。

当我们对传统的物理教学内容做这种"层次"划分时，首先可以清楚看出，过去教学一个十分明显的缺陷就是教学内容重点不明确，没有把"骨架"和"血肉"区分开来，整体上把"灵魂"也丢掉了。其次，立即就可看到这三个层次内容在实现基础物理教学前述四个理念中起不同的作用。第一层次是帮助学生认识物质世界本质，树立科学世界观，获得完整物质世界图像；第二层次的内容教学是使学生"掌握基本物理学语言、理论，探索物质世界规律的基本原理和方法以及为后续专业课程打下扎实的物理理论基础"；恰当地处理第三层次的内容可以帮助学生"学会科学思想、科学方法，提升其分析问题解决问题能力的科学素质"。

进行大学物理教学内容改革，就要正确处理这三个层次的教学内容之间的关系。要立足第二层次，它是教学内容的主体；可以根据学时以及学生学习的具体情况，适当处理第三层次。另外，需要教员从第二层次内容的教学恰当地引申、升华至第一层次。

六、突出"运动状态"概念、坚持"一个统一"方法

我们把大学物理教学内容作为一个"系统"，并不仅仅是因为基础物理的这几个部分包含有许多共同的物理概念和物理原理，共同构成了基础物理学的教学内容这个系统，而是通过进一步分析，我们可以看到这些子系统还有本质上更深层次的联系。

在任何情况下，我们研究的对象都必定或可以看作是一个"物理系统"（相对论部分比较特殊，不是一个具体的物理系统）。例如，力学部分研究了质点、质点系和刚体三个理想化的物理系统；热学部分

---

[*] 本书在其他篇中提到三个层次时都以此为准。

研究的是一个热力学系统；电磁学研究的是包括不同电荷、电流分布及介质不同分布的电磁场系统；量子物理研究的是如电子、光子、原子、分子等微观粒子以及固体中的电子等不同的量子系统。一般来说，研究的问题可以分为以下两种类型：一是系统在一定运动状态（即给定状态参变量的取值）下的性质；二是系统运动变化的规律。如力学部分主要研究机械运动，研究的是物体系统机械运动规律（在物理学中，静止也是一种运动状态，静止可作为运动的特殊情况）；热学既研究系统宏观静态下（平衡态）的性质，如系统温度与压强、体积的关系，系统能量分布，速度分布等，也研究动态情况——系统状态做功、热交换，由内能、熵变等描述的状态变化的规律；电磁学既研究静止场、稳恒场电荷、电流与场分布的关系，也研究变化电荷电流激发场的规律以及脱离开激发源的电磁场运动规律；量子物理既研究定态问题，决定系统处在定态时的内部结构和内部运动情况，也研究非定态量子态演化规律等。在上述两类问题中，第一类型问题属于状态的性质，即系统在一定运动状态下表现出的性质；第二类问题是系统运动的规律，是通过运动状态随时间变化的规律表述的，这两类问题都和"运动状态"有关。而运动状态以及状态演化的规律，既可以通过一组互相独立的状态参量描述，也可以定义一些状态参量的函数（在量子力学中称为可观测力学量），通过这些状态参量的函数进行描述。例如，质点的运动状态可以用坐标和动量描述，也可以定义质点动能、角动量、势能、机械能等状态函数，运动规律也可以通过这些状态函数的变化进行描述。究竟如何选择，视具体问题而定。

上述分析表明，虽然各子系统的基础物理教学内容不同，但存在一个共同点，那就是都需要刻画它的"运动状态"。坚持"一个统一"，就是突出"运动状态"的概念，用"独立状态参量描述运动状态，通过状态参量或状态函数的演化表示运动规律"，用这一理论框架统一处理力、热、电及量子物理。

这样做的好处首先是可以使教学内容主线条清晰，很容易看出哪些内容属于理论骨干，哪些属于枝节（前面列出的属于第三层次的内容就是按这个一般方法区分出来的），在实施教学过程中可以知道哪些必须要讲，哪些可不讲，突出重点。其次，用这一观念分析经典物理部分教学，可以达到优化经典物理教学内容的目的。最后，由于采取上述体系，把量子力学纳入和经典力学同一理论框架，可以把量子物理看作是经典物理发展的一个逻辑结果，可一定程度降低学习量子物理的难度。

参考文献

[1] 苗东升.系统科学精要.北京:中国人民大学出版社,1998:26.

（2001 年 8 月）

关于非物理专业理工科"基础物理"中的量子物理教学*

　　基础物理教学内容改革的基本问题是教学内容的现代化，而现代化的核心是如何讲好相对论和量子物理学。最近，我们在科学出版社出版了一套非物理专业理工科本科生使用的大学物理教材《基础物理学》，主要就基础物理教学内容现代化，以及如何讲好相对论和量子力学做了一些尝试。本文简要介绍我们在这套教材中关于量子物理教学内容选择和处理、讲好量子物理的一些思考和做法，供从事大学物理教学的同行们讨论和参考。

一、在基础物理教学中要系统地介绍量子力学的基本概念、原理和思想方法，不应当只满足于"开窗口"

　　众所周知，正是 20 世纪的新物理学构成了新能源技术、激光技术、信息处理、通信技术等现代科学技术的物理基础。特别是量子力学，20 世纪科学技术的迅猛发展，人类社会生活的巨大变革，物质生活的高度文明，都直接或间接地与量子物理有关。"我们可以毫不夸张地说，没有量子物理，就没有我们今天的生活方式。"[1]许多物理学家都预言：量子力学迟早会成为我们常识的一部分[2]。"……对于我们的孩

---

　　* 本篇曾在 2004 年"全国高等学校量子力学研究会"年会上进行报告，并于 2007 年 8 月收入由科学出版社出版的《量子力学朝花夕拾》一书中。

子和孩子的孩子来说，量子力学的概念将成为一种常识。"[1] 所以，无论是对于 21 世纪的工程技术专家，还是对于 21 世纪的现代人，了解量子力学的一些概念、原理和思想都是十分必要的。作为非物理专业理工科本科生的唯一物理课程"大学物理"，在其中讲授量子物理无疑是十分必要的。

"大学物理"中的量子物理，当然不是物理专业学生的"量子力学"课程，不应当也不可能包括诸如近似方法、碰撞理论、系统的表象理论、角动量耦合理论等一些专门、深入处理某些具体问题的理论和数学方法，也不能面面俱到地去讨论各种量子力学问题。"从量子力学中应当学习的不是某一单个的知识，而是思考问题的方法。"[2] 重要的是思想而不是知识，思想重于知识。"大学物理"中的量子物理应当系统地介绍量子力学的基本概念、基本原理和基本思想（当然它也需要包括少数、典型的量子力学问题的讨论，如无限深势阱、量子谐振子、势垒贯穿等，但目的是使学生通过这些具体的例子，了解一些典型的量子现象）；应当使学生有一个完整的处理各种量子力学问题的基本理论框架，有一个合理的、开放的物理知识背景和知识结构；应当具有科学的世界观（指对物质世界运动规律的科学、完整、系统的认识）、科学思想方法，能以此为基础，去接受、理解当代科技新概念、新技术和最新文献资料。

显然，为了实现上述目标，简单的、"开窗口"的做法是不可行的。"开窗口"虽然可以"展示"某些量子现象和量子力学结果，激起某种好奇心和兴趣，但不能解决知识结构问题，更不能解决科学思想方法、科学世界观问题。

必须看到，量子物理的许多概念、原理是非经验的、非传统的，"看来好像荒诞不经的"，"要领悟在原子水平上发生的事情，人们必须抛弃常识"[3]。量子物理和传统的经典物理学原理、方法存在巨大的差别，其中一些概念和量子现象对于初学者来说是很难理解的（有些现象的解释，专家间也还存在争论），这就大大增加了量子物理教学的难度。所以在基础物理教学中讲好量子物理，首先必须重新审查我们关于经典物理的"常识"，使能够以统一和系统的观点理解包括量子物理在内的物理学，使量子力学变成一种自然的、可以理解的，至少不是那么生硬和难于接受的东西。

二、改造经典力学体系，以统一的、系统的观点理解包括量子物理在内的物理学

量子力学概念、原理和思想虽然和我们直接经验、传统物理存在巨大差别，但量子物理毕竟不是主观臆造的"奇谈怪论"，它并不是经典物理学生出的一个"怪胎"，而是传统物理学思想孕育出的一个新生儿，和经典物理学是一脉相承的，是传统物理思想的一个逻辑结果。在基础物理中要讲好量子力学，就应当发掘它与传统物理学一脉相承的联系，给量子物理中出现的新概念、新原理一个合理的、可以理解的解释。

在物理学中，通常把研究对象称为"物理系统"。研究的目的是弄清楚系统的性质和系统运动的规律。一个物理系统在不同的运动状态下往往表现出不同的性质，这表明物理系统的性质是系统运动状态的函数，而系统运动规律，是通过系统运动状态变化描述的。所以，研究一个物理系统，不管它是经典系统还是量子系统，首先都要确定系统运动状态描述的方法。当然，对于不同种类的物质（有形物质和场物质）系统、同一种类物质的不同层次，运动状态的描述方法都是不同的。

在经典物理中，最简单的物理系统就是一个质点。一维运动质点的运动状态，可以由质点的坐标和动量（或速度）描写；在三维空间中，一个质点的运动状态可以由三个坐标分量和三个动量分量（或相空间中的一个点）描写。这种描述运动状态的方法，原则上可以推广到 n 个质点的系统。当质点运动的坐标、动量确定以后，其动能以及相对某一固定参考点的角动量也能确定，如果质点在保守立场中运动，

相应的势能（选定势能零点）以及机械能也取确定值，所以动能、角动量、机械能等都可以看作是质点运动状态的单值函数，它们也可以作为状态参量描述质点的运动状态。

质点的运动规律是通过质点运动状态（状态参量）变化规律描述的。其动量（或速度）的变化由牛顿定律给出。如果用动能、角动量或机械能等状态函数描述质点运动状态，质点运动规律就由动能定理、角动量定理或功能原理给出。

由此可以看出，物理系统的状态由一组互相独立的，并足以确定系统状态的可观测物理量取值决定，物理系统的变化规律就由这组可观测物理量（或状态函数）随时间变化的规律描述。

我们首先以这种观点统一地表述质点力学。把坐标、动量（速度）、动能、位能、机械能、角动量等物理量看成是状态参数或状态参数的函数，把牛顿定律、动量定理、动能定理、功能原理、角动量定理等并列看成是（从不同角度描述的）状态演化规律。我们改变了传统的按牛顿运动定律、动量和角动量、功和能划分章节，而是按质点、质点系、刚体等研究对象划分章节。同样地，在电磁学中，把电场强度矢量、磁场强度矢量看成是描述电磁场这种特殊物质形态运动状态的参量（矢量，可看作 6 个独立变量），麦克斯韦方程组就可解释为表述电磁场系统变化的规律，等等。

与此对应，原子、电子等微观客体作为研究对象，也是一个物理系统，它的运动规律也需要通过状态随时间的演化表述。但是原子、电子等作为微观粒子，具有波粒二象性，坐标、动量不能同时取确定值，这就排除了用经典方法描述微观粒子运动状态的可能性。微观粒子运动状态用波函数描写就是一个自然的选择；相应的状态变化规律就由波函数演化规律——Schrödingger 方程给出。和经典物理一样，量子力学研究的问题也可分为两类，一类是研究在一定运动状态下系统的性质，也就是所谓"定态问题"，一般需要解定态 Schrödingger 方程；另一类就是研究量子系统运动状态随时间演化的规律，这就需要解含时 Schrödingger 方程，目的也是由初始状态（物理量的取值）决定末状态（物理量的取值）。但由于微观粒子运动的波性，量子力学给出物理量取值的方法与经典物理不同（见"经典力学和量子力学比较表"）。

经典力学与量子力学比较表

	经典力学	量子力学
状态描述	一组互相独立，且足以确定系统状态的力学量取值； 相空间中的点	一组互相对易，且足以确定系统状态的力学量算子的量子数； Hilbert 空间中的单位矢量
状态演化规律	牛顿定律	Schrödinger 方程
可观测力学量	可观测力学量； 取由状态唯一决定的实数值	线性厄密算子； 取由状态概率决定的、相应线性厄密算子的本征值之一； 平均值由状态唯一决定
测量结果	由运动状态唯一决定； 对态的干扰可忽略，测量不改变运动状态	一般由运动状态概率地决定； 一般引起态不可逆的坍缩； 测量后制备系统在一个新态上
全同粒子的可区分性统计性质	原则上都可区分； 全同性对粒子运动状态不提出限制； Boltzman 统计	在波交叠区域原则上不可区分； 要求描述运动状态的波函数对称化； Bose - Einstein 统计或 Fermi - Dirac 统计
因果关系	拉普拉斯决定论的	统计的或概率的

三、突出微观粒子的波性，把量子力学和经典力学相对照，讲清楚其区别和联系

如前所述，量子物理在整体上可以和经典力学用统一的系统和观点讲述，但量子力学毕竟不同于经典物理学。要讲好量子力学，还必须在具体内容上着重说明微观粒子的波性等量子力学概念，把量子力学和经典力学对照起来，讲清楚其区别和联系。

1. 波粒二象性是物质世界的普遍属性

和大多数教材一样，我们首先从黑体辐射实验规律的 Planck 解释，引进光量子的概念，引用光电效应实验、Compton 散射实验肯定光的粒子性，然后给出 de Broglie 实物粒子也具有波性的假设，并用 Davisson、Germer 实验，中子及其他实物粒子的衍射实验肯定实物粒子的波性，说明波粒二象性是物质世界的普遍属性。

2. 坐标－动量不确定性关系，微观系统状态用波函数描写

由于微观粒子具有波性，利用物质波的单缝衍射实验，说明微观粒子坐标和动量不能同时取确定值，从而排除了用经典方法描述微观粒子运动状态的可能性，使微观粒子状态用波函数描述成为一种自然的、合理的选择。

3. 单缝衍射——波函数叠加原理

粒子通过单缝发生衍射的实验事实表明，描述衍射后粒子状态的波函数是不同动量有确定值的平面态的叠加，说明波函数满足叠加原理。

4. 微观粒子运动状态变化规律

和经典粒子运动状态变化规律由牛顿方程给出一样，微观粒子运动状态变化规律由 Schrödinger 方程给出。虽然状态演化都是拉普拉斯决定论决定的（即可由初始状态因果地、唯一地决定末状态），但由于状态描述方法不同，量子物理对物理量取值的预言只能是概率的、统计的、非决定论的。而在经典物理中，由于状态直接由一组互相独立的物理量取值描述，一切可观测物理量作为这组互相独立物理量的函数，其取值可由状态唯一决定。

5. 量子力学中的平均值和力学量的算子表示

和经典物理中的力学量不同，在量子力学中的可观测力学量需要用一个线性厄密算子表示。利用经典力学中由概率求平均值的法则，通过求给定态中坐标平均值、动量平均值，引进量子力学中力学量用算子表示的假设。并通过力学量平均值随时间的变化，阐明量子力学中的守恒定律和物理量守恒的条件。

6. 微观粒子的非经典性质

经典粒子运动有确定的轨道，即使固有性质完全相同的全同粒子，仍然可以对不同的粒子做出区分。但由于微观粒子的运动用波函数描写，在波函数交叠区域中全同粒子（内部态也相同）变成原则上不可区分，从而导致微观粒子重要的非经典性质：微观粒子的运动状态需要用具有一定对称性的波函数描写，其中 Fermi 子系统波函数必须满足泡利原理。

四、难点分散，在讲授经典物理内容时为量子力学做好铺垫

1. 对称性和波粒二象性

为了深入理解波粒二象性的概念，在前面讲"物理学和对称性"时就强调了"自然界喜欢对称性""对称是美的一个要素"等观点。"所谓对称性，实际上就是某种不可分辨性，某种属性的不可观测性"。在经典上我们把物质世界看成由实物粒子和场物质两大类所组成，他们既然共同构成了物质世界，那就应当具有共同属性，波粒二象性就是其一。对于微观粒子，它既是波，也是粒子，原则上是不可分离开的。所谓波性和粒子性，实质上是同一事物的两个方面，是在不同条件下观测到的结果。

2. 非线性现象和统计的因果关系

量子力学中统计的因果关系是很难理解的。我们在"非线性振动和波"部分，就已经阐明了即使在数学模型不包含随机因素的系统中，由于系统包含非线性的相互作用，因而也存在着混沌运动，又由于混沌运动对初始条件的敏感性，从而使系统表现出不可预见性、随机性。这说明即使在经典力学中，拉普拉斯决定论的因果关系也不是绝对的。由于非线性的普遍性（线性只是一定条件下对实际问题的近似描述），自然界因果联系的非拉普拉斯决定性是普遍的，尤其是对系统的长期行为。

3. 波和波的相干叠加性

物质运动本质上是波，波最显著的特征是相干叠加性。在讲"振动和波"时，就利用机械波的直观性阐明波相干叠加的概念。在"光学"部分，又用光波的相干叠加解释光的干涉和衍射现象，所有这些都为理解、解释物质波的相干叠加做了铺衬和准备。

4. 从实验中引入新概念

大学物理和理论物理的最大区别就是从实验事实及其分析中引进概念、总结出规律。坚持这一原则是我们编写《基础物理学》的一个显著特色。例如，在量子物理中，光的粒子性、电子及实物粒子的波性、坐标动量不确定性关系、物质波叠加原理、电子自旋、原子的壳层结构、粒子全同性原理等重要概念及原理都是通过实验和实验分析引进的。

五、突出量子纠缠现象，介绍量子信息学

如果说波的"相干叠加"不是量子物理特有的，在经典物理中就已存在，那么量子纠缠现象却是量子力学独有的，没有经典类比的现象。量子纠缠是量子力学最奇异、最不可思议的特征。对于一个复合量子系统，可以存在这样的量子状态，它不可能由指定各子系统的状态确定，这对于经典物理是不可思议的。近年来，人们已经认识到，量子纠缠是一种有用的信息资源，开发和应用这一信息资源，已经形成了一个新兴学科"量子信息学"。利用量子纠缠已经发现可以完成对经典信息不可能的一些信息功能，如绝对安全的密钥分配、超密编码、隐形传态以及实际上不受限制的大规模并行计算等。我们编写了"量子纠缠现象和量子信息学基础"一章，其目的一方面是作为高新技术的物理基础和量子力学的新发展介绍给学生，另一方面也是想通过这一章内容的学习，使学生更深刻地理解量子力学。

参考文献

［1］　赵凯华,罗蔚茵.新概念物理教程:量子物理.北京:高等教育出版社,2001.

［2］　片山泰久.量子力学的世界.李扰秋,等译.沈阳:辽宁人民出版社,1982.

［3］　理费曼.QCD:光和物质的奇异性.张仲静,译.北京:商务印书馆,1996.

（2004 年 10 月）

应把张量概念引入基础物理教学[*]

一、引言

众所周知，数学是物理学的语言和工具，它可精确地表述概念，简洁、准确地表示物理规律，可靠地、深刻地揭示现象本质。"如果说画家的工具是颜料与画笔，诗人的工具是他所用语言的韵律，那么表现物理学家想象力的基本工具就是数学。"[1] "数学的结论及抽象的思想，对物理学发展的作用比表述它们所用的语言更重要。"[1] 数学工具在许多场合是不可替代的，"在自然科学中有不可理喻的有效性"[2]。正因为如此，在大学基础物理中已经引进矢量、微积分表述牛顿力学，用矢量分析方法表述电磁学。虽然如此，但考虑到学生的承受能力，尽量避免使用艰深的数学工具仍然是必要的。

如果说不用微积分就不能精确地表示像牛顿定律、麦克斯韦方程等物理规律，那么不引进张量的概念就不能简单、明确地表述相对论，就不能从狭义相对论的基本原理出发，一以贯之地构建相对论"理论大厦"。特别是通过洛伦兹变换的几何解释，把三维张量定义直接推广到四维空间定义四维张量，不仅可以用张量表示相对论精髓的时间、空间的统一，明确地给出符合相对论要求的物理规律的数学形式以及不同物理量在不同惯性系之间的变换关系，还可以揭示非相对论情况

---

* 此篇的主要思想和建议已经更早地写入 2004 年 5 月出版的《基础物理学》教材中，见：李承祖，杨丽佳. 基础物理学：中册. 北京：科学出版社，2004.

下不同性质物理量在相对论条件下的统一性，以及电场、磁场的统一性和相对性等。为了物理教学内容现代化，加强物理概念、物理图像和物理思想教学，避免把相对论仅仅作为一种"知识"教学，体现相对论的精华，使其变成一种思想观念，放到科学思想、科学世界观教育的高度上，就很有必要引进张量的概念（工具）。

实际在基础物理中已经碰到一些张量，这些量有更复杂空间取向性质，不能简单地用标量或矢量描写。例如在研究电磁场时，电磁场动量密度是个矢量，而电磁场作为场物质是运动的，要描述电磁场动量在空间的流动，不仅需要指出电磁场动量方向，还要指出它流动的方向，电磁场动量流（又叫电磁场张力张量）就是张量。类似地，刚体定轴转动的转动惯量是个标量，但在刚体做非定轴转动的一般情况下，既需要描写转轴的方位，也需要指出刚体相对每个坐标轴的转动惯量，一般情况下刚体的转动惯量也是张量。另外还有连续介质内部的作用力，各向异性介质的电磁性质，如极化率、介电常数、磁导率等，都需要推广物理量的分类，包括张量的概念。

在中学物理中，学生已熟悉：只有大小没有方向的物理量是标量，而矢量是既有大小又有方向的物理量。标量、矢量的这种描述性定义对中学生是适用的，但对于大学生来说，就有给出这些量更本质的定义的必要。通过物理量在坐标系转动变换下的性质引进张量概念，不仅可以把学生已经熟悉的标量、矢量的概念建立在更严格的数学基础上，而且可以从空间对称性的角度理解物理量性质、物理规律本质[3]。

既然张量能带来这么多好处，又在物理上有这么多实际应用，为什么我们要刻意回避它，宁可花力气绕弯子也要躲开它呢？我想唯一的理由就是担心学生不理解，难以接受。

我们认为引进张量的概念不仅必要，而且也是可行的。引进张量所需的数学基础只是三维空间中坐标系的转动变换，而有关坐标系的转动变换学生在高中解析几何中就已学过。张量代数运算就是矢量代数运算的直接推广（实际上，矢量就是三维空间中的一阶张量），在不涉及广义相对论的场合，一般并不需要曲线坐标系变换的张量理论。可能真正的困难是在于我们多数人的故步自封和墨守成规。有一位老师告诉我，他在用张量讲相对论时，一位听课专家就问他：你讲那个干啥，我们过去就没用过它。这可能就是我们大多数人的态度。因为过去没用过，不熟悉，就不愿稍稍花点功夫去弄明白。我们要大声疾呼，勇敢地跨越这一步，剩下的就是"海阔天空"。

二、三维空间坐标系转动变换

我们首先研究三维空间中的坐标系转动变换，利用它定义三维空间中的张量，其目的是准备在下一小节把它推广到相对论的四维空间。

设坐标系 S 沿坐标轴的三个基矢量是（e_1，e_2，e_3），即通常的（i，j，k），为了方便，以下我们用 1，2，3 分别表示 x，y，z 坐标轴，固定直角坐标系 S 的坐标原点 O，绕 Z（即转轴 n = （0，0，1））转动坐标架 θ 角，记转动后的坐标系为 S'，S' 系的三个基矢量记为

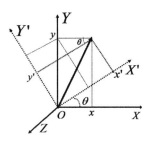

（$e_1{}'$，$e_2{}'$，$e_3{}'$）。显然，空间一点 P 的位置矢量 $\chi = \overrightarrow{OP}$ 在坐标系转动过程不变，但它在新、旧坐标系沿各坐标轴的分量发生了变化。熟知的结果是矢量 χ 在新坐标系的三个分量（$x_1{}'$，$x_2{}'$，$x_3{}'$）和在原坐标系分量（x_1，x_2，x_3）满足变换关系

$$\begin{cases} x_1{}' = \cos\theta x_1 + \sin\theta x_2 \\ x_2{}' = -\sin\theta x_1 + \cos\theta x_2 \\ x_3{}' = x_3 \end{cases} \quad (1)$$

用矩阵形式表示即

$$\begin{bmatrix} x_1{}' \\ x_2{}' \\ x_3{}' \end{bmatrix} = \begin{bmatrix} \cos\theta & \sin\theta & 0 \\ -\sin\theta & \cos\theta & 0 \\ 0 & 0 & 1 \end{bmatrix} \begin{bmatrix} x_1 \\ x_2 \\ x_3 \end{bmatrix} \quad (2)$$

我们可以推广到一般情况，取转轴不是沿 S 的 Z 轴方向，而是沿一般方向 $\boldsymbol{n} = (n_1, n_2, n_3)$（其中 n_1，n_2，n_3 是单位矢量 $\boldsymbol{n}$ 沿 S 三个坐标轴的分量，满足 $n_1^2 + n_2^2 + n_3^2 = 1$）。注意到 $\boldsymbol{\chi} = \overrightarrow{OP}$ 在坐标系转动过程中不变，有

$$x_1'\boldsymbol{e}_1' + x_2'\boldsymbol{e}_2' + x_3'\boldsymbol{e}_3' = x_1\boldsymbol{e}_1 + x_2\boldsymbol{e}_2 + x_3\boldsymbol{e}_3 \tag{3}$$

用 $\boldsymbol{e}_1'$ 点乘上式两边，注意到（$\boldsymbol{e}_1'$，$\boldsymbol{e}_2'$，$\boldsymbol{e}_3'$）中的矢量满足正交归一化条件，并记

$$\alpha_{11} = \boldsymbol{e}_1' \cdot \boldsymbol{e}_1, \alpha_{12} = \boldsymbol{e}_1' \cdot \boldsymbol{e}_2, \alpha_{13} = \boldsymbol{e}_1' \cdot \boldsymbol{e}_3$$

得 $$x_1' = \alpha_{11}x_1 + \alpha_{12}x_2 + \alpha_{13}x_3 \tag{4}$$

类似地，分别用 $\boldsymbol{e}_2'$，$\boldsymbol{e}_3'$ 点乘式（3）两边，并令

$$\alpha_{21} = \boldsymbol{e}_2' \cdot \boldsymbol{e}_1, \alpha_{22} = \boldsymbol{e}_2' \cdot \boldsymbol{e}_2, \alpha_{23} = \boldsymbol{e}_2' \cdot \boldsymbol{e}_3; \alpha_{31} = \boldsymbol{e}_3' \cdot \boldsymbol{e}_1, \alpha_{32} = \boldsymbol{e}_3' \cdot \boldsymbol{e}_2, \alpha_{33} = \boldsymbol{e}_3' \cdot \boldsymbol{e}_3$$

得 $$x_2' = \alpha_{21}x_1 + \alpha_{22}x_2 + \alpha_{23}x_3$$
$$x_3' = \alpha_{31}x_1 + \alpha_{32}x_2 + \alpha_{33}x_3 \tag{5}$$

将式（5）和式（4）合并，可写成矩阵形式

$$\begin{bmatrix} x_1' \\ x_2' \\ x_3' \end{bmatrix} = \begin{bmatrix} \alpha_{11} & \alpha_{12} & \alpha_{13} \\ \alpha_{21} & \alpha_{22} & \alpha_{23} \\ \alpha_{31} & \alpha_{32} & \alpha_{33} \end{bmatrix} \begin{bmatrix} x_1 \\ x_2 \\ x_3 \end{bmatrix}$$

按重复下标就表示求和的惯例，上式可简单写作

$$x_i' = \alpha_{ij}x_j, \quad i, j = 1, 2, 3 \tag{6}$$

其中 $$\boldsymbol{\alpha} = \begin{bmatrix} \alpha_{11} & \alpha_{12} & \alpha_{13} \\ \alpha_{21} & \alpha_{22} & \alpha_{23} \\ \alpha_{31} & \alpha_{32} & \alpha_{33} \end{bmatrix} \tag{7}$$

称为转动矩阵。注意到转动矩阵矩阵元 $\alpha_{ij} = \boldsymbol{e}_i' \cdot \boldsymbol{e}_j$ 就是新、旧两坐标系相应基矢的内积，是仅取决于新、旧坐标系转轴和两坐标系相对转角、与坐标无关的纯数。容易验证转动矩阵的行矢、列矢满足正交归一化关系：$\boldsymbol{\alpha}\boldsymbol{\alpha}^{\mathrm{T}} = \boldsymbol{I}$，其中，$\boldsymbol{\alpha}^{\mathrm{T}}$ 表示 $\boldsymbol{\alpha}$ 的转置矩阵，$\boldsymbol{I}$ 是 3×3 单位矩阵。

数学上称这种保持矢量长度不变的线性变换为正交变换，所以坐

标系的转动变换为正交变换。

三、用三维空间坐标系的转动变换定义三维空间张量

三维空间中一点的位置矢量 χ 是大家已经熟悉的矢量，它在坐标系转动下各分量满足的变换关系已由式（4）给出，下面将推广这种情况，给出三维空间各阶张量的定义。

三维空间中的一阶张量：如果一个物理量 A 由三个分量（A_1，A_2，A_3）组成，每个分量在坐标系转动变换下如同坐标分量一样变换，即

$$A'_i = \alpha_{ij}A_j \tag{8}$$

则称此量 $\vec{a}$ 为三维空间中的一阶张量。所以位置矢量 χ 就是一个一阶张量。

如果一个物理量 T（T_{ij}：i，$j=1$，2，3）由 9 个分量构成，每个分量在坐标系转动变换下都满足变换关系

$$T'_{ij} = \alpha_{ik}\alpha_{jl}T_{kl} \tag{9}$$

则称量 T 是三维空间中的二阶张量。

显然，如果需要的话，可类似地定义更高阶张量。

最后，我们给出三维空间中标量的定义：如果一个物理量在坐标系转动变换下保持不变，就称此量为三维空间中的标量，或零阶张量。在非相对论情况下，时间、质量、电荷、动能、空间两点之间的距离等量都在坐标系转动变换下保持不变，因而这些量都是零阶张量。物理学中把上面利用三维空间坐标系转动变换定义的零阶、一阶、二阶等张量统称为三维空间中的张量，或简称三维张量。

由于空间物理上各向同性（即沿各个方向有相同物理性质），一个孤立的物理系统，绕空间任意方向转过任意角度，这个物理系统的性质以及其中发生的物理过程不会有任何不同。由于物理系统的这种转动可等效于描述物理系统的坐标系的转动，所以用转动后的坐标系 S' 描述的物理规律和用原来坐标系 S 描述的物理规律应有相同的形式。为了满足这一要求，物理规律就必须采取三维空间张量方程的形式

（即或为标量方程，或为矢量方程，或为高阶张量方程）。因为这样的
方程在坐标系转动变换下，每一项都按相同的规律变换，因而整个方
程式的形式才可以保持不变，才可以保持为"协变式"。由此可见，由
于一个正确的物理规律在坐标系转动变换下应当保持形式不变，所以
确保一个物理规律是正确的必要条件就是采取三维空间张量方程形式。
这事实上给出了一个数学方程式是否能表示物理规律必须满足的一个
必要判据。

物理规律是通过物理量构成的数学方程式表述的。上述结论也解
释了为什么迄今我们遇到的物理量要么是标量，要么是矢量或高阶张
量的事实。

接下来将上述论证推广到四维空间。

四、洛伦兹变换作为四维空间中的坐标系转动变换

在相对论中，由于时间和空间都与物质运动有关，时间和空间存
在密不可分的联系，因此，我们可以把三维空间的概念推广到包括时
间在内的四维空间。一个物理事件 P 的时空坐标就记为（x_1, x_2, x_3,
x_4），其中，x_1, x_2, x_3 是这个事件发生的空间坐标，x_4 表示事件发生
的时间（为了和空间坐标有相同的量纲，常用光速 c 乘时间 t，并习惯
用虚数单位 i 乘，即 $x_4 = ict$）。一个物理事件 P（撇开其具体物理内容）
就可用它发生的时空坐标标识，记为

$$P(x_1, x_2, x_3, x_4 = ict) \tag{10}$$

记时空坐标系原点为 O（0，0，0，0），把由时空坐标原点引向事
件 P 的"矢量"看成 P 在四维空间中的"坐标矢量"，把 x_1, x_2, x_3,
$x_4 = ict$ 看成是这个坐标矢量沿各坐标轴的分量。容易验证[4]，洛伦兹
变换式

$$\begin{cases} x' = \gamma\ (x - vt) \\ y' = y \\ z' = z \\ t' = \gamma\ (t - \beta x/c) \end{cases}$$

也可写成矩阵形式

$$
\begin{bmatrix} x_1' \\ x_2' \\ x_3' \\ x_4' \end{bmatrix} = \begin{bmatrix} \gamma & 0 & 0 & i\beta\gamma \\ 0 & 1 & 0 & 0 \\ 0 & 0 & 1 & 0 \\ -i\beta\gamma & 0 & 0 & \gamma \end{bmatrix} \cdot \begin{bmatrix} x_1 \\ x_2 \\ x_3 \\ x_4 \end{bmatrix} \tag{11}
$$

并且因间隔不变性，这一变换也保持"位矢" $\boldsymbol{\chi}_\mu = (x_1, x_2, x_3, x_4)$ 的"长度"不变（今后我们用带有希腊字（μ, ν, λ, …）下标的字符表示不同的四维矢量，其作用相当于三维矢量符号）。与式（2）比较可以看出，两个特殊相关惯性系间的洛伦兹变换是四维空间中 $x_1 - x_4$ 平面上的坐标系转动变换。事实上，如果令"转角" θ 满足

$$
\tan\theta = i\beta
$$

从而 $\qquad \sin\theta = \pm \dfrac{i\beta}{\sqrt{1 - \beta^2}} = \pm i\beta\gamma, \quad \cos\theta = \pm \dfrac{1}{\sqrt{1 - \beta^2}} = \pm \gamma$

正、负号表示正转动和负转动。只取正号代入式（11），就可用"转角"为参数，把洛伦兹变换式（11）表示成与三维空间坐标系转动变换式（2）类似的形式[4]。

$$
\boldsymbol{\alpha}_{\mu\nu} = \begin{bmatrix} \cos\theta & 0 & 0 & \sin\theta \\ 0 & 1 & 0 & 0 \\ 0 & 0 & 1 & 0 \\ -\sin\theta & 0 & 0 & \cos\theta \end{bmatrix} \tag{12}
$$

式（12）称为洛伦兹变换矩阵（Lorentz transformation matrix），它表示的变换几何上就可看作是四维空间中的坐标系转动变换。使用爱因斯坦重复下标表示对这个下标求和的惯例，洛伦兹变换式（11）可以写作

$$
\boldsymbol{\chi}_\mu' = \alpha_{\mu\nu}\boldsymbol{\chi}_\nu \tag{13}
$$

其中，$\gamma = 1/\sqrt{1 - v^2/c^2}$，$\beta = v/c$。转动矩阵 $\alpha_{\mu\nu}$ 有和三维空间坐标系转动变换矩阵式（7）类似的性质，即

$$
\boldsymbol{\alpha\alpha}^{\mathrm{T}} = \boldsymbol{I} \tag{14}
$$

这表明洛伦兹变换是四维空间（x_1，x_2，x_3，x_4）中的正交变换，几何上可解释为四维空间中的坐标系转动。

五、四维张量

完全类似于三维空间情况，根据洛伦兹变换可定义四维空间中的各阶张量。

一个物理量如果在洛伦兹变换下保持不变，这个物理量就是一个四维标量，或洛伦兹标量。相对论中的固有长度、固有时间、电荷量、两个物理事件之间的间隔等都是四维标量的例子。

一个物理量 A_μ 由四个分量（$\mu = 1$，2，3，4）构成，其中，每个分量在洛伦兹变换下都如同四维位矢 χ_μ 一样变换：

$$A'_\mu = \alpha_{\mu\nu} A_\nu \qquad (15)$$

这个物理量就是一个四维矢量。世界点位矢 $\chi_\mu = (x，y，z，w = ict)$ 就是四维矢量的一个具体例子。

一个物理量 $F_{\mu\nu}$ 由 16 个分量（μ，$\nu = 1$，2，3，4）构成（常用一个 4×4 矩阵表示），其中，每个分量在洛伦兹变换下满足变换关系：

$$F'_{\mu\nu} = \alpha_{\mu\lambda} \alpha_{\nu\delta} F_{\lambda\delta} \qquad (16)$$

这个物理量就是一个四维张量。之后将看到，在相对论中电场和磁场的各分量也构成一个四维张量。

以类似的方式还可定义更高阶张量。

和三维情况相同，我们可以把四维标量、四维矢量、四维张量统称为四维张量，称四维标量为零阶张量，四维矢量为一阶张量，而刚刚定义的四维张量为二阶张量。

必须注意，一个三维空间的标量、矢量或张量，在四维空间中不一定仍是标量、矢量或张量。例如，时间 t 是三维标量，但在四维空间中则变成四维坐标矢量的一个分量（这明确地反映了相对论的时空统一）；之后将讨论的物体的质量 m、电荷密度 ρ 等三维标量情况类似，在四维空间中也都是四维矢量的一个分量。电场强度和磁场强度都是三维矢量,但在四维空间中也变成了电磁场张量的不同分量(反映了电、磁场的统一性)。一个物理量在四维空间是什么性质的量,需要按它在洛伦兹变换下的性质重新确定。

四维张量的代数运算和三维张量相同,即同阶张量才能相加(减);两张量相加(减),即对应分量相加(减),关于张量内乘和外乘亦与三维张量相同。

六、用四维张量表述的相对论

引入四维张量,我们首先看到,时间和空间在非相对论情况下是两个不相关的物理量,在这种四维形式中,是同一个物理量(世界点位矢)χ_μ的不同分量。由于相对论中时空的统一,在一些非相对论情况下,看似无关的物理量,现在统一为一个物理量。例如,定义为四维位矢对固有时微分的四维速度

$$U_\mu = \mathrm{d}\chi_\mu / \mathrm{d}\tau_0$$

可以写成
$$U_\mu = \gamma_u(\boldsymbol{u}, ic) \tag{17}$$

其中,$\gamma_u = 1/\sqrt{1 - u^2/c^2}$。它的前三个分量就是三维速度 $\boldsymbol{u}$ 乘以 γ_u,第四个分量 $ic\gamma_u$ 却包含着光速 c。可以证明四维动量[4]为

$$\boldsymbol{P}_\mu = (\boldsymbol{P}_{\mathrm{xiang}}, icm) \tag{18}$$

其中,$\boldsymbol{P}_{\mathrm{xiang}}$ 是考虑了粒子质量随速度变化效应的相对论动量,m 是粒子的相对论质量。或利用质能关系 $E = mc^2$,把式(18)写为

$$\boldsymbol{P}_\mu = (\boldsymbol{P}_{\mathrm{xiang}}, \frac{i}{c}E) \tag{19}$$

其中,E 是粒子总能量。这表明相对论动量和能量原来是同一个四维动量的不同分量。特别对光子,四维动量为

$$\boldsymbol{P}_\mu = \bar{h}(\boldsymbol{k}, \frac{i}{c}\omega) = \boldsymbol{K}_\mu \tag{20}$$

其中,$\boldsymbol{k}$ 是三维波矢量,ω 是光子圆频率,二者统一为四维波矢量。还可以证明四维力矢量为[4]

$$F_\mu = \gamma_u \left(F, \frac{i}{c} F \cdot u \right) \tag{21}$$

三维力和功率统一为一个四维力矢量。特别是电磁学中的电流密度矢量 j 和电荷密度 ρ，可以统一为四维电流密度矢量

$$J_\mu = (j, \rho) \tag{22}$$

电场强度 e 和磁感应强度 B 的六个分量是四维空间二阶反对称张量 $F_{\mu\nu}$ 的分量[4]，用矩阵表示为

$$F = \begin{bmatrix} 0 & B_3 & -B_2 & -iE_1/c \\ -B_3 & 0 & B_1 & -iE_2/c \\ B_2 & -B_1 & 0 & -iE_3/c \\ iE_1/c & iE_2/c & iE_3/c & 0 \end{bmatrix} \tag{23}$$

F 称为电磁场张量。

这种做法还有更具体的实际意义，可以简单地得出质 - 速关系、质 - 能关系、相对论的多普勒效应，推导不同惯性系间速度的变换、力的变换，特别是可以简单地解释电磁场的统一性和相对性，推导电荷密度、电流密度的变换，矢势和标势的变换，电磁场的变换等[4]。

最后，由于洛伦兹变换是建立在狭义相对论的两条基本原理上，它实际上是狭义相对论基本原理的数学表示。根据狭义相对论，一切物理规律必须满足狭义相对论的基本原理，总结上述，符合狭义相对论原理要求的物理规律的数学形式是四维空间中的张量方程（即或为零阶，或为一阶，或为二阶张量方程等）。因此，考察一个物理规律是否满足狭义相对论的要求，即是否是洛伦兹变换下的协变式，就归结为这个物理规律能否表述为四维空间中张量方程形式。情况就像三维空间具有空间转动不变性，要求所用物理规律必须取三维空间张量方程形式一样。

本篇的结论很明显，就是：张量的概念在物理学，特别是在相对论中有重要应用，在基础物理教材中不应当采取回避的态度。这种回避不仅不能从对称性的角度揭示物理量、物理规律的本质，也不能深

入地揭示由于相对论时空统一，许多在非相对论情况下不同性质的物理量原来是相对论情况下同一个物理量的不同分量，而且还使一些问题的数学处理更复杂化。直接引进张量的概念，有利于加强物理概念、物理图像和物理思想的教学，更容易地揭示相对论的本质和精髓，克服把相对论作为单纯知识教学的倾向，符合教学内容现代化和素质教育的要求。张量的概念应是大学一、二年级本科生可以接受的。相比付出的代价和可获得的效益，我认为有必要明确地把张量的概念引入基础物理教学。

参考文献

[1]　罗杰·G.牛顿.探求万物之理——混沌、夸克与拉普拉斯妖.李香连,译.上海:上海科技教育出版社,2000.

[2]　WIGENER E P. Symmetries and reflection:scientific essays. Bloomington: Indiana University Press,1967.

[3]　李承祖,杨丽佳.基础物理学:上册.北京:科学出版社,2004.

[4]　李承祖,杨丽佳.基础物理学:中册.北京:科学出版社,2004.

（2005 年 5 月）

如何组织基础物理中的电磁学教学研究

——电磁场的数学结构和电磁学的理论体系*

电磁学是基础物理的重要内容，许多教师反映难教，学生反映难学。我认为关键是教师没有深入把握电磁学深层次的理论体系和结构，不能区分电磁学的内容主线条和枝节，从而无法突出重点，恰当地处理不同层次的内容。本文分析了电磁场深层次的数学结构，阐明了电磁学部分内容主线条和层次。弄清楚这些内容，可以加深对电磁学的理解，有助于教师组织教学，在有限的学时内收到更好的教学效果。

电磁场的性质可以由几条关于矢量场的基本定理描述。在组织电磁学教学中认识到电磁场深层次的数学结构十分重要。

一、电磁学的研究对象

电磁学的研究对象是电磁现象，一切电磁现象的研究都可归结为电磁场的研究。在中学时大家熟悉的电路问题，原则上都可以通过场解决。例如，从场出发可以导出稳恒电路的基尔霍夫电压定律、电流定律、欧姆定律、稳恒磁场的安培环路定理等。但是其逆不成立，并非所有的场问题都可以通过电路解决。电路理论是一种近似，是在一

---

* 本篇内容曾在 20 世纪 90 年代国内电动力学研讨会上进行交流，关于矢量场性质的部分内容已写入作者编写的《电动力学教程》"数学准备"一章。已于 2005 年和 2012 年两次在国防科技大学物理系做过专题报告。本篇是根据报告演示文稿整理而成，其中略去了详细的公式推导，并加上了一个新的主标题。

定条件下由场理论导出的近似结果。近似条件就是所谓准静态条件：当电磁场以有限速度传播的延迟效应可忽略，可以认为电路中各处电流、电压变化与电流源变化同步，即电路尺寸远小于辐射波长，电荷变化缓慢，回路空间限度较小时，电路理论才可以描述电磁现象。

研究电磁场首先需要描述电磁场的状态。电磁场的状态由电场强度 $E(x, y, z, t)$ 和磁感应强度 $B(x, y, z, t)$（在量子物理中用矢势 $A(x, y, z, t)$ 和标势 $\varphi(x, y, z, t)$）描写。研究电磁场，就是研究激发它们的源是什么，场和源满足的基本方程是什么，已知源分布如何求场分布，研究脱离开场源的电磁场，即电磁波在空间运动传播的规律等。最后还要阐明电磁场的本质是物质，是物质存在的一种方式。以上都是电磁学要研究的根本问题和主要内容。

二、矢量场的分类

由于电磁场是矢量场，我们首先研究一般矢量场的分类。研究矢量场的分类可以从画出场的矢量线入手，根据矢量场矢量线的形状不同，可以直观地把矢量场分为两类：纵场——矢量线不闭合的矢量场，横场——矢量线形成闭合曲线的矢量场。

1. 纵场的数学定义

静电场的矢量线总是起于正电荷，而止于负电荷或无限远处，不构成（单一绕行方向的）闭合回路。静电场是纵场的例子。

定义矢量场 A 沿闭合回路 L 的环量为沿 L 回路的线积分 $\oint_L A \cdot dl$，由于纵场矢量线不构成闭合回路（起点和终点不重合），一个明显的事实是纵场沿任意闭合回路的环量等于零，即

$$\oint_L A \cdot dl = 0 \qquad (1)$$

根据数学上的斯托克斯公式，设 L 是有向曲面 S 的边界线，其绕行方向与 S（正法矢）成右手螺旋关系。A 的每个分量在闭区域 $L+S$ 上连续且有连续的一阶偏导数，则有

$$\oint_L \boldsymbol{A} \cdot \mathrm{d}\boldsymbol{l} = \int_S \nabla \times \boldsymbol{A} \cdot \mathrm{d}\boldsymbol{s} \tag{2}$$

结合式（1），对于纵场就有

$$\nabla \times \boldsymbol{A} = 0 \tag{3}$$

即纵场的旋度总是等于零。由此可以给出纵场的数学定义：纵场是旋度等于零的矢量场。

2. 横场的数学定义

载有稳恒电流的长直导线周围的磁力线，是以导线为中心的同心圆，就是横场的一个例子。

定义矢量场 $\boldsymbol{A}$ 对任意闭合曲面的通量为 $\Phi = \oint_S \boldsymbol{A} \cdot \mathrm{d}\boldsymbol{s}$，由于横场矢量线都是闭合曲线，一条横场矢量线要么和闭曲面 S 无关，要么穿过 S 两次，对穿过闭曲面通量贡献相消，所以对横场有

$$\Phi = \oint_S \boldsymbol{A} \cdot \mathrm{d}\boldsymbol{s} = 0 \tag{4}$$

设曲面 S 是包围区域 Ω 的边界面，$\boldsymbol{A}$ 的每个分量在闭区域 $S + \Omega$ 上连续且有连续的一阶偏导数，根据高斯定理，则有

$$\oint_S \boldsymbol{A} \cdot \mathrm{d}\boldsymbol{s} = \int_\Omega \nabla \cdot \boldsymbol{A} \mathrm{d}v \tag{5}$$

结合式（4），对横场就有

$$\nabla \cdot \boldsymbol{A} = 0 \tag{6}$$

由此，可给出横场的数学定义：横场是散度等于零的矢量场。

3. 散度和旋度的物理意义

前面我们分别用旋度等于零和散度等于量定义了纵场和横场，那么，散度和旋度有怎样的物理意义呢？

先看散度，当闭曲面 S 包围的区域 Ω 足够小（或 $\nabla \cdot \boldsymbol{A}$ 在 Ω 上取常数值），式（5）可写作

$$(\nabla \cdot \boldsymbol{A}) \cdot V = \oint_\Omega \boldsymbol{A} \cdot \mathrm{d}\boldsymbol{s} \tag{7}$$

此处 V 是区域 Ω 的体积。这表示散度 $\nabla \cdot \boldsymbol{A}$ 是源区 Ω 中单位体积激发 $\boldsymbol{A}$

矢量线的条数。所以，散度描述激发纵场源的强度。例如，静电场散度为$\nabla \cdot \boldsymbol{E} = \rho/\varepsilon_0$，就是电荷密度（除以真空介电常数）。空间某点的电荷密度与这点激发的电力线条数有关。

同样由式（2），当以 L 为边界的曲面足够小（或在曲面 S 上 $\nabla \times \boldsymbol{A}$ 均匀），有

$$(\nabla \times \boldsymbol{A}) \cdot S = \oint_L \boldsymbol{A} \cdot \mathrm{d}l$$

所以旋度就是与 $\nabla \times \boldsymbol{A}$ 垂直平面上的矢量场 $\boldsymbol{A}$ 的环量面密度，表示源区单位面积对横场环量的贡献，可解释为激发横场源强度。对于稳恒电流激发的磁场 $\boldsymbol{B}$，满足 $\nabla \times \boldsymbol{B} = \mu_0 \boldsymbol{j}$（$\mu_0$ 是真空磁导率，$\boldsymbol{j}$ 是电流密度矢量）就是这一解释的很好注释。

三、关于矢量场的基本定理

接下来将研究矢量场的性质以及唯一确定矢量场的条件，我们不加证明地给出几个定理。关于这些定理的详细证明，可以参阅参考文献 [1]。

定理 1：任意标量场 $u(x, y, z)$ 的梯度场 $\nabla u(x, y, z)$，必为纵场。

由前面纵场的定义，纵场就是旋度恒为零的场，证明这个定理就是证明 $\nabla \times \nabla u(x, y, z) \equiv 0$。事实上令 $\boldsymbol{f} = \nabla u(x, y, z)$，容易看出 $\nabla \times \boldsymbol{f}$ 的每个分量都是零。

定理 2：任意矢量场 $\boldsymbol{A}(x, y, z)$ 的旋度场 $\nabla \times \boldsymbol{A}(x, y, z)$，必为横场。

因为散度恒等于零的场就是横场，证明这个定理就是证明 $\nabla \cdot [\nabla \times \boldsymbol{A}(x, y, z)] \equiv 0$。

通过直接运算就可证明此式成立。

定理 3：（标量势存在定理）线单连区域中的纵场（无旋场），恒可表示为一个标量场的梯度场。

即若 $\nabla \times \boldsymbol{A} \equiv 0$，必存在标量函数 φ (x, y, z)，使 $\boldsymbol{A}(x, y, z) = \nabla \varphi$ (x, y, z)。对静电场可以引进势函数描述，就是这个定理应用的一个例子。

定理 4：（矢量势存在定理）任意横场 $\boldsymbol{B}$ (x, y, z) （无散场），恒可表示为一个矢量场的旋度场。即若 $\nabla \cdot \boldsymbol{B}(x, y, z) \equiv 0$，必存在一个矢量场 $\boldsymbol{A}$ (x, y, z)，使

$$\boldsymbol{B}(x, y, z) = \nabla \times \boldsymbol{A}(x, y, z)$$

对磁场可以定义标量势就是这个定理的一个应用。这个定理的证明可参阅文献［1］。

定理 5：（矢量场分量定理）任意矢量场，都可分解为纵场和横场的矢量和。

即对任意矢量场 $\boldsymbol{A}$ (x, y, z)，都有 $\boldsymbol{A} = \boldsymbol{A}_T + \boldsymbol{A}_L$，其中，$\boldsymbol{A}_L$ 是纵场部分，满足 $\nabla \times \boldsymbol{A}_L \equiv 0$，$\boldsymbol{A}_T$ 是横场部分，满足 $\nabla \cdot \boldsymbol{A}_T \equiv 0$。

根据这个定理，电磁场是矢量场，一般情况下既包含有纵场部分，也包含有横场部分。这个定理的证明见文献［1］。

定理 6：（矢量场唯一性定理）有限区域 Ω 中矢量场 $\boldsymbol{A}$ (x, y, z) 被唯一确定的条件是给出 Ω 内纵场部分的源（散度 $\nabla \cdot \boldsymbol{A}$），横场部分的源（旋度 $\nabla \times \boldsymbol{A}$），并给定区域 Ω 边界面 S 上 $\boldsymbol{A}$ 的切向分量 A_t 或法向分量 A_n。

这个定理给出唯一确定电磁场的条件，也指示出解决电磁场分布问题的途径。要决定一个有限区域 Ω 内的电磁场（分布），必须给出区域 Ω 内纵场、横场部分的源（即场的散度和旋度），同时还要给定场在区域 Ω 边界面 S 上满足的边界条件。对于无限大区域的场，由于分布在任何有限区域的源，在距源无限远处的场必定为零，相当于已置边界条件为零值，这时只需要给定场的散度和旋度。上面的分析也正好解释了我们研究电磁场时为什么总是致力于求出电磁场的散度和旋度（即高斯定理和环量定理）。

四、电磁学的理论体系

电磁学的目标是建立起描述电磁现象的基本概念并在实验事实基础上总结出电磁现象（电磁场）的普遍规律，揭示电磁场的物理本质。电磁学的这一定位和电磁场作为矢量场的数学结构已经基本决定了电磁场的理论体系。

按照一般认识规律和教学规律，电磁学也是先易后难，从简单到复杂，由浅入深，所以电磁学首先讨论静止场和稳恒场情况。在静止或稳恒场情况下，电磁场分裂为互不耦合的两部分：静电场和稳恒磁场，可分别单独研究。通常首先研究静电场。

1. 真空中的静电场

静电场是静止的电荷在真空或介质中激发的场。从实验中总结出的库仑定律，描述了静止的电荷分布在真空中激发静电场的规律。研究静电场的散度，可以确定静电场纵场部分的源，研究它的旋度，可以确定其横场部分的源。由于横场部分的源恒为零，这使我们确信静电场横场部分恒为零，所以静电场是纯纵场，并且电荷是激发它唯一的源。

2. 有导体和电介质存在时的静电场

在有导体或介质存在的情况下，由于导体、介质会和静电场作用，使原来电中性的导体、介质中产生宏观的电荷分布，这些电荷激发新的场叠加在原来的电场上。这种相互作用将在极短的时间内达到平衡，所以研究有导体、介质存在时的静电场，只需要研究静电场和导体、介质相互作用达到平衡时的规律，这需要补充介质的电磁性质方程来反映这种平衡条件。

由于静电场是纯粹纵场，根据矢量场基本定理3，可以引进标量势描述，从而引进电势研究静电场问题。由于电势分布是个标量场，一旦求出标量势，电场分布就可取标势的负梯度得出，这样做有时会带来便利。

3. 稳恒电场

稳恒场也是不随时间变化的场，不同于静电场的是，电荷可以运动（形成稳恒电流），但空间电荷分布不变。稳恒电场一般存在于载有稳恒电流导体内部和包围导体回路的周边区域。其性质类似于静电场，所以，稳恒电场常通过电场来解释由电路得到的规律和结论。

4. 真空中的稳恒磁场

稳恒磁场也是不随时间变化的静止场，它由稳恒电流激发。研究稳恒磁场之所以由实验中总结出的毕奥－莎伐尔定律出发，来讨论磁场的高斯定理和安培环量定理，目的就在于确定它的散度和旋度，弄清稳恒磁场的性质。由稳恒磁场的高斯定理 $\oint_S \boldsymbol{B} \cdot \mathrm{d}s = 0$，可以得出 $\nabla \cdot \boldsymbol{B} \equiv 0$，这表明稳恒磁场没有纵场分量，是纯粹的横场。由稳恒磁场的环量定理得出 $\nabla \times \boldsymbol{B} = \mu_0 \boldsymbol{j}$，这表示稳恒磁场横向分量是由稳恒电流激发的。

5. 有磁介质存在时的稳恒磁场

与有介质存在时的电场相同，同样是考虑到磁场和介质会发生相互作用，在原来中性的介质中会出现新的宏观电流分布。这些新的宏观电流会激发新的磁场，叠加在原来的磁场上，改变原来的磁场分布。由于这种相互作用过程在极短的时间内就会达到平衡，所以要考虑这些新的宏观电流对原磁场的影响，需要补充稳定时介质的电磁性质方程反映这种相互影响。

6. 变化电磁场

一般情况下的电磁场就是变化电磁场。电磁感应是在变化情况下新的实验现象。考虑到法拉第电磁感应定律，当穿过一个闭合回路（不必是真实的导体回路）磁通量 Φ 发生变化时，回路中就会有感生电动势产生，从而表明变化的磁场可以激发变化的电场。所以在变化电磁场情况下电场的源就不再仅仅是电荷，还有变化的磁场。但磁场的变化激发的是横电场，所以变化情况下电场有横向分量，电场的旋度不再等于零，其源就是变化磁场。

7. 麦克斯韦方程组

在变化电磁场一般情况下，当把磁场的环量方程推广到变化情况下时，发现和电荷守恒定律存在明显的矛盾。当把磁场的环量方程应用到包含有电容器的交变电路，取同一闭合回路为边界的两个不同曲面时，会产生矛盾的结果（如右

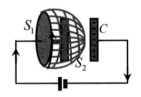

图），这一矛盾的本质违背了电荷守恒定律。为了解决这一矛盾，麦克斯韦引进位移电流的概念，并假设位移电流同真实电流一样可激发磁场。从而将变化电磁场情况下磁场的源中增加了表示变化电场一项。做出上述修改后，在变化电磁场一般情况下，真空中完整的麦克斯韦方程组就是

$$j_D = \varepsilon_0 \frac{\mathrm{d}\boldsymbol{E}}{\mathrm{d}t}$$

$$\oint_L \boldsymbol{E} \cdot \mathrm{d}\boldsymbol{l} = -\int_S \frac{\partial \boldsymbol{B}}{\partial t} \cdot \mathrm{d}\boldsymbol{s} \qquad \oint_L \boldsymbol{B} \cdot \mathrm{d}\boldsymbol{l} = \mu_0 \int_S \boldsymbol{j} \cdot \mathrm{d}\boldsymbol{s} + \mu_0 \varepsilon_0 \int_S \frac{\partial \boldsymbol{E}}{\partial t} \cdot \mathrm{d}\boldsymbol{s}$$

$$\oint_S \boldsymbol{E} \cdot \mathrm{d}\boldsymbol{s} = \frac{1}{\varepsilon_0} \int_V \rho \mathrm{d}v \qquad \oint_S \boldsymbol{B} \cdot \mathrm{d}\boldsymbol{s} = 0 \tag{8}$$

利用数学高斯、斯托克斯积分变换公式，这组方程式可改写为微分形式

$$\nabla \times \boldsymbol{E} = -\frac{\partial \boldsymbol{B}}{\partial t} \qquad \nabla \times \boldsymbol{B} = \mu_0 \boldsymbol{j} + \mu_0 \varepsilon_0 \frac{\partial \boldsymbol{E}}{\partial t}$$

$$\nabla \cdot \boldsymbol{E} = \rho / \varepsilon_0 \qquad \nabla \cdot \boldsymbol{B} = 0 \tag{9}$$

这组方程式深刻地、淋漓尽致地揭露了电磁场的性质，即变化电磁场情况下的电场有纵向分量（电荷激发）和横向分量（变化磁场激发）两个分量，而磁场只有横向分量，为电流和变化电场激发。

除麦克斯韦方程组外，在处理带电体、载流导体在电磁场中的运动时，还需要考虑它们和电磁场的相互作用，所以，洛伦兹力公式也是电磁学的理论基础。此外，作为最基本的实验定律，电荷守恒定律

也应看成电磁学的理论基础，但电荷守恒定律已蕴含在麦克斯韦方程组中。

8. 电磁场的物质性

包括麦克斯韦方程组在内的电磁现象的基本规律既然已经得到，根据这些规律，应当对电磁场的本质有新的揭示。由上述规律出发，我们可以证明电磁场具有动量、能量，同时也具有质量，因而电磁场本身就是物质存在的一种方式。

由于能量是可加的，电磁场的能量一般包括电场能和磁场能两个部分。空间区域 Ω 中电磁场总能量等于电磁场能量密度的体积分

$$W = \frac{1}{2} \int_{\Omega} (\boldsymbol{E} \cdot \boldsymbol{D} + \boldsymbol{B} \cdot \boldsymbol{H}) \, \mathrm{d}v \tag{10}$$

区域 Ω 内电磁场能量的减少率为

$$-\frac{\mathrm{d}W}{\mathrm{d}t} = -\int_{\Omega} \left(\boldsymbol{E} \cdot \frac{\partial \boldsymbol{D}}{\partial t} + \boldsymbol{H} \cdot \frac{\partial \boldsymbol{B}}{\partial t}\right) \mathrm{d}v \tag{11}$$

利用麦克斯韦方程组，可以把上式化[2]为

$$-\frac{\mathrm{d}W}{\mathrm{d}t} = \int_{\Omega} \left[\boldsymbol{j} \cdot \boldsymbol{E} + \nabla \cdot (\boldsymbol{E} \times \boldsymbol{H}) \right] \mathrm{d}v \tag{12}$$

注意，上式右边第二项的体积分可以用高斯公式化为包围区域 Ω 的边界面 S 上的面积分，由于 $\boldsymbol{j} \cdot \boldsymbol{E}$ 已知是电流焦耳热损耗功率密度，只要把 $\boldsymbol{S} = \boldsymbol{E} \times \boldsymbol{H}$ 解释为电磁场功率流密度矢量，上式就是包括电磁场在内的能量转换和守恒定律，即区域 Ω 内的电磁场能量减少率，等于区域 Ω 内焦耳热损耗加上由区域边界面 S 流进来的电磁场能量。由于能量守恒是自然界的普遍规律，反过来能量转换和守恒定律也表明 $\boldsymbol{S} = \boldsymbol{E} \times \boldsymbol{H}$ 就是电磁场功率流密度矢量。由此看出，电磁场具有能量，由相对论质能关系，它必定具有质量，由于是以光速运动，所以也具有动量。电磁场既然具有物质的基本属性（动量、质量），那么电磁场就是一种物质。

五、电磁学内容的三个层次

上述各点就是电磁学部分的基本内容，用三个层次的观点看，这些内容都属于第二层次，是电磁场教学内容的骨干和主线条。电磁学部分包含的其他内容，如电容器、电容器的充放电、静电屏蔽、电解质和电解质的极化、磁介质和磁介质的磁化、自感和互感、带电粒子在电磁场中的运动、霍尔效应、电子感应加速器、涡电流等都属于第三层次。这些内容只是用上述基本规律解决一些具体的现象或工程应用问题，本身并不包含本质上新的基本规律。引申到第一层次可以得出的是场作用的观点、电磁场的可叠加性和电磁场的物质性，而关于电场、磁场的统一性和相对性，已放在相对论中进行讨论。

参考文献

[1] 李承祖,杨丽佳.电动力学教程:第二版.长沙:国防科技大学出版社,2005:10 - 11,33 - 38.

[2] 李承祖,杨丽佳.电动力学教程:第二版.长沙:国防科技大学出版社,2005:75 - 77.

(2005 年 9 月)

改革基础物理力学教学的新思路[*]

　　力学是学生进入大学最早接触的物理学。通过力学部分的教学，学生可以学习物理学语言、建立基本物理概念、掌握基本的物理学方法，为学习物理学的其他部分，特别是近代物理，打下必要的基础。重视这部分内容的教学无疑是必要的。但是，长期以来力学部分的体系结构基本上是质点运动学、牛顿定律、动量和角动量、功和能、刚体力学等，显得过于陈旧。虽然在处理这些内容时采用了矢量、微积分等新的数学工具，强化了某些基本概念，但与中学时期的内容仍有较大的重复。我们曾在《基础物理学》教材中按质点、质点系、刚体等研究对象重组这部分内容，但学员仍反映和中学物理重复，有些同学甚至建议这部分内容可"一带而过"。这种意见当然有一定片面性，但它一定程度上也反映了学生对力学部分教学的情绪和态度。更为严重的是，力学部分花费学时太多，会影响后面近代物理部分的教学，但真正"一带而过"，不在物理语言、概念、物理方法方面突破中学物理，做进一步加深，打好基础，同样也会影响后续其他部分的教学。如何重组这部分内容，压缩学时，同时为学习后续物理其他部分内容打好基础，则是改革力学教学必须要解决的课题。

　　众所周知，物理学的研究对象是物质。一个具体的物理学研究对象常称为"物理系统"。一个物理系统的研究内容总是包含以下两个方

---

　　* 本篇最初发表于《大学物理课程报告论坛文集 2007》。

面：系统的结构、性质和系统的运动规律。这两者都和系统的"运动状态"有密切联系。

物质处在永恒的运动中（这里运动泛指一切变化过程，不仅仅指物体相对位置的变化），一个物理系统的性质就是指系统处在一定"运动状态"下的性质，通常性质是运动状态的函数，通过系统在一定状态下的可观测物理量取值描述。而可观测物理量取值总是状态的函数由状态参量（动力学变量）按一定的函数关系确定。物理系统的运动规律就是系统"运动状态"变化的规律。运动规律通常由系统状态参量或可观测力学量随时间的演化描述。因此，物理学研究首先就需要"描述运动状态"，也就是对不同的物理系统、研究内容的不同侧面给出描述系统运动状态的动力学变量。

一个质点，作为最简单的物理系统，当研究其机械运动时，其运动状态可以用坐标变量 (x, y, z) 和动量变量 (p_x, p_y, p_z) 的不同取值描写，即可以用这六个变量的所有可能取值构成的一个六维状态空间（相空间）描述。在某个时刻，一个质点的运动状态就可用相空间中的一个点描写，质点的运动就可用这空间中的一条连续曲线描述。显然，这样的描述方法可以推广到多质点系统。一般情况下，一个力学系统的运动状态，可以用等于自由度数目的 n 个广义坐标 q_i 和 n 个相应的广义动量 p_i，共 $2n$ 个独立变量描写。

物理系统运动的规律，可以直接用状态参变量随时间变化描述。例如，牛顿定律就直接描述在一定力作用下质点动量随时间的变化。但有时直接用状态参量的变化表示运动规律并不方便，更愿意用适当定义的状态函数——可观测力学量——取值的变化表示运动规律。例如，用质点动能或处在势场中时机械能的变化，或相对某一参考点角动量的变化等表述运动规律。原则上，给定状态参变量可以定义许多状态函数，但并非所有的状态函数都能充当可观测力学量。什么样的状态函数可以作为合适的可观测力学量，是通过物理学长期研究逐渐认识到的。一般来说，可观测力学量必须具有明确的物理意义，通常在一定条件下一个可连续取值的可观测力学量存在相应的守恒定律，因而这样的力学量通常与物理系统的对称性有关。

质点和质点系常用来表示系统运动规律的力学量有动能和角动量，如果系统在保守力场中运动，还可以引进与坐标有关的位能，从而把定义为动能和位能之和的机械能作为状态函数等。在更抽象的分析力学理论中，还定义系统的拉格朗日量、哈密顿量等。

根据上述认识，我们在力学中首先强调"运动状态"和"可观测力学量"的概念，引进状态参变量（动力学变量）坐标和动量；把角动量、动能以及在存在保守力场情况下引进的位能、机械能等状态函数看成是"可观测力学量"，把它们放在同等的地位上，把牛顿第二定律、动能定理、角动量定理、功能原理放在"描述机械运动（状态变化）规律"同一层次上进行处理。沿着这样的思路表述力学，机械运动规律就包括以下四种。

牛顿定律：描述动量变化和作用到质点上的力的关系。

角动量定理：描述质点相对某一参考点的角动量的变化与作用到该质点上的力相对同一参考点力矩的关系。

动能定理：描述质点动能的变化与作用在质点上的力做功的关系。

功能原理：在存在保守力场情况下，质点机械能的变化和非保守力做功的关系。

这样的描写也适合质点系，只是其中的质点系动量、角动量分别定义为各质点动量、角动量矢量和，而力和力矩分别是作用在质点系内各质点上外力和外力矩矢量和。动能是各质点动能之和。位能情况比较复杂，在质点系内质点间以保守力相互作用情况下，质点系位能等于质点间相互作用位能之和加上每个质点在外保守力场中的位能。功能原理中的非保守力包括质点系内以及系外所有非保守力。

由上述运动规律，可以很容易得出相应的守恒定律。例如，质点系动量守恒条件就是作用在质点系上外力冲量等于零；质点系相对某参考点角动量守恒条件就是作用在质点系上外力相对该点力矩的冲量矩等于零。

采取这种新的思路重新表述力学，可以更明确地分清内容主次，突出运动状态和基本运动规律这一主线条的教学。其他内容，如质心、质心参考系、非惯性系等都属于第二位技术性的内容；碰撞、火箭推进器原理、陀螺仪等则属于基本物理规律的具体应用。另外，把动量、角动量、动能、机械能都看成状态函数，把动量定理、角动量定理、动能定理、功能原理等放在同一层次上进行处理，则为压缩力学部分学时提供了新的空间。

值得注意的是，这种表述方法也适用于其他部分，例如电磁学。电磁学描述电磁场这种场物质的运动，其运动状态用电场强度 E 和磁感应强度 B 的空间分布描述（在存在介质情况下，还可以引进辅佐量电位移矢量 D 和磁场强度 H 描写，或用矢量势 A 和标量势 φ 描写）。在稳恒情况下，场分布和时间无关，电场和磁场并不耦合，可以分开单独研究。相应的电磁学问题分别是由一定的电荷、电流和介质分布决定相应的场分布（如果要求有限区域中的场分布，还需要给出场边界条件）。在变化电磁场情况下，电磁场的运动规律就由场分布（与激发场的电荷、电流的分布和变化有关）随时间变化规律（即由麦克斯韦方程组）给出。当然，电磁场的运动规律也可以定义场能量密度、电磁场动量流密度（张量）等场状态函数，利用这些状态函数随时间的变化表述。

还值得注意的是，以上述方式表述力学还非常有利于向量子物理进行过渡。在量子物理中"运动状态"和"可观测力学量"仍然是两个最基本的概念，只是与经典力学不同，运动状态要用波函数描写，可观测力学量要用线性厄米算子表示。由于微观粒子具有波动性，一个粒子的坐标和共轭动量不能同时取确定值，这就从根本上排除了用经典力学方法描述粒子运动状态的可能性。由波函数描写微观粒子的运动状态就是自然的选择。由于运动状态描述方式发生了变化，可观测力学量的表示也同样发生了变化。系统运动状态（波函数）随时间演化的规律——量子力学系统运动规律就由薛定谔方程描述。我们关心的可观测力学量（如动量、动能、角动量等）仍是运动状态的函数，和经典物理不同的是，在量子力学中，这些量不再由运动状态（波函数）唯一决定，而是按量子力学规律由波函数概率地决定。

我们相信，在大学物理中把量子力学和经典力学放入一个统一的框架中对照着讲解，可以使学生更好地理解波函数、可观测力学量等概念，更好地认识薛定谔方程的地位和作用，可一定程度地降低学习量子物理的难度。

（2007 年 10 月）

第三部分

大学物理教材建设

新编大学物理教材《基础物理学》论证报告*

一、选题主要理由

"基础物理学"是工程技术、指挥类各专业的一门重要基础理论课。基础物理课程教学对培养学员扎实的自然科学基础，掌握现代国防高新技术，学好后续专业课程起重要作用。近年来国内外一致公认：基础物理教学在培养学员科学思维方法、科学态度、创新意识、独立获取知识的能力，以及提高其科学素质方面有不可替代的作用。

现行基础物理教学内容陈旧是大家的共识。以相对论、量子论为核心的 20 世纪新物理学，不仅改变了旧的时空观念、旧的物质运动图像，深刻地影响着人们关于物质世界的基本观念，而且也构成了现代高新技术的基础。而传统的基础物理教学以 19 世纪以前的物理学为主，教学内容对相对论、量子物理、非线性等近代物理的基本原理和方法反映不够，学生缺乏理解现代科学技术所必需的物理基础，物理教学内容现代化改革势在必行。但这种改革步履艰难，突出地表现在内容现代化与有限学时的矛盾，内容现代化与循序渐进的教学规律、由浅入深的认识规律的矛盾，教材内容的先进性与教材本身的可教性和可读性的矛盾等都未很好地解决。《基础物理学》一书打算通过对传统基础物理教学内容进行层次分析、内容整合，使教材整体优化，较好地

---

* 本篇是摘自作者填写的"国防科技大学自编教材选题申报表"中"申报选题的主要理由"一项。

解决上述矛盾。同时体现素质教育要求和国防现代技术需要的军队特色。

二、教材所体现的特色

和目前国内已出版的同类教材比较，拟议中的教材具有以下特点：

1. 本书吸取国内外物理教学改革的最新成果和成功经验，在保证教材科学性、系统性的前提下，通过提高起点，减少重复，用现代物理观点分析、整合经典内容，以近代物理思想为主线，使近代物理进入教材主渠道。

2. 通过对教材内容系统层次的科学分析，使教材按目标要求整体优化。体现教学规律和认识规律，把教学内容的先进性和系统性、可教性较好地统一起来。

3. 注重基本物理概念、物理思想、物理方法教学，注重分析问题、解决问题能力的训练，体现科学合理的知识结构和素质教育要求。

4. 把现代国防高科技同物理基本理论，尤其是近代物理内容相结合，讲清物理原理，淡化具体技术细节，突出军队需要特色。

本书的出版在大学物理课程教学内容现代化、加强物理教学中的素质教育、加强学生国防高技术的物理基础方面将发挥积极的作用，对推进我国基础物理教学内容改革也会有积极的影响。

三、教材编写大纲

(一) 力学

质点运动状态描述：参量（坐标，动量）；状态函数（动能、位能、机械能、角动量）；状态演化的动力学规律（牛顿定律、动量定理、功能原理、角动量定理）；首先推广到质点系，然后推广到特殊的多质点系——刚体。

绝对时空观；物理学和对称性；守恒定律。

（二）机械振动和机械波

机械振动和波运动的描述、振幅、频率、相位；波动一般规律、波相位和波相干叠加；非线性物理简介、混沌。

（三）热学

巨粒子系统状态描述、平衡态（宏观描述，微观描述，统计方法）；状态演化——热力学第一、第二定律；热力学熵和信息、信息的负熵原理；非平衡态热力学简介。

（四）电磁学

静电场（库仑定律、电场强度、高斯定理、环路定理、电势、导体、电介质和电场的相互作用）；稳恒磁场（磁高斯定理、磁安培环路定理、磁介质和磁场相互作用）；电磁感应的法拉第定律；麦克斯韦方程组；电磁场的物质性、电磁波。

（五）波动光学

光发射；光干涉；光衍射；光的偏振。

（六）相对论

狭义相对论的产生背景和基本原理、实验基础；洛伦兹变换、相对论的时空理论；相对论力学、质速关系、质能关系；电磁场的统一性和相对性；广义相对论原理、广义相对论的实验验证。

（七）量子物理基础

波粒二象性；量子力学的基本原理（波函数、Schrodinger 方程、力学量算子表示、量子测量理论）；特征量子现象（势阱、势垒贯穿、谐振子、量子纠缠）；原子结构。

（八）高新技术的物理基础

固体物理和材料科学；量子跃迁和激光；核物理和核技术；量子信息简介。

四、说明

现行的基础物理教学内容必须改革已是共识，近年来国内已经出版了一批各具特色的、体现不同改革思路的新教材，概括起来有以下四种思路：（1）彻底打破旧的理论体系，完全按新体系组织教材，使"近代物理内容进入教学内容主渠道"；（2）基本沿用旧体系，按"精讲经典，加强近代，接触前言"组织教学内容；（3）把教学内容归结为几个有代表性的基本原理、基本方程和研究方法，强调计算机应用；（4）完全根据不同专业需要，选择、组织教学内容。对基础物理教学内容改革的认识、改革思路和方法，还没有完全一致的看法。

我们认为基础物理教学内容改革不能简单地归结为体系改革。教学体系一定程度上要受认识规律、教学规律制约，现行教材的内容体系经过"千锤百炼"，因而是基本可行的。改革着眼点应是内容及其选取、处理和整合。我们主张对传统教材内容进行层次分析，明确每一部分内容、每个知识点在物理学整体上的地位以及在实现上述教学目标上的功能和作用；对不同层次内容采取不同处理方法，分清主次，突出重点，精炼内容，压缩经典，增加近代内容，使教学内容在现有教学条件（学时、学生基础等）约束下，按上述教学目的和要求，在整体上达到效果最优。所以，大学物理教学内容改革，不是简单地体系改革，而应看成是在一定约束条件下，为最大程度实现既定目标，而达到课程内容整体的优化。

我们认为，基础物理教学内容可以划分以下三个层次。

第一层次：体现现代物理思想，有助于学生获得完整的物质世界图像，建立科学世界观的内容。例如，世界在最基本层次上是量子的；线性问题是一般非线性的近似；拉普拉斯决定论的因果关系是一般统计因果关系的特殊情况；相对论的时间观，空间、时间和物质运动不可分离的观点；信息即负熵的观点；场作用和场相干叠加的观点；物质运动和运动守恒的观点；物质是相互作用、相互联系的，运动是有规律的，运动规律是可认识的观点；对称性决定相互作用、对称性支配物理规律的观点；物质结构分层次，不同层次的物质遵循不同运动规律的观点等。

第二层次：描述物质不同层次、不同种类运动（机械运动、热运动、辐射场、微观粒子）基本规律。这部分是教学内容的主体，教学目的是培养学生掌握基本物理学语言、概念、理论和方法，掌握物质世界各层次运动的基本规律。

第三层次：运用第二层次得到的基本规律，研究一定范围内不同现象局部的、具体的规律；或解释一些自然现象，说明某些物理原理、定律在生产实际、科学技术中的具体应用。这一层次的教学可根据分析、解决问题能力训练、素质教育的要求，按不同专业需要，以及学时、学生的具体情况而采取不同方式灵活处理。

关于这三个层次，第二层次是支撑教材内容的"骨架"，也是教学内容的骨干、主体，教学整体上立足这个层次；第三层次相当教材的"血肉"，适当处理这一层次，可使教材"血肉丰满适度"；第一层次是教材的"精神和灵魂"，从第二层次到第一层次的逐步升华，使物理教学服务于科学的物质观、世界观教育。

物理规律是通过状态（由一组互相独立的、足以确定系统状态的参变量决定）演化描述的。表述物理规律，首先对不同种类的物质（有形物质和场物质）系统，确定状态的描述方法（状态的独立变量和有意义的状态函数），然后确定状态参变量或状态函数随时间变化的规律。

作为教学内容现代化改革的尝试，本书拟专门设置两章："物理学和对称性"介绍物理学中的对称性原理和方法；"非线性物理简介"介绍非线性物理学的基本概念和研究方法。

（2002 年 11 月）

《基础物理学》一书前言*

本书是参编者在国防科技大学讲授的"大学物理"讲稿基础上修改、整理而成，一定程度上反映了近年来编者对大学物理教学改革的思考、实践经验和体会。

一、基础物理学课程性质和目的定位

"大学物理"是为非物理专业理工科本科生所开设的一门基础课。和物理专业学生在学完"普通物理学"后还有的后续理论物理课程不同，"大学物理"是这类学生唯一的一门物理课程。物理学内容极为丰富，材料浩如烟海，教学学时有限，从而大大增加了"大学物理"教学内容改革的难度。如何选择教学内容，如何组织教学内容体系；哪些内容必须讲，哪些内容可有选择地讲；哪些内容应加强，哪些内容可以淡化或不讲；当对不同内容做不同处理时，应依据什么原则。这些都是大学物理教学内容改革必须考虑的问题。关于这些问题的答案，我们认为和我们赋予基础物理教学的目的和希望达到的目标有密切关系。

关于基础物理教学的目的，近年来国内进行了众多讨论。趋向一致的看法是基础物理教学目的不仅仅是为学习后续专业课程服务（以

---

* 本篇是作者为大学物理教材《基础物理学》一书写的前言，收入本书时新加了小标题，并做了修改和删减。

前主流的看法是基础物理教学就是为专业课程服务），而是通过基础物理教学，使学员：认识物质世界的本质，树立科学世界观，获得完整物质世界图像；认识物质世界运动、变化的基本规律；掌握基本物理学语言、概念和物理学的基本原理和方法；对物理学历史、现状和前沿有整体上全面的了解；学会科学思想、科学方法，提高科学素质。这些就是我们探讨基础物理教学内容改革的出发点。

二、为什么说基础物理教学必须改革

为了达到上述教学目的，我们首先来看看基础物理教学内容需要改革的三大原因。

（1）正是 20 世纪的新物理学构成了新能源技术、激光技术、信息处理、通信技术等现代科学技术的物理基础，因此，基础物理教学内容必须充分反映以相对论、量子论为核心的 20 世纪新物理学。特别是量子力学的基本概念、原理，应系统地进行介绍。应当在现代物理的基础上给学员合理的、开放的物理知识背景和结构，使他们能以此为基础，去接受、理解当代科技新概念、新技术和最新文献资料。在遇到具体问题时，即使一时不能解决，也应当知道问题的物理背景是什么，要解决其问题应从何着手，翻阅什么资料。要达到这一目标，就要解决基础物理教学内容的现代化问题。

（2）从物理学本身看，尽管在物理课程开头的序言中，我们就告诉学生"物理学研究物质和物质运动最基本、最普遍的规律"，但现行基础物理教学内容并没有完全包括物理学最基本的原理，也没有给出一个完整的物质世界图像。

例如，非线性问题。严格来说，在自然科学和社会科学中所涉及的问题基本都是非线性的，我们仅系统地讨论简化了的、理想化的线性问题，完全没涉及非线性问题，更重要的是学生并不知道这种线性化结果的局限性。

世界本质上是量子的，对世界的经典描写只在一定条件下近似正确。我们基本上只讲了经典描写，而对量子物理描写的原理、方法并没有进行系统的介绍，只是"开开窗户"，把一些典型的量子现象和结果"展示"出来。

世界物质运动的因果联系是统计的、概率的。这种因果关系不仅在经典物理大量的非线性问题中已有反映，更突出地还反映在量子物理中，这些内容在传统的基础物理中基本没有涉及，我们留给学生的印象仍然是拉普拉斯决定论的因果关系。学生并不知道这种因果关系的局限性，特别是这种简单化、直线化的思想方法与复杂的真实世界常常是很不协调的。

对称性决定相互作用。杨振宁说20世纪"在基本物理里边，对称性的思考发生了根本的变化，从被动的角色变成了决定相互作用的主动角色"，并称"这种角色为对称支配相互作用"[1]。现行基础物理教学仅从各种相互作用出发研究物理系统运动规律，而完全没有涉及支配这些相互作用的更深层次的规律。我们应当把对称性作为一种物理学方法，加深学生对物质世界的理解。

时空理论。伽利略－牛顿绝对时空观仍然根深蒂固，学过"狭义相对论"后，虽然已了解运动尺度收缩、运动时钟延缓等相对论效应这些知识，但并没有从物质－运动－时空密切相关、物质世界对称性的高度去理解时空，所以没有成为"观念"。

热力学。熵——一个远远超出物理学的概念，决定自然演化的动力，决定时间之箭的方向。现行基础物理教学仍然是以能量守恒为基础的热力学第一定律为主，并没有更深入地阐述熵的概念和意义。

（3）从素质教育角度看，不得不承认现行基础物理教学基本上仍是知识传授型，我们着眼于具体的物理定律的阐述和应用以及处理具体问题的技巧和细节，对基本物理思想、基本物理学方法却体现不够。基础物理学作为对学生进行科学教育的课程，其任务不仅仅是使学生获得知识，更重要的是获得科学思想、科学方法，使学生有一个建立在物理学科学知识基础上的世界观。现行基础物理教学不能适应对学生进行科学素质教育的要求。

三、我们关于基础物理教学改革的思路

现行的基础物理教学内容必须改革已是共识。近年来国内已经出版了一批各具特色的、体现不同改革思路的新教材，但对基础物理教学内容改革的认识、改革思路和方法，并没有形成完全一致的看法。我们认为基础物理教学内容改革不能简单地归结为体系改革。教学体系一定程度上受认识规律、教学规律制约，现行的内容体系经过"千锤百炼"，是基本可行的，但体系改革的余地、可能性及可预期效果都不是很明显。改革着眼点应是内容及其选取、处理和整合。在教学内容改革上，我们主张对传统物理教材内容进行层次分析，明确每一部分内容、每个知识点在物理学整体上的地位以及在实现上述教学目标上的功能和作用；对不同层次内容采取不同处理方法，分清主次，突出重点，精炼内容，压缩经典，增加近代内容，使教学内容在现有教学条件（学时、学生基础等）约束下，按上述教学目的和要求，在整体上达到效果最优。所以，大学物理教学内容改革，不是简单地体系改革，而应看成是在一定约束条件下，为最大程度实现既定目标，而达到课程内容整体的优化设计。

我们认为基础物理教学内容可以划分以下三个层次。

第一层次：体现现代物理思想，有助于学生获得完整的物质世界图像，建立科学世界观的内容。例如，世界本质上是量子的；线性问题是一般非线性的理想化近似；拉普拉斯决定论的因果关系是一般统计因果关系的特殊情况；相对论的时空观，空间、时间和物质运动不可分离的观点；信息即负熵的观点；场作用的观点，场相位和场相干叠加的观点；物质运动和运动守恒的观点；物质是相互作用、相互联系的，运动是有规律的，运动规律是可认识的观点；对称性决定相互作用、对称性支配物理规律的观点；物质结构分层次，不同层次的物质遵循不同运动规律的观点等。

第二层次：描述不同物质层次运动（机械运动、热运动、辐射场、微观粒子）基本规律。这部分内容是教学内容的主体，教学目的是培养学生掌握基本物理学语言、概念、理论和方法，掌握物质世界各层次运动的基本规律。

第三层次：运用第二层次得到的基本规律，研究一定范围内不同现象局部的、具体的规律；或说明、解释一些自然现象，说明物理学在生产实际、科学技术中的具体应用。这一层次内容的教学应体现分析问题、解决问题能力训练以及专业素质教育的要求，并可根据不同专业需要，以及学时、学生的具体情况而采取不同方式处理。作为军队院校，我们在处理这部分材料时，应突出国防建设需要和不同专业特点。

关于这三个层次的内容，应采取不同处理方式，教学内容主体和教学重点是第二层次。在教学整体上立足第二层次，适当处理第三层次，逐步引申到第一层次。

四、关于基础物理教材编写的具体做法

基本物理规律可以分为两类：一类是描述物理系统状态随时间变化的规律，另一类是描述同一状态下不同状态参量之间的联系（状态方程或函数）。在物理学中处于中心地位的是前者。物理系统的状态总是由一组互相独立的、足以确定系统状态的参变量决定。描述物理系统演化的规律，就是确定系统状态参变量（或这些参变量的函数）随时间变化的规律。所以在研究一个物理系统时，首先需要对不同种类的物质（可区分为有形物质和场物质）系统，或同一种类物质的不同层次，确定状态的描述方法，即确定状态的独立参变量以及独立参变量的有意义的函数（这些函数具有好的性质，如在一定条件下守恒等）。运用上述观点分析以下现行基础物理教学的各部分内容：

质点力学。研究对象是质点的机械运动，独立状态参变量可选为坐标、动量（速度）。有意义的状态函数有动能、位能、机械能、角动

量等。演化规律有牛顿定律、动量定理、动能定理、功能原理、角动量定理。质点组、刚体力学可看作是质点力学的推广。质心参考系、碰撞问题、三种宇宙速度、火箭推进器原理、惯性导航等都是第三层次的问题。

这一部分内容很好地体现了物质运动、运动守恒；物质相互作用，相互联系；运动是有规律的，运动规律可认识；物质分层次，不同层次有不同的运动规律等第一层次的观点。

振动和波。这部分内容通过机械振动和机械波的研究，阐述振动和波动的描述方法和一般规律。机械振动和机械波是机械运动的一种特殊形式，基本上不包括新的物理原理，从这个意义上看，整个部分都可放在第三层次。但振动和波是自然界十分普遍的运动形式，在光现象以及量子物理讨论中都非常重要。这部分重点应突出波现象的共同规律，特别是波相位、波相干叠加的概念。

热学。研究对象是"大量粒子系统"，重点讨论平衡态。状态描述有微观描述和宏观描述两种方法，用统计的方法可以在描述状态的微观量和宏观量之间建立联系。状态演化规律由热力学第一、第二定律给出。其中，热力学第一定律是普遍能量转换和守恒定律在热力学情况下的具体化，重点是热力学第二定律，它确定了时间箭头方向。其他内容都可归为第三层次。本篇可以引申到第一层次的是熵（其应用远远超出物理学）的概念、信息的负熵原理。

电磁学。其研究对象是场物质。场物质的状态由电场强度 $E(\chi)$ 和磁感应强度 $B(\chi)$ 的分布（在量子物理中用矢势 $A(\chi)$ 和标势 $\varphi(\chi)$）描述。E 和 B 都是矢量场，而一个矢量场总可分解为纵场部分（矢量线不闭合——旋度等于零，如静电场）和横场部分（矢量线闭合——散度等于零，如电流激发的磁场）。确定一般矢量场的分布，就是确定其纵场、横场部分的分布，因而需要知道纵场和横场与激发其相应源的关系（对于分布在有界区域的矢量场还需边界条件）。高斯定理、环量定理及相应的散度方程和旋度方程就是刻画相应场－源关系的。由此可以看出，这一部分内容的主线条是静电场，静电场的高斯定理和环量定理；稳横电流磁场，稳横电流磁场的高斯定理和环量定理。在变化电磁场情况下，反映变化磁场可激发横电场的法拉第电磁感应定律，反映变化电场可以激发磁场的麦克斯韦位移电流假设。综合以上这些就可得到积分形式的麦克斯韦方程组。由这组方程式可以看出，电场纵场部分源是电荷，横场部分源是变化磁场，磁场只有横场部分，但它的源既包括电流，也包括变化电场。

除了麦克斯韦方程组外，电荷守恒定律和洛伦兹力公式也是电磁学的理论基础，但电荷守恒定律已蕴含在麦克斯韦方程组中。

这一部分的其余内容，即静电场中的导体、电容器、电容器的充放电、静电屏蔽、电解质和电解质的极化、磁介质和磁介质的磁化、自感和互感、带电粒子在电磁场中的运动、霍尔效应、电子感应加速器、涡电流等，都属于第三层次。

这一部分可以上升到第一层次的内容是场作用的观点、电磁场的物质性（关于电场、磁场的统一性和相对性已放在相对论中进行讨论）。

光学。这一部分主要内容是波动光学，可以说不包含本质上新的物理原理，原则上都属于第三层次。但干涉和衍射不仅是光现象，也是描述微观粒子运动的物质波的性质，掌握特征波现象的干涉和衍射，有助于对量子物理中波粒二象性的理解，这部分内容在精密测量、光学仪器等现代高技术中有直接的应用。

相对论。由狭义相对论的两条基本原理出发，得出洛伦兹变换。由洛伦兹变换可直接得出两个重要结果：相对论时空理论和正确（符合狭义相对论要求）的物理规律必须是四维空间中的张量方程。应用这一结论改造牛顿力学，可揭示出质－速关系、质－能关系、动量－能量关系等重要结果。这些结果应用于电磁学，可进一步揭示电磁现象的统一性和电磁场的相对性。这部分内容属于第三层次的是核能开发和应用、相对论的多普勒相应等。广义相对论也可作为第三层次内容处理。由这部分可以引申出第一层次的观点是新时空理论，空间、时间和物质运动密切联系，电磁现象的统一性和电磁场的相对性等。

量子力学基础。其研究对象是微观粒子或微观粒子系统。由于实验表明微观粒子具有波粒二象性，坐标和动量不能同时取确定值，因而经典描述方法失效。量子力学的基本假设是：微观粒子状态用波函数描写，状态演化由 Schrödinger 方程给出，力学量用线性厄米算子表示，量子测量假设、微观粒子全同性原理等构成量子力学的基本原理，是这部分内容的主线条。势阱、谐振子、势垒贯穿等内容因为是具体解定态 Schrödinger 方程，属于第三层次，但仍可以揭示几种典型的量子现象，明确地展示量子世界和经典物理的不同，不可不讲。同样，氢原子以及原子壳层结构和元素周期律可以展示量子理论的成功，而且原子结构本身对理解现代技术具有重要性，因而这部分内容也必须讲。

这部分内容可引申出第一层次的世界本质上是量子的，对世界的经典描写是在一定条件下的近似，物质运动的因果关系本质上是概率的。

本书专门设置了两章："物理学和对称性"介绍物理学中的对称性原理和方法；"非线性物理简介"介绍非线性物理学的基本概念和基础。分别放在力学部分与振动和波部分，目的就是克服前面指出的现行基础物理教学内容的不足。

高新技术的物理学基础。这部分内容的教学目的是深化近代物理教学，在物理学和高新技术之间架设桥梁。根据加强近代物理教学的目的，以具有普遍的重要技术应用、具有明显的发展前景为标准，我们选择了固体物理和材料科学、量子跃迁和激光技术、核物理和核技术、量子信息原理和技术等内容。另外，关于电磁辐射的内容，虽然属于经典物理的范畴，但它在现代通信技术及军事电子对抗中都有重要应用，然而在本书电磁学部分并没有做深入、严格的处理，从物理教学角度看是个缺陷。但考虑到工科许多专业的专业课都会涉及这些内容，由于学时有限，因而并没有选入。"高新技术的物理学基础"在我校是作为"基础物理"的后续课程开设的。

五、关于几个问题的看法

1. 关于"基础物理学"内容

基础物理学内容是否可以涉及某些理论物理的内容？对此，我们认为普通物理和理论物理是对物理专业划分的。对于非物理专业来说，他们的全部物理课程仅有这一个，不应只限于物理专业普通物理内容。围绕着上述基础物理教学目的的需要，优化后的教学内容可以包涵某些属于理论物理的内容，比如，相对论和量子力学中的某些内容。在优化原则下，某些问题的讲法也可以借鉴理论物理的处理方法。当然基础物理学不是普通物理，更不是理论物理。

我们认为应在现代物理的基础上给学员构筑合理的、开放的物理知识背景和结构，使他们具备这些基础，可以接受、理解当代科技新概念、新技术、新文献资料，这比介绍一些其他知识或趣闻更为重要。

2. 关于普物风格

普物风格是好的，基础物理学应当体现这种风格。但是"风格"毕竟是一种外在表现形式，不应当限制内容，也不是决定教学效果的唯一因素，甚至也不是主要因素。关于什么是普物风格，赵凯华先生说"我的理解是讲授尽量避免艰深和复杂的数学，突出物理本质，树立鲜明的物理图像……，在介绍广义相对论的一些基本内容，避免了黎曼几何与时空度规等数学语言"。[2] 显然，普物风格不是科普，必要的数学工具还是需要的。普物风格的根本是"从现象中引出物理概念，从实验事实的分析中总结出物理规律"。普物风格在一定程度上是相对理论物理方法来说的，理论物理方法是从已知的物理规律出发，通过逻辑和数学得到对物理现象更深入、更系统、更本质的认识。作为基础物理学，实验规律尚未介绍，是没办法按完全的理论物理方法组织教学的，从这个意义上说，基础物理学只能是普物风格。

3. 关于数学工具

作为基础物理，考虑到学生的承受能力，尽量地避免艰深的数学工具是必要的。但数学对物理学的重要性是众所周知的。数学是物理学的语言和工具，它可精确地表述概念，简洁、严格地表示物理规律，可靠、深刻地揭示现象本质，其作用不可替代。数学"是一个普遍的思维框架。它是用来分析自然、并将我们对它的认识加以表述的最强有力的抽象方法"。[3]牛顿当初就是要表述它的力学理论才发明了微积分。如果没有微积分，我们很难想象牛顿力学应如何表述，麦克斯韦的电磁理论应如何准确地表达。

我们认为，在基础物理中引进"张量"的概念也是必要的。首先，张量实际上已经在使用了，如标量就是零阶张量，矢量就是一阶张量，这里张量仅仅只是换了个名字而已，也没有人对基础物理中使用矢量提出异议。其次，张量的概念学生应当是可接受的，定义三维空间张量需要的坐标系转动变换学生在解析几何中已熟悉。最后，引用张量概念可以加深我们对许多基本物理问题的理解，大大简化有关问题的处理。比如，可以根据三维空间的各向同性性质，解释为什么所有物理量都具有标量、矢量或张量性质*；可以把类似的思想推广到四维空间 $(x，y，z，ict)$，把洛伦兹变换解释为四维空间中的坐标系转动变换，从而可以类似地定义四维张量，把物理学相对性原理简单地表述为：物理规律应取四维空间张量方程形式。这种做法的实际意义是可以简单地得出质–速关系、质–能关系、相对论的多普勒效应、推导力的变换，特别是可以简单地解释电磁场的统一性和相对性，推导电荷密度、电流密度的变换，矢势和标势的变换，电磁场的变换等。

4. 关于教学指导思想、教学方法

赵凯华先生在他的新概念物理学《力学》序言中，曾谈到杨振宁先生对中美教育方式的比较[4]，杨先生认为中国传统教育提倡按部就

---

 * 见本书"物理学中的对称性"一章.

班的教学方法、认真的学习态度，这有利于学生打下扎实的基础，但相对来说，缺少创新意识；美国提倡"渗透式"的教学方式，其特点是学生在学习时往往对所学的内容还不太清楚，然而却在过程中一点一滴地学到了许多东西，这是一种体会式的学习方法。我们的"填鸭式"教学往往要求学生当堂消化、当堂理解，一方面大大限制了课堂信息量，使教学内容和学时的矛盾更加突出；另一方面也造成了学生只会接受灌输的学习方法，缺乏积极主动去吸收营养、成长自己的精神和能力。其结果造成学生知识面窄，缺乏去接受、去理解不大熟悉的新东西的知识结构和主动精神。另外，还会使培养的学生处于同一个模式，不利于学生特长的发挥和优秀人才的脱颖而出。如果能稍微改变一下当下这种做法，基础物理教学内容改革可能会有更广阔的天地。

5. 要以改革的精神看待基础物理教学内容的改革

如果看不到改革的必要性，相反还对现有的一切津津乐道，对自己没经历过的、不大熟悉的都采取排斥态度，这样就不可能把改革做好。改革是困难的，这里不仅有认识、思想上的转变，而且对教师也会提出更高的要求，要求教师不断学习、不断更新知识，站得更高，看得更远。我们需要克服惰性，不再墨守成规，勇于探索，允许失败，在前进的道路上哪怕只有一小步，也比在原地踏步强得多！

参考文献

[1] 蔡枢,吴铭磊.大学物理.北京:高等教育出版社,1996.

[2] 赵凯华,罗薇茵.新概念物理教程:热学.北京:高等教育出版社,1998.

[3] 罗杰·G.牛顿.探求万物之理——混沌、夸克与拉普拉斯妖.李香莲,译.上海:上海科技教育出版社,2000.

[4] 赵凯华,罗薇茵.新概念物理教程:力学.北京:高等教育出版社,1995.

（2003 年 9 月）

编写基础教育合训"大学物理学"立体化系列教材的论证报告[*]

一、教材目标定位

新型指挥军官"基础教育合训",要求培养学员成为既懂技术又懂军事的复合型初级指挥军官,要求学员不仅具有较高的军事指挥素养,也具有较全面的科学文化素质。对这类学员的大学物理教学要求具有科学知识教育和科学文化教育双重功能。

大学物理教学的总目标是:

在科学知识教育方面,培养学员扎实的自然科学物理基础,使学员认识物质世界运动、变化的基本规律,掌握物理学的基本原理和方法。在现代物理知识的基础上,为学员构筑一个合理的、开放的物理背景和知识结构,并对当代国防高技术的物理原理和技术基础有全面、系统的了解。

在科学文化教育方面,要开发物理教学的高品位文化功能。要达到的目标是:(1)通过基础物理教学,使学员认识物质世界本质,获得完整物质世界图像,树立科学的、辩证唯物主义的物质观和世界观,具备对一切伪科学的识别、抵御能力;(2)通过具体的物理知识教学,

---

* 本篇是编写《大学物理学》的论证报告,该书是"十一五国家规划教材",其中表述的观点和做法曾在相关研讨会上进行交流,并于 2011 年发表于《高等教育研究学报》增刊上,杨丽佳也参与了本报告的相关工作。

使学员学会科学思想、科学方法，提高其科学素质；（3）物理学是不断发展、不断创新的科学，通过物理教学，培养学员严谨的科学态度、追求真理的科学精神、强烈的创新意识和独立获取知识的能力。

二、编写指导思想、原则和目标

指导思想：坚持教学内容的现代化改革，以现代物理思想、观点整合压缩经典内容，加强近代物理教学，反映以相对论、量子论、非线性为核心的 20 世纪新物理学，突出军事需要特色，充分体现物理教学新理念和素质教育要求。

编写原则：

先进性，充分反映近代物理内容，反映当代国防科学技术新成果。

新颖性，在体系结构、材料处理、表述方式上有较大创新。

科学性，体系结构科学合理，内容正确无误。

系统性，各部分、章、节安排合理，有内在逻辑性，内容上前呼后应。

可教性，教学内容体系循序渐进、由浅入深，遵从认识规律和教学规律，不刻意追求数学严谨和逻辑严密。

期望达到的目标：体现物理教学改革和内容现代化要求，具有鲜明国防需要特色；符合现代教育理念和素质培养需要；结构上符合认识规律和教学规律；内容准确、系统全面、语言精炼，有较高学术水准。

三、创新、特色及思路

（1）在物理科学知识基础上，特别是在现代物理知识的基础上为学员描绘较为完整的物质世界图像，使学员认识物质世界本质，树立科学的、辩证唯物主义的物质观和世界观，构建一个合理的、开放的物理背景和知识结构。

系统地介绍相对论、量子物理的基本原理，把相对论、量子物理在全书中所占的比重提高到40%左右；通过"绪论"、全书的内容和结构以及各部分、章节的"引言"等，体现近代物理的新观点。

（2）以现代物理思想、观点整合压缩经典内容，加强近代物理教学，实现教学内容现代化。具体措施是将原《基础物理学》中力学部分的"质点动力学"和"质点系动力学"两章合并，压缩经典力学部分内容。

将"振动和波"部分的第3章"非线性振动、混沌"压缩为一节，然后将这一部分和电磁波、波动光学结合为"振动、波动和波动光学"部分，以较为直观的机械振动和机械波为例，引进描述振动和波动的频率、周期、振幅、相位、相干叠加等概念，将光波作为电磁波的特例，引进干涉、衍射、极化等概念。

把"物理学中对称性"一章从力学部分移除，经改写、补充后放入相对论部分。

通过用现代物理学观点解释、理解有关的经典内容，体现内容现代化，如用空间对称性解释牛顿第三定律、动量守恒、能量守恒，用概率波的概念解释分波阵面干涉等。

（3）突出军事应用特色。在相关章节中努力体现当代国防高技术的物理原理和技术基础，使学员对此有全面、系统的了解，以原理为主，淡化具体技术细节。如 GPS 定位、卫星、火箭技术、电磁波、雷达、红外、夜视、原子弹、氢弹及防护等。

在"高新技术的物理基础"部分新增"超导物理学和超导技术"和"纳米科学和技术"两章，丰富高新技术中物理基础教学；在"振动和波"部分增加"电磁波的发射和传播""地球的电磁环境"等内容。此外，还需通过教材例题、习题体现物理学军事应用。

（4）加强实验教学，坚持"从现象引出概念，由实验总结出规律"的普物风格，将实验融入教材中。坚持主要物理概念尽可能通过自然现象或生活经验引进，重要规律都从实验中总结出来。另外，教材中要描绘作为物理学基石的典型实验，如法拉第电磁感应实验、Hertz 实验、Michelson-Morley 实验、Millikan 实验、Rutherford 实验、黑体辐射实验、光电效应实验、Compton 散射实验、物质波实验、量子密钥分配实验等。通过这些实验内容教学，体现物理学实验的研究方法、认识和实践的关系、实事求是的科学态度，培养创新意识和创新能力。

（5）为了素质教育需要，开发基础物理教学的高品位文化功能，新编一些物理学家的生平趣闻轶事以及充满哲理、启迪睿智的科学故事，体现教材的人性化和趣味性。例如，伽利略、牛顿、焦耳、卡诺、克劳修斯、玻尔兹曼、安培、法拉第、麦克斯韦、惠更斯、迈克尔孙、爱因斯坦、玻耳、薛定谔等，这些材料可插在正文中用小字印出，其目的是使学员了解一些物理学发展的历史，并受到科学精神、创新意识的熏陶。

（6）争取物理教学内容改革和数学教学内容改革相结合。积极建议物理教学内容改革和高等数学教学内容改革相结合，在全院互相协调，争取达到双赢。例如，将物理中必要的数学工具在传统的数学教材中处理得不好的或不讲的（如用坐标正交变换定义标量、矢量和张量；矢量的标积、叉积；矢量形式的高斯定理、斯托克斯公式、方向导数、梯度、旋度等；在线性代数中引入算子、表象等概念），如果在数学中能打下较好的基础，学生学习物理的负担就会大大减轻。同时，如果数学教学适当结合物理学背景，可能可以开创数学教学改革的新思路，或许能进一步激发学生学习数学的积极性，从而达到物理教学内容改革和数学教学内容改革同步，实现双赢。

四、大学物理立体化系列教材内容

（1）大学物理学（上册）

（2）大学物理学（下册）

（3）大学物理学习题解答和解题指导

（4）大学物理学电子教案

五、编写提纲

上册

第一部分　力学

内容：质点运动学，牛顿运动定律，质点和质点系动力学，刚体力学。

观点：物质运动、运动守恒的观点；物质相互作用、相互联系，运动是有规律的，运动规律是可认识的观点；物质结构分层次，不同层次的物质遵循不同运动规律的观点等。

军事和技术应用：与坐标系有关的 GPS 定位系统，三个宇宙速度，人造地球同步卫星，火箭推进器原理，惯性导航。

第二部分　热学

内容：平衡态，温度，气体动力论，热力学第一定律，热力学第二定律，非平衡态热力学简介。

观点：能量转换和守恒，熵增加和时间方向物理学定义，信息即负熵原理。

军事和技术应用：真空技术，低温技术，能源和环境，耗散结构，生命现象。

第三部分　电磁学

内容：静电场，静电场和导体、电介质的相互作用，稳恒电场，真空中的稳恒磁场，稳恒磁场和磁介质的相互作用，电磁感应，麦克斯韦方程组。

观点：场物质、场作用的观点，电磁统一的观点。

军事和技术应用：静电加速器，雷电现象，压电现象，等离子体和磁约束核聚变，电磁炮，粒子束武器。

下册

第四部分　机械波、电磁波和光学

内容：振动，机械波，电磁波的基本性质，电磁波的发射和传播，电磁波的干涉和衍射，光干涉和衍射，光偏振。

观点：波相干叠加的观点。

军事和技术应用：多普勒效应及应用，超声波技术，声呐技术、冲击波和超音速飞机，波导，光纤通信技术，雷达技术，电子对抗技术，精密测量和精确制导，遥感技术，红外成像和夜视技术。

第五部分 相对论 物理学中的对称性

内容：狭义相对论原理和实验基础，新时空理论，相对论质点力学，电磁场的相对性，广义相对论简介，物理学中的对称性。

观点：空间、时间和物质运动不可分割的观点，电磁统一的观点，对称性决定相互作用、对称性支配物理规律的观点。

军事和技术应用：原子能利用，原子弹、氢弹物理原理。

第六部分 量子物理基础

内容：波粒二象性，波函数，Schrödinger 方程，几个特征量子现象，力学量的算子表示，量子测量，氢原子、原子结构，分子结构，生物大分子，DNA 结构和遗传信息。

观点：世界本质上是量子的，拉普拉斯决定论的因果关系是一般统计因果关系的特殊情况，物质结构分层次，不同层次的物质遵循不同运动规律的观点等。

军事和技术应用：扫描隧道显微镜。

第七部分 高新技术的物理基础

内容：固体物理学和半导体材料，超导物理和超导技术，量子跃迁激光技术，核物理和核技术，量子纠缠和量子信息学基础，纳米科学和技术等。

军事和技术应用：半导体技术及以此为基础的信息技术，激光技术，激光武器，激光测量，激光制冷和囚禁原子、离子，核磁共振技术，原子能利用，原子弹、氢弹物理原理和防护知识，量子信息技术，纳米材料和技术等。

各部分计划学时分配和进度时间表（略）

（2004 年 12 月）

突出特色　坚持高标准　精心打造新版《大学物理学》教材

——在修订《大学物理学》第二次讨论会上的发言

一、第一次讨论会结果回顾

经过上次讨论会，我们已经对修订《大学物理学》教材达成共识，做了分工，并决定从以下五方面进行修改：

（1）为配合"反转课堂教学法"的需要，调动学生学习积极性，指导学生预习、自学，决定在每章开头提出本章需要重点理解、掌握的基本内容，增设"学习指导"，同时删除原版每章后的"内容提要"。

（2）删除或改写原版教材中带"*"的章节以及其他过高要求内容，压缩原教材的字数和篇幅；更着重军事、高技术的物理原理，进一步突出军事应用的特色。

（3）将原版教材力学部分中的"质点力学"和"质点系力学"两章合并，删除其中重复内容，压缩力学部分篇幅和教学学时。

（4）改变原版教材中习题编写的指导思想，由原来偏重数学和解题技巧训练，变成以强化基本物理思想、物理概念、物理方法训练；内容上增加反映近代物理、现代高新技术需要，特别是国防高科技和军事应用需要的例题和习题。

（5）更新原版教材中的插图，使版面更加清新活泼；改进原书面貌、风格，充分利用现代化教学手段，编好配套教材。

今天这个讨论会的目的，就是调动各方面积极性，发挥集体的聪明才智，统一思想认识，按照上次会议决定的修订要求，突出特色、坚持高标准、精心打造，共同完成原版教材的修订工作。

一本教材的灵魂就是其教学理念，也就是希望通过使用这本教材所要达到的教学目的；一本教材的价值就是其特色，没有特色就没有编写的必要。关于原版《大学物理学》教材的理念和特色，上次讨论时已介绍过，除个别字句有不同意见做过修改外，基本精神是大家所肯定的。为了在修订的新版中更好地贯彻这些理念，突出教材特色，以更高标准做好修订工作，我想再强调几点，供大家讨论。

二、教学理念

原版教材的教学理念是：（1）为学员学习其他专业课程打下坚实的物理基础；（2）使学员掌握基本物理学语言、概念和物理学的基本原理和方法，对物理学历史、现状和前沿有整体上比较全面的了解；（3）努力在物理科学知识基础上为学员构建一个合理的、开放的物理背景和知识结构，使学员对当代国防高技术的物理原理和技术基础有全面、系统的了解；（4）使学员认识物质世界运动、变化的基本规律，获得完整物质世界图像，并以此为基础，建立科学的物质观、世界观，培养学员的科学精神、科学思想方法、创新意识，提高其科学素质。

要贯彻这一新教学理念，则需要对传统的教学内容和教学方法进行改革。大学物理教学内容改革就是在有效学时已被限定、学生学习基础在中学已经造就、其他相关课程内容我们不能控制等外部条件约束下，对教学内容所展开的优化设计。教材是教学理念、教学内容的载体，首先就需要在教材中体现教学理念和要求。为了实现上述教学理念，原版大学物理教材按照"三个层次""一个统一""两个突出"的思路，优化设计了原教材内容和体系结构。

首先，我要强调"三个层次""一个统一""两个突出"绝对不是一种"标签"或"空洞口号"，而是实实在在组织教材的一种思路和方法。为了加深大家的了解，希望在新版教材中更好地创新思路，接下来我将介绍一下原版教材是如何贯彻这一思路的，供大家讨论，并给修订新版教材以参考。

三、三个层次

"三个层次"就是将传统的大学物理教学内容分为三个不同层次，对不同层次赋予不同的教学目的，采用不同的处理方式。

第一层次：属于科学物质观、世界观和方法论方面的内容。这一层次应体现现代物理思想，有助于学生获得完整的物质世界图像，建立科学思想方法和辩证唯物主义世界观。这一层次的教学目的是贯彻上述教学理念中的第4点内容"科学物质观和世界观"。这一层次是教材的"灵魂"，在教材中通过知识教学"潜移默化"的实现，或明确地通过"点睛"指出。

属于这一层次的内容包括：

（1）物质是运动的，运动是有规律的，运动规律是可认识的观点；物质相互作用、相互联系，运动守恒的观点。这是辩证唯物主义世界观的基本观点，不仅体现在全书各个部分的具体内容中，还在某些地方明确表述了这种观点。例如，上册第1页："广泛而言，自然界的一切变化过程都可称为运动（motion）。运动是物质的基本属性，是物质存在最普遍的形式。一切物质都处在永不停息的运动中。运动的这种永恒性、普遍性称为运动的绝对性。""物质的运动形式多种多样，如机械的、热的、电磁的、化学的、生命的、思维的等。"下册第143页："相对论不仅揭示了时间、空间和物质运动的联系，物理规律的相对论不变性，展现出物质世界基本层次上的简单、和谐、同一、令人惊叹的美。"下册第207页："……随着物理学研究深入到微观领域，人们发现建立在直接感觉和经验基础上的经典物理的概念和描述方法，不能简单地推广到微观世界；微观粒子不同于宏观粒子，它具有波粒二象性（wave - particle duality）。为了描述微观粒子运动规律，我们需要建立新的物理理论，这就是产生于 20 世纪 20 年代的量子力学。"

（2）物质结构分层次，不同层次的物质遵循不同运动规律的观点。这也是辩证唯物主义的基本观点。经典力学和量子力学的区分就直接反映了这一观点。例如，上册第 1 页："物质的运动形式多种多样，如机械的、热的、电磁的、化学的、生命的、思维的等。"下册第 205 页："物质世界是分层次的。物理学描述不同层次物质世界，采用不同的方法，得到不同的规律。例如对于宏观世界，我们用经典的描述方法，得到经典物理的规律；对于微观世界，我们采用量子的描述方法，得到的是量子规律。"

（3）空间、时间和物质运动不可分离的观点。这一科学的世界观和时空观，主要在相对论部分。例如，下册第 143 页："没有脱离开物质的、抽象的、绝对的时间和空间。空间描述物质运动的广延性，时间描述物质运动的次序性、持续性，二者都和物质、物质运动有关。"下册第 186 页："广义相对论更深刻地揭示了时间、空间和物质运动的联系，建立了本质上新的引力理论。"

在力学部分结合使牛顿定律成立的参考系的讨论，分析牛顿的绝对时空观，也为讲相对论打下必要基础，同时也体现了经典力学的现代化。

（4）场作用的观点和场相干叠加的观点。抛弃超距作用，建立场作用的观点。这一观念主要体现在电磁学、波动光学以及量子物理中。例如，上册第 218 页："法拉第最早引进场作用的概念。他认为电荷首先激发出场，场通过有限速度传播出去，通过场这种中间媒介，一个电荷把力施加到另一个电荷上……现代物理学已抛弃了超距作用的观点，认为任何相互作用都是通过场进行的。场本身就是物质存在和运动的一种方式，电磁场就是传递电磁相互作用的特殊场物质。"下册第 235 页："在经典物理中，波动的一个显著特点就是满足线性叠加原理。例如空间一点的光振动，根据 Huygens 原理，就是前一时刻波阵面上各点发射子波在该点叠加的结果。应用波叠加原理可以很好地解释波的干涉、衍射现象。"下册第 69 页："电磁波的干涉和衍射。"下册第 235 页："量子态叠加原理。量子态叠加原理，可以导致量子纠缠现象。"下册第 386 页："近年来人们发现量子纠缠是一种有用的信息资源，开发和应用这一资源可以产生出经典信息论不可能实现的信息功能。"

（5）世界本质上是量子的，经典描述是一定条件下近似的观点。例如，下册第 229 页："严格说来，量子力学是整个物质世界的物理理论，经典理论只是它在一定条件下的近似。"

（6）线性问题是一般非线性自然界的近似和理想化的观点。例如，下册第 17 页："尽管我们已习惯于对大自然做线性描写，认为整体和部分是简单相加的关系，叠加原理是普适的公理，然而大自然本质上却是非线性的。对于一个实际的物理系统，线性常常是对真实物理过程在一定条件下的简化或近似描述。所以从非线性角度去研究系统的运动规律，具有更为普遍和重要的意义。"

（7）拉普拉斯决定论的因果关系是一般统计因果关系的特殊情况。例如，下册第 274 页："与经典物理不同，量子力学对测量结果的预言不是单值决定论的，而是概率的……量子力学虽然可因果地、单值地决定波函数，但却不能因果地、单值地决定测量（力学量）结果，所以量子力学描述的物质世界只有统计的因果联系。"

（8）关于时间箭头方向，信息即负熵的观点。例如，上册第 197 页："热力学第二定律则揭示，孤立系统中发生的所有宏观自然过程都是不可逆的，会沿着熵增加（或无序程度增加）的方向进行。于是热力学第二定律给出了时间进行的方向，就是熵增大的方向……无序程度或熵的增加代表着时间箭头指向，将过去、现在和将来从物理上区分开来。"

（9）对称性决定相互作用、对称性支配物理规律的观点等。例如，下册第 195 页："大自然的美、大自然规律的美都反映在物理学中，使物理学具有简单、统一、对称性等美学的基本特征，所以说物理学就是物质世界的美学。从美学的要素之一——对称性的角度去理解、探索物质世界运动规律，就成为物理学研究的一个重要方法。"下册第199 页："时空的这种对称性对物理规律以及表述物理规律的物理量都提出了严格的限制。"下册第 201 页："由于空间平移对称性和空间各向同性，两粒子相互作用势仅可能是其相对距离的函数。"下册第 202 页："由空间平移不变性和空间各向同性就可导得牛顿第三定律。""上节已看到，时空对称性决定了物理量的数学性质、物理规律可能的数学形式以及物理上的相互作用。本节我们将证明，时空对称性和物理上守恒定律的联系。"下册第 206 页："无论是经典规律或量子规律都受对称性原理的支配……仅仅从时、空对称性，就可得到一些重要物理规律；不必考虑物理系统相互作用的具体细节，……所以对称性是支配描写不同物质层次的物理规律的更高层次的规律。"

第二层次描述不同物质层次（机械运动、热运动、辐射场、微观粒子）运动基本规律。这部分内容是大学物理教材的主题，是知识教学的主要材料，教学目的是培养学生掌握基本物理学语言、概念、理论和方法，掌握物质世界各层次运动的基本规律。教材中的基本内容都属于第二层次，我们曾称这部分内容是大学物理教学内容的"骨架""支柱"。如果说第一层次的内容是"点睛"，那么认真处理这一层次就是"画龙"，这一部分内容直接实现前述教学理念的第 1 和第 2 两点。相对论和量子物理以及某些经典物理内容的教学则和实现上述教学理念的第 3 点有关。

第三层次指不包含基本的物理原理和物理规律，原则上是可以运用第二层次得到的基本规律就可解决的内容。这部分内容研究一定范围内不同现象的、局部的、具体的规律，或解释一些自然现象，或说明在生产实际、科学技术中的具体应用。

可以列入这一层次的内容，例如，力学部分：牛顿定律的应用、地球上的科氏力学现象、火箭飞行原理、两体碰撞、自转（旋）和进动。热学部分：实际气体、范德瓦尔斯方程等。电磁学部分：尖端放电，静电屏蔽，电容器和电容，似稳电路、电容器的充放电过程，霍尔效应，带电粒子在强磁场中的运动、长磁透镜，带电粒子在非均匀磁场中的运动、短磁透镜和磁约束，铁磁介质，自感和互感。包括振动、波动、波动光学和电磁波在内的整个第四部分内容，除波相干叠加外，基本上都可归结为第三层次，在量子物理部分，所有带"＊"号的内容都可归为第三层次。

第三层次内容的教学目的是巩固、加深对基本物理原理的理解，用于体现分析问题、解决问题能力训练以及素质培养的要求；这一层次内容是教学内容的"血肉"，可以使教材"丰满"。灵活地、恰当地处理这一部分内容，可以满足上述教学理念第4点的要求。

这三个层次是密切关联的有机体，第二层次是第一层次的载体，是教学内容的主体和重点。通过第二层次内容的教学，引申、升华到第一层次。另外，适当地、有选择地、灵活地处理第三层次。

四、突出"运动状态"的概念

为了科学地组织教学、优化教学内容，我们可以把力、热、电以及量子物理统一地纳入一个体系。"一个统一"，就是我们组织教材的基本思路。

值得注意的是，在任何情况下，我们研究的对象都必定是一个"物理系统"（相对论部分除外，因为它处理的对象是时间、空间和物质运动，不是一个明确的物理系统），研究的问题分以下两类：（1）在一定（运动）状态下系统的性质；（2）系统运动变化的规律。前者是状态的函数，后者是状态随时间演化的规律，这两者都和"运动状态"有关，都可以通过状态参量或适当的状态参量函数描述。所谓"一个统一"，就是突出"运动状态"的概念，用"独立状态参量描述运动状态，通过状态参量或状态函数的演化表示运动规律"。用这一理论框架，统一地处理力、热、电及量子物理。这样做的好处是理论主线条清晰，主干和枝节明确，重点突出，能达到优化经典物理教学内容的目的。由于采取了上述体系，把量子力学看作是经典物理发展的一个逻辑结果，从而一定程度上降低了学习量子物理的难度。

同样，"一个统一"也不是空洞口号，而是组织教学内容的基本思路，在书中多处已明确指出这一点。例如，上册第 1 页："研究物体运动状态的描述以及运动状态随时间变化规律的内容称为动力学。"上册第 20 页："然后引进描述质点运动状态的动量、角动量、动能、机械能等参量，并通过这些状态参量在力作用下的演化规律给出质点运动的动力学规律。"上册第 40 页："动量和角动量是描述质点运动状态的两个重要参量。"上册第 44 页："系统中各质点的位矢和动量（速度）确定了该系统的机械运动状态，对于系统的一个确定的机械运动状态，总对应一确定的机械能量，机械能量是系统机械运动状态的单值函数。"上册第 123 页："为了研究热学规律，首先需要描述热力学系统的状态。……一种是宏观描述（macroscopic description），即用可以直接观测的宏观参量（如体积、压强、温度等）描述，……另一种是微观描述（microscopic description），……用描述微观粒子运动状态的微观量（如粒子的质量、速率、能量等）描述系统的状态。"上册第 214 页："首先分别介绍静电场和稳恒磁场的描述方法，电场作为一种物质，其运动状态由电场强度 E（χ，t）描述。"上册第 277 页："磁场作为一种场物质，其状态可以用磁感应强度 B（磁场强度）描写。"下册第 207 页："自然界存在两种不同的物质形态：一种是可定域在空间有限区域中的实物粒子，其运动状态可由动力学变量——坐标和动量——的不同取值描述，运动状态的变化遵从经典力学的规律……给出系统的初始状态，通过解运动方程，就可唯一地决定未来任意时刻系统的状态。"下册第 229 页："本章首先介绍量子力学描述微观粒子运动状态的方法。"下册第 232 页："在经典物理中，给定状态下粒子的坐标、动量都取确定值，经典粒子的运动状态可以用力学变量——坐标、动量（或速度）——描述。对于微观粒子，由于具有波动性，微观粒子的坐标和动量一般不能同时取确定值，轨道概念失效，描述微观粒子运动的经典方法已不适用。量子力学该如何描述微观粒子的运动状态呢?"

采用这种方法处理教材,使我们对力学部分的结构有了新的理解。牛顿定律、角动量、机械能作为描述运动状态参量或作为运动状态参量的函数,都可独立表述运动规律,因此是互相等价的平行关系,而不是递进的,一个比一个更高级。在处理具体的力学问题时,则是需要根据问题的条件和要求,选择其中一种方便的描述方法。

按这种思路处理教材,还能使我们分清哪些内容是主线条,哪些内容是次要的、第二位的,帮助我们把握内容的重点和关键点。

我觉得这样做更有实际意义的是我们可以把量子物理也纳入这一框架,从而可以看出量子物理不是什么奇思怪想,它也是物理学发展的一个合乎逻辑的自然结果,从这一侧面考虑,也可能降低学习量子物理的难度。

五、突出军事应用和实验教学

突出军事应用特色是指对当代国防高技术涉及的物理原理,都在教材相应的部分和章节中给以适当的讲解,以讲清物理原理为主,淡化具体技术细节。原版教材已包含与国防高技术有关的内容(如 GPS 定位、惯性导航、卫星、火箭技术、电磁波的发射和传播、地球的电磁环境、雷达、激光、半导体、超导体、核武器原理和防护、量子保密通信技术、纳米材料等),在修订中还可以补充新的。

突出实验教学。原版教材中已编入作为物理学基石的一些典型实验(如伽利略落体实验、焦耳热功当量实验、麦克斯韦速率分布律验证实验、库仑定律验证实验、法拉第电磁感应实验、赫兹实验、迈克尔孙 - 莫雷实验、米立根实验、卢瑟福实验、黑体辐射实验、光电效应实验、康普顿散射实验、物质波实验、量子密钥分配实验等),也可以适当地补充新的、必要的实验。通过这些实验内容教学,其目的是说明物理学中实验的研究方法,正确认识理论和实践的关系,培养学员实事求是的科学态度,加强创新意识和创新能力培养。

六、编写技术原则

编写技术原则的总目标是：要在实现上述教学理念、达到上述教学目标的前提下，努力降低难度，尽量做到通俗易懂，使教材做到易教易学。

（1）坚持从现象中引进概念，从实验中总结出规律的普物风格。先描述实验、生活经验后给出概念、规律，也包括先给出概念、规律，然后以生活经验或实验事实加以说明。例如：原版教材中力学第1章，"质点"概念引进；参考系；速度；加速度等。其他章类似情况就不在此一一列举了。

（2）突出物理图像、物理思想和物理方法教学，淡化数学处理和技术细节，尊重认识规律、教学规律，注意教材的系统性、内在逻辑性，但不追求数学严密。对于数学推导，可根据不同情况，或做粗线条处理，或直接跳过去（为了教材的系统性，便于学生参考，一些必要的数学知识或推导可放在书后的附录中），如火箭飞行原理、陀螺的定向性、长磁透镜等。

（3）发掘、开发物理教学的高品位文化功能，为提高学员科学、文化素质服务。除了前面指出的第一层次内容的教学外，为了实现物理教学的高品位文化功能，在讲授知识的同时，还应注意趣味性，在讲授科学时，注意其中的人性化特征，努力在这些看似矛盾的地方找到合适的结合点。吸取中美两种教育方式的优点和特色，互相取长补短，将教材内容的先进性、系统性、可教性、知识性和趣味性，以及理论和实践等更好地统一起来。原版编入了一些物理学家的生平趣闻轶事，以及充满哲理、启迪睿智的科学故事，体现了教材的人性化和趣味性。其中包括伽利略、牛顿、焦耳、卡诺、克劳修斯、玻尔兹曼、安培、法拉第、麦克斯韦、惠更斯、迈克尔孙、爱因斯坦、玻耳、薛定谔等，这些材料都插在正文中用小字印出，目的是使学员在紧张的逻辑思考间隙放松一下，了解一些物理学发展的历史，并受到科学精神、创新意识的熏陶。这些内容的加入是否必要或需要调整，可讨论。

（4）尽量避免艰深和复杂的数学，突出物理本质，树立鲜明的物理图像。考虑到学生的承受能力，应尽量避免艰深的数学工具。但数学对物理学的重要性是众所周知的。数学是物理学的语言和工具，能精确地表述概念，简洁、严格地表示物理规律，可靠地、深刻地揭示现象本质，很多时候都是不可替代的。书中大胆地引用三维空间张量这一工具，表述支配物理规律的对称性。引进"张量"的概念不仅是必要的，而且也是可行的。

（5）关于教学指导思想和教学方法。主张"渗透式"的教学方法，不赞成要求学生当堂消化、当堂理解的"填鸭式"教学。因为一方面限制了课堂信息量，使教学内容和学时的矛盾更加突出；另一方面也造成了学生只会接受灌输的学习方法，缺乏积极主动地自己去吸收营养、成长自己的精神和能力，造成学生知识面窄，缺乏去接受、理解不大熟悉的新东西的知识结构和主动精神。这种做法的另一后果是培养的学生会处于同一模式，不利于学生特长的发挥和优秀人才的脱颖而出。根据这种考虑，教材内容可比已限定的计划学时稍多些。

最后，还想强调以下七点格式上的要求：

1. 根据已决定的修订内容，删去原版每章后的"本章内容提要"，在新版每章前简述本章内容提要、涉及的第一层次、学习基本要求以及学习方法指导等。内容不宜太长，限制在 10～20 行内。

2. 教材每章、每节都要求具有条理性、层次感、内在逻辑性。我认为这是写文章、讲稿的一般要求，在修订中也应当遵守。例如，实验描述按原理、实验装置、实验步骤、实验结果的步骤排列，当然，实验装置与实验原理对调一下也未尝不可，其原则是具有一定条理性。

3. 要符合认识规律和教学法要求。一般要先易后难，循序渐进，前面已经交代清楚的概念、定理、结论后面才能引用；若确实需要引用到后面的内容，也要做出适当声明。

4. 概念、定理、结论要求正确、准确且没有原则性的错误，这也是编书的基本要求。拿不准的内容可多看资料，也可提出来大家讨论，必须对自己写的东西的正确性负责。

5. 要求言简意赅，语言精炼，能一句话说清的不用两句，避免不必要的重复。

6. 需要强调的要点要明确、简洁，建议用序号排列的形式。例如，原版教材中上册第 5 页关于位移，第 6 页关于速度加速度，第 21 页关于第二定律等内容，均采用了序号排列的方式。

7. 基本内容不能以自己好恶随意取舍，重大变动应集体讨论。

（2016 年 10 月）

关于修订大学物理教材的三个坚持*

　　关于"大学物理"教材的修订，最近看到几位老师修改的初稿，虽然各自都有一些好的想法和积极的建议，但可能由于过去讨论得还不太充分，关于修订的大方向我觉得还没真正统一。在这里我想重申下我的几点看法，希望经充分讨论后，能取得一致意见。我坚持的理念和思想、学术上的认识，是近三十年来参加大学物理教学、教学改革所积累的思考和经验中获得的关于大学物理教学的理念和认识。这里或许也有一种责任感和使命感，因为这些认识和经验并不都是我个人的，它是大学物理教学组多年教学改革的经验和集体智慧的结晶，我有将其传承下去的使命感，也真诚地希望国防科技大学的大学物理教学能继承曾经的辉煌，进一步发扬光大。

　　概括起来我有以下三个坚持。

　　第一个坚持就是必须对传统的大学物理教学内容进行现代化改革。

　　这在 20 世纪末就已经是共识，当时曾提出"20 世纪物理学要进入大学物理教学的主渠道"（见当时课程指导委员会副主任朱荣华主编的面向 21 世纪课程教材《基础物理学》，由高等教育出版社于 2000 年 6 月出版）。相对论、量子论、非线性是 20 世纪物理学的新进展，是对经典物理理论的进步和完善。传统的物理教学仍以 19 世纪以前的经典物理为主要内容，仅仅作为知识介绍了相对论"运动尺子收缩、运动

---

　　* 本篇是在《大学物理学》教材修订第三次讨论会上的发言稿。

时钟延缓"之类的结论，用三四个学时一带而过，量子论也仅作为一章，只给学生"开开窗户"，介绍了几个概念和量子的一些典型现象，也就十来个学时，有的甚至更少，而非线性问题几乎完全没有涉及。现在已经到了 21 世纪，再把主要内容和精力花在教授 19 世纪以前的经典物理上，这真的合适吗？

从应用角度看，当代科技如半导体微电子学、激光技术、新能源技术、量子信息技术等，几乎都是以量子物理、相对论等近代物理为基础的。基础物理教学就应当给学员构筑一个合理的、开放的、以近代物理为基础的知识背景、知识结构，为学生理解当代科技新概念、新技术和最新文献资料打下必要的基础。若只是沿袭过去的教学内容，而不做积极的现代化改革是达不到这一要求的。

如今量子通信卫星已经上天，量子计算机正接近成功，量子信息这么火爆，试问，若大学物理教学根本不涉及这一内容真的合理吗？（好在十多年前我们的原教材就已经包含了"量子信息学基础"一章）。现在网上充斥着许多似是而非的讨论，在生活中无论是退休的老同志，还是我的高中同学郑州大学的化学教授，抑或是昨天同我一起散步的一位光电学院的教授，也都与我讨论过量子信息的相关问题。我相信也会有学生关心这个问题。

从物理学本身看，尽管我们在大学物理课程前言中就告诉学生：物理学研究物质和物质运动最基本、最普遍的规律，但旧的基础物理教学内容真的包括了物理学最基本的原理和规律了吗？

例如，物理学既研究宏观对象，也研究微观对象，而经典力学只讲了宏观物体的运动规律，未涉及微观世界；物理学既研究低速、小范围，也研究高速、大范围，而经典力学只涉及前者；物理学既研究线性问题，也研究非线性问题，而经典力学把普遍存在的非线性问题理想化，只研究线性问题。所以说，如果没有量子物理、相对论以及非线性研究作为补充，经典力学最多也只涉及物质世界规律中很小的一部分，八分之一可能还不到！另外，有关经典力学内容，学生在中学就接触过，基础较好，再花我们总学时的近四分之一去研究经典力学并不合适。即使大学物理使物理概念更严格、更科学，对经典力学规律不仅有新的数学工具，还从新的高度加以总结和概括，但同样也需要改革！

有关热学部分，近年来已开始重视热力学第二定律，但如果仅限于平衡态热力学，那我们只涉及真实物质世界很少的一部分，还有大量的非平衡态问题没涉及到，尤其是远离平衡态问题，这样就无法解释极平常、极普遍的生物界和生命现象。

电磁学部分会涉及多些内容，讲了麦克斯韦方程组（包括电荷守恒定律和洛伦兹力公式），原则上可解决所有电磁学问题（最初把麦克斯韦方程组写入教材也是经过争论的，当时我们一位教授就认为太难了，坚持不能写进基础物理教材）。若不介绍麦克斯韦方程组，我们的电磁学教学也是不完整的。

我这样讲绝不是认为应该把这些近代物理内容不做区分、面面俱到地全塞进教材中，而只是强调大学物理教学内容现代化的必要性，希望能分清主次，科学地、恰当地处理大学物理教材现代化问题，尽可能在现代物理基础上给学生一个完整的物质世界图像。我们要告诉学生我们已讲内容的应用范围和局限性，还有哪些问题我们没讲到（或者物理上还没解决的），让学生了解一个真实的物理学。如果不这样做，我们的大学物理教学就是"残缺不全""缺斤少两"的，如果仍声称讲的是"物质世界最普遍的规律"就带有欺骗之嫌。

第二个坚持就是大学物理教学不应只是单纯的知识教学和技能训练，还应包含科学文化素质、科学精神的培养和训练。

传统大学物理的教学目的强调为后续专业课服务，就不可避免地沦为知识教学、技能教学，因此，大学物理教学不应当仅仅只为后续专业课服务，而是在为后续专业课打好基础的同时，还要为素质教育服务。大学物理教学在科学方法、科学思想方法以及科学世界观教育中有独特的优势和不可替代的作用。大学物理教育应当注重知识教育的同时，还要注重科学文化教育。开发大学物理教学的高品位文化功能，这是大学物理教学改革的重要方向。

我们每个人都上过大学，在大学里学过的公式、定理，做过的弹簧、小球之类的练习，有多少还能记住，有多少又还能用得上？我认为，真正有用的还是我们从中获得的物理思想、物理图像、物理概念、物理方法以及思考问题的方法和习惯。特别是建立在物理知识之上的物质观、世界观才是经常起作用的，它才是支配我们思考问题、解决问题的基础，引领我们解决问题的正确的思想方法。

有人说，"你还谈什么改革哩，现在学生就不爱学物理"。这也正好说明了我们教的内容和方法有问题，我们物理教学已经进行不下去了（不能完全排除你教得好但有些人就是不想学），这正是需要改革的理由。还有人说，你所说的两个坚持对物理专业或许是可行的，但我们大学物理的教学对象却是非物理专业的理工科或"指挥类"学员。我认为，对于物理专业学员，他们在后续专业课"电动力学"中会对相对论有更为细致的讨论，还有专业课"量子力学"等课程，而且教学学时多，即使存在内容现代化改革问题，问题也并不突出。而对于非物理专业学员，他们就这么一个"大学物理"课，学生以后极少可能再接触物理学。学时太少，改革必要性很突出，改革的难度也很大，尤其对那些以后不大可能从事物理专业工作的指挥类学员，过多地强调解题技巧、弹簧小球之类的训练更没太大必要，大学物理教学更应注重素质教育。

我承认改革有一定难度，这正是需要花气力努力克服的问题，也正是教师职责所在，同时也是发挥教师聪明才智的机会。如果以难为理由就放弃改革，那么试问改革有不难的吗？要实现更高的目标，就必须克服困难！在教学中起主导作用的是教师，如果教师本人畏难，故步自封，不去钻研其中的问题、探索解决的办法，那便是教师的失职！

第三个坚持就是坚持已有的改革经验和方法。具体就是"大学物理教学改革是一定目标、条件下的优化设计"。对教学内容采用"三个层次""一个统一""两个突出"*的处理方法，也是目前我们认识到的解决上述矛盾最好的方法。

改革，就需要顶层设计、解决具体问题的改革方法。目前已经有一些改革力度很大的教材出版，如前国家工科物理教学课程指导委员会副主任朱荣华主编的面向 21 世纪课程教材《基础物理学》，李元杰、陆果教授合编的"十五"国家规划教材《大学物理学》，赵凯华先生的《新概念物理学》等。虽然各具特色，但并不完全适合于我校。我认为他们的改革精神、思路是值得我们学习借鉴的，但改革力度太大或培养目标不同，大家可能更难于接受。

二十年前我就认真思索过大学物理教学应当如何改革的问题。我认为"大学物理教学改革是一定目标、条件下的优化设计"，就是在学生现有基础、有限学时、一定教学环境等条件下，为实现改革目标而对教学内容和方法的整体优化设计。"三个层次""一个统一""两个突出"，就是为解决上述改革中"难"的问题，而从长期思考、探索中提出的一个优化设计方法。关于"三个层次""一个统一""两个突出"的具体内容，大家已比较熟悉，上次讨论会上又做过详细的阐述，这里就不再重复。我认为这个方法符合改革精神，体现了内容现代化和素质教育的要求，符合教学规律和认识规律，较好地解决了有限学时和教学内容多的矛盾，适当考虑到了军队院校的特殊要求。原版教材基本上就是按这个方法组织编写的，此次修订，我认为在没有更好的方案提出之前应继续坚持下去。

目前关于大学物理教学改革的认识可能仍是不完善的，不排除存在更完好的方法。我多次提"发挥大家的聪明才智"的目的就是希望能有更好的、更有说服力的新方法、新主意被提出来。我相信我不是那种故步自封的人，事实也证明直到今天我还在力所能及的范围内学

---

* 有关具体内容见本书其他文章.

习、思索着一些问题。我乐意听到积极的建议，在这次教材修订中，我实际上已经尽可能地把一些有研究、有经验、在大学物理教学第一线的教员纳入进来，就是希望吸取一些好的建议。在已经做出的修订稿中，我相信已经把很好的、建设性的修改意见都保留了下来，即使少数有不同意见，我也愿意和大家单独交流。

最后我再重申这个观点："教学理念是教材的灵魂，特色和创新是教材的价值"，没有新理念、没有特色和创新的教材是没有编写必要的。

在修订新教材时再次呼吁大家都发挥聪明才智，提出更多建设性的改进意见，通过讨论和沟通，统一认识，共同努力，把我们的修订教材打造成精品！

谢谢大家！

（2017 年 12 月）

第四部分

课程建设、学科建设

应用物理专业理论物理系列课程建设*

理论物理系列课程**是应用物理各专业本科生、研究生的基础理论课。这个系列课程不仅为各专业学生提供物理理论基础，也是对学生进行科学思维方法训练、科学素质和能力培养的重要环节。理论物理系列课程的教学水平如何，对应用物理各专业本科生、研究生培养质量起重要作用。

20世纪80年代中期以来，随着市场经济的发展，社会上出现了普遍的急功近利、追求近期效益的短期行为，像理论物理这样的基础理论长线课程受到很大的冲击。物理各专业普遍存在生源不足、学生素质下降、入校后学习积极性不高的情况。应用物理是工科偏理专业，相对综合大学理论物理学时偏少；学校、系又提出要强化对学生数理基础训练和素质培养的要求，同时作为工科院校，又需要注重工程实际应用，特别是国防高科技应用。为完成这样艰巨的任务，需要克服种种不利条件，从80年代中期以来，理论物理系列课程的教学一直面临巨大的挑战。

＊ 本篇是作者为理论物理教学组写的"国防科工委优秀教学成果奖"报奖材料的一部分，文中提到的主要工作由白铭复、陈健华、李承祖、田成林等完成。该项目曾获"国防科工委优秀教学成果"一等奖。

＊＊ 理论物理系列课程包含有：本科生课程——理论力学，热力学与统计物理，电动力学，量子力学，固体物理，数学物理方法；研究生课程——高等电动力学，高等量子力学，量子电动力学，群论，原子多体理论计算，自由电子激光粒子模拟，电磁波的散射和吸收，量子统计，广义相对论，强激波物理，辐射流体力学，机电分析动力学。

十多年来，理论物理教学组（原理论物理教研室）经过不懈努力，克服了各种困难，不仅出色地完成了教学任务，取得了高水平的教学质量，而且锻炼和培养了一支作风扎实、治学严谨、教学科研并重、有较高学术水平和业务素质的教师队伍。在教学中形成了较为完善、相互配套的教学内容和教材体系；总结出一套行之有效的教学方法；采用现代化教学手段，研制出具有国内领先地位、达到国际水平的"量子力学可视化教学系统"；取得了一批有较高水平的教学、科研成果。我们的经验和做法主要体现在以下五个方面。

一、努力建立一支思想素质好、业务水平高的教师队伍

教师是教学活动的主体，建立一支有拼搏精神、业务素质好、有较高水平的教师队伍是提高教学质量的关键。为了建立这样一支队伍，我们教学组采取了以下三个方面的措施。

1. 充分发挥老教师的业务骨干作用和传帮带作用

我们教学组有几位治学严谨、业务水平很高的老教师，他们在教学组队伍建设、青年教师培养成长中发挥了关键作用。他们对青年教师既大胆放手，又热心帮助，从严要求，严格把关。新教师要经过辅导阶段，反复试讲，合格后才能走上讲台。在刚走上讲台的前一两年，老教师又常给以热情鼓励，诚恳指出不足，耐心帮助克服缺点，直到达到较高的教学水准。这叫"过教学关"。老教师求真务实、不尚空谈、严谨治学的优良传统，使新教员受到熏陶和潜移默化的感染。有些青年教员深有感触地说"我的成长实在得益于这些老教师的帮助"。现在，原来较年轻的教师已成长为教学、科研骨干和硕士、博士生指导教师，有的青年教师还在全校做研究生课程观摩示范教学。当年的青年教师现在也已取得多项教学、科研成果，成长为目前教学组的中坚和骨干。

2. 坚持教学科研并重，使教学科研互相促进，进入良性循环

我们教学组教师队伍建设的一条重要经验就是坚持教学、科研并

重，使教学、科研互相促进，进入良性循环。在青年教员过了教学关以后，教学组适时地把他们引向教学、科学研究的道路上来，既承担教学任务，又从事科学研究。随着科学技术的发展，知识更新越来越快，教学内容需要不断更新、不断拓宽，没有教学研究、科学研究，教师的业务水平就难以提高，教学内容的更新、拓宽也很难做到。反过来，科研中所有问题的解决又必须以对物理概念、基本物理理论的深刻理解和数学方法的正确应用为基础，对教学内容的深入钻研、深刻理解又会促进科研水平的提高。我们组在承担繁重教学任务的同时，每个人又不同程度地开展了教学研究和科学研究工作。

3. 开展各种类型的学术活动，造成浓厚的学术氛围，创造交流学习的机会

浓厚的学术氛围不仅为青年教员学术水平提高创造了条件，也对他们的进步、提高形成了一种无形的鞭策和压力。我们教学组经常开展各种形式、不同范围的学术活动，比如观摩教学、教学经验介绍、教学中疑难问题讨论、科研课题论证、科研中学术问题研讨、课题总结、研究生毕业论文开题报告、论文进展情况汇报、科研信息介绍、学术信息交流等。另外，还积极参加系、校、国内外有关的学术活动。组内拥有一种浓厚的学术氛围，成为青年教师成长的良好环境。青年人虚心好学，老教师也热心帮助，整个组是一个团结和睦、关系融洽、积极上进的集体。

二、积极开展教学内容改革和教材建设

随着物理学发展日新月异，新知识、新技术不断涌现，知识更新速度急剧加快，物理基础课程教学内容也需要不断更新。另外，物理学离不开数学，物理教学如何和数学教学以及学生数学水平协调；理论物理系列课程中各门课程如何协调；由于当时使用的教材大部分是国家教委推荐的通用教材，这些教材出自不同学校、不同作者，在内容上如何相互协调、配套，这些都是教学中必须解决的问题。为了解

决以上问题，我们的做法有以下三点：

一是不拘泥于通用教材的体系、内容和某些内容的处理方法，而是根据教学目的需要和教学实际，进行大胆地调整、补充和改革。可以说每个主讲教师都对自己承担的课程有新的调整、补充，而且每讲一次都会有新的改变。比如本科生的"量子力学"课程，虽然使用的是通用教材周世勋编的《量子力学教程》，但每个教师上课时都做了不同的改进，果断舍去一些思想方法大同小异或较陈旧的内容，补充了教材中没有的又较为实用的材料；对教材中的某些问题采用了新的、更简单的处理方法；在"量子力学"教学中，始终以提出问题、引入概念、形成思想、建立原理、给出数学描述、解决问题为主线展开课程教学，使教学内容主线条清晰，逻辑结构严谨，有利于启迪思想，培养训练能力。在研究生"高等量子力学""群论""量子电动力学"和本科生"电动力学"课程中，也进行了不断地调整和改革，结果已反映在我们出版的新教材《高等量子力学》（Ⅰ，Ⅱ）、《物理学中的群论方法》（上、下）和《电动力学教程》中。

二是教材建设，教材是教学指导思想、理论体系、教学内容的载体。一本好的教材既便于教师教学也便于学生学习，有利于学生预习，有利于教师增大课堂信息量，强化对学生的训练，促进素质能力培养。我们教学组一直注重教材建设，但绝不急于求成，而是采取积极稳妥的办法，水到渠成。在积极开展教学改革和摸索实践过程中，逐渐形成一批有鲜明特色的讲稿、讲义，逐渐成书。例如"高等量子力学"和"量子电动力学"的讲义，均在学校优秀教材评比中获奖，这些讲稿讲义经进一步改进、完善后才正式出版。目前正式出版的教材就有《物理学中的群论方法》（上、下）、《高等量子力学》（Ⅰ，Ⅱ）和《电动力学教程》等五本，这些教材既注重基础理论教学和训练，又注重实际应用。其中，《物理学中的群论方法》和《高等量子力学》受到国内同行专家的高度评价，分别获得学校优秀教材一等奖和中南地区优秀图书二等奖。

三是教材作为教学内容改革和教学经验的结晶，不仅对提高教学质量有重要作用，而且教材建设本身对提高教师的学术水平、教学水平、教师队伍建设也有巨大促进作用。要编出一本有一定特色且有较高水平的教材，教师本人必须对教学内容、理论体系、国内外同类教材的现状、各自特色优缺点都有比较全面、深入的了解和研究，要求教师对更大范围相关课程体系以及这个课程在体系中的地位和作用都要有大概了解，还要熟悉本学科的发展现状和进展，而要做到这些，则非要刻苦钻研、认真学习不可。所以，加强教材建设，也是促进高水平教师队伍建设的重要手段。

三、转变教学指导思想，改进教学方法

1. 改革教学方法，教学指导思想的转变是根本

我们教学组努力从传统的"应试式""封闭式"教学模式中解放出来，转变为"注重素质、能力培养的开放式教学模式"。"应试式"教学模式片面强调知识灌输，强调解题方法、解题技巧训练，并将其格式化，目的是使学生通过考试，获得高分；"封闭式"教学模式则片面强调现有理论体系形式上的完美、自洽，而回避其中的欠缺和问题，这种教学模式容易使学生思想僵化，不利于培养具有开拓精神和创造性的人才。在讲授理论方法时，还要介绍局限性、遗留问题，有目的地提出一些问题，介绍正在探索中的问题，启发学生积极思考。此外，课堂上还注意介绍一些仅需了解的，通过学生回味从中得到启迪的材料，开阔眼界，而不是仅仅讲那些要求学生"完全掌握""熟练运用"的东西。从长远来看，这对培养学生科学素质、训练能力是必要的。

2. 注重理论联系实际，注重应用

理论物理系列课程都是一些理论性强、抽象程度高、数学表述复杂的理论课程，教学过程中容易忽视的一个问题就是实际应用，尤其是在工程实际中的应用。我们教学组在系列课程改革中，在注重学生数理基础训练和科学素质培养的同时，也关注到了实际工程训练。例

如，在新编《电动力学教程》中，在不降低基本理论要求的前提下，适当增加了与工程实际应用有关的内容，如"分层介质中的电磁场和多层介质电磁波的反射和透射""柱状天线电流分布的积分方程""电磁可透入体散射的积分方程"等通常电动力学教材中很少涉及但又与工程技术有密切关系的内容。一定程度上转变了过去只重理论而轻应用的倾向。

3. 规范课堂教学主要环节

理论物理系列课程讲授是以课堂教学为主要形式进行的，因此，如何做好课堂教学就成为提高理论物理系列课程教学质量的一个关键问题。我们允许每个人在教学中有不同的教学风格和特点，但基本教学规律"由浅入深，循序渐进，富有启发性"的原则必须遵循。我们教学组经过长期的摸索、实践、总结推广组内优秀主讲教师实施课堂教学成功的经验，把课堂教学规范为以下五个基本环节：（1）深入钻研教材和有关资料；（2）认真备课，写好教案；（3）启发性地讲授；（4）采用先进教学手段，形象化教学；（5）认真负责辅导答疑。备课既要备讲课内容，也要备课堂实施方法；讲课要求层次清楚、逻辑性强，语言生动、准确流畅，富有启发性；要尽可能采用先进教学手段，增强直观性，易理解，增加课堂信息量；辅导答疑强调认真、耐心，启发式地反问。全组都十分注重这五个环节，每个人都在具体操作实现上花功夫。理论物理系列课程普遍受到学生的欢迎，每年都有几名教员获系、学校教学优秀奖。我们组有三名教师分别应邀在全系、全校做教学经验介绍和学术报告。全组还不止一次获教学优秀集体奖。

4. 讲究教学艺术

讲好课是一门艺术，掌握这门艺术对教学效果有直接影响，这是老师们的一种共识。我们组在教学活动中，经常对这门艺术不断探讨、丰富和创新。教学组老师上课之所以受学生普遍欢迎，除了教师本身业务水平较高外，与讲课艺术的发挥也有密切关系。由于教师在课堂讲授中能够寓知识性、系统性、趣味性、生动性于一体，抓住学生心理，使教师的讲授与学生的主动思维达到共鸣，真正实现启发性的教学，使学生对理论物理中许多十分抽象的概念和理论能比较轻松地接受和理解。在应用物理系本科生和研究生教学中出现这么一种现象：一些专业课，学生也要求理论物理教学组承担。

四、教学手段现代化

理论物理系列课程概念抽象、理论性强，数学表述复杂，教学难度大。传统的教学手段就是粉笔、黑板，课堂信息量受到很大限制。有些抽象的东西仅用语言很难讲清楚，学生也不易理解，教学效果也难以提高。尽可能地采用现代化的教学手段，是提高理论物理教学质量的一个重要措施。

目前教学组比较普遍地使用了投影仪、幻灯片、录像片作为辅助教学手段。把例题、图表等放到胶片上，可以一定程度地使教学内容形象化，同时增加了课堂信息量，收到较好的教学效果。如"电动力学""量子力学"课都制作了与教学内容、进度密切配合的透明胶片，教学效果有了明显的提高。

计算机辅助教学是一个有强大生命力的辅助教学手段，代表着教学手段现代化的一个重要方向。我们组与某系合作研制了"量子力学可视化系统"，该系统的彩色图解量子力学软件包包含 13 组量子力学状态和过程、百余幅彩图（屏幕显示）和 20 分钟的录像配音。这个系统已在本校和湖南大学"量子力学"和"原子物理学"课程教学中采用，取得了很好的效果。该系统经查新和鉴定，认为"该项目具有新颖性"，"在量子力学可视化方面处于国内领先地位"，"达到了国际水平"。

五、丰硕的成果

1. 教学质量高

理论物理系列课程教学质量普遍较高，每个课程都得到学生不同程度的好评。如有学生反映"听高等量子力学课程是一种享受"。有些专业的研究生向系反映，要求理论物理教学组教员去上他们的专业课。每年教学评估，理论物理系列课程多为 A 类，没有低于 B 类的课程。每年都有一批本科生以较好的成绩考上硕士研究生（考试科目多和理论物理系列课程有关）。有些已踏入社会工作的学生来信反映"从某某课程中受益匪浅"，这些课程多属于理论物理系列课程。

2. 研究生培养成绩突出

我们组除承担应用物理本科生基础理论课外，还参与硕士、博士研究生培养工作，共为硕士研究生开出九门基础理论课程。其中，"高等量子力学"是校级研究生重点课程。为博士研究生开出三门课程，学科方向跨军用光学和原子分子物理两个学科点。先后有五位教师被聘为硕士研究生指导教师，有两人被聘为博士研究生指导教师，有两人获得研究生优秀导师奖。先后共招收研究生十六名，已毕业十二名。其中，有些硕士研究生毕业后直接考取了博士研究生。现在大多数已在工作岗位上发挥作用，甚至有些已成为技术骨干。

3. 多人立功受奖

由于教学成绩突出，我们教学组每年都有多人获校、系本科生或研究生教学优秀奖。全组曾不止一次获集体教学优秀奖，本年度又被推荐获校级集体教学优秀奖。

（1996 年 5 月）

关于量子计算和量子计算机的调研报告

在学校科研部和应用物理系领导直接关心和支持下，最近一段时间，我们就量子计算和量子计算机研究进行了较为广泛的调研。现在就这一领域的研究情况，关于一些问题的看法，以及对今后学校开展这一课题研究的一些设想报告如下，不当之处请各位批评指正。

一、历史

量子计算和量子计算机的概念起源于著名物理学家 Richard Feynman。1982 年，Feynman 在研究量子系统演化的计算机模拟时，首先引进了量子计算的思想。

1985 年，在 Feynman 的另一篇文章中，他尝试从设计系统的哈密顿量和演化算子出发，利用量子力学的相互作用构造量子计算机的逻辑部件。1985 年，英国牛津大学 Divid Deutsch 更具体地描述了物理上可能实现的量子计算机模型，并预言使用量子力学过程执行计算的量子计算机在执行某些类型的计算时，可能比经典图灵机更有效。Deutsch 实际上已开展了现在意义上的量子计算机研究。但在此后一个较长的时间内，量子计算和量子计算机研究一直局限在对量子力学解释、信息物理、算法复杂性理论等感兴趣的少数人当中，研究的动力很大程度上出于好奇心和学术上的兴趣。

量子计算和量子计算机研究的突然性变化发生在 1994 年。美国 AT&T 公司 Bell 实验室的研究者 P. Shor 发现了分解大数质因子的有效算法，根据这一算法可以在输入数字位数多项式时间内分解一个大数的质因子（在经典计算机上，分解大数的质因子需要的时间随输入数位数指数增加），但这一算法只能利用特征量子现象，在量子计算机上执行。这一发现一方面显示了量子计算机的潜在能力，另一方面也动摇了现代密码学的基础。例如，最流行的以其发明者名字首字母命名的 RSA 公开钥密码系统就建立在分解大数质因子是超出经典计算机能力的假设上。因此，Shor 的发现引起与此密钥有关的政府部门、公司经理、银行家的关心。量子计算和量子计算机的研究开始从最初学术上感兴趣的对象，变成对计算机科学、密码技术、国家安全和商业应用都有潜在重大影响的研究领域。

1994 年以后，量子计算和量子计算机研究出现了迅猛发展的势头，研究小组遍布世界许多地区，研究领域包括量子物理学，物理学和计算关系，计算机系统结构，量子算法设计和计算复杂性理论，具体问题的量子算法研究，量子计算机的物理实现的理论和实验研究，量子计算机的逻辑线路和物理实现，量子计算机纠错和容错，量子密码学，量子通信理论和实现技术等许多方面。量子计算机的潜在能力和超出经典计算机的优势在不断被分析和认识，不同问题的量子算法正在探索，量子计算机的基本逻辑部件设计被不断提出，实现量子计算机的新技术正加紧研究，许多人相信量子计算机的出现只是时间问题，有些人乐观估计并不需要一二十年，可能就是几年内的事。但也有些人指出量子计算机的实现还存在根本性的困难，悲观的看法认为这些困难是不可克服的，最终关于量子计算机的任何构想可能都是徒劳。

我们则认为既不用过于乐观，也不必太悲观。既要看到在实际实现量子计算中面临的许多重大困难，也要看到技术进步的力量。已经有人把今天量子计算机面临的情况和 20 世纪 40 年代初电子计算机面临的问题做了比较，可能就像当年有些人怀疑经典计算机一样，今天对量子计算的怀疑可能也会被证明是错误的。即使不考虑上述情况，仍应看到现在关于量子计算和量子计算机研究的许多问题在量子物理学和计算机科学中也有重大科学价值和深远影响。我们认为学校开展量子计算和量子计算机研究是非常必要的。

二、量子计算机原理和实现中的困难

尽管计算机科学的先驱者 Turing，Church，Post 和 Gödel 等仅通过直觉就建立了经典计算理论，并认为这些理论基础是数学的、纯粹抽象的、不言自明的，但经典计算机理论和物理实现都和物理学有密不可分的联系。信息存储、传输和处理都是通过物理手段进行的。计算过程本质上是物理系统的状态随时间按算法规定的指令演化的过程。但是对于经典计算机，我们假定这些物理过程服从经典物理的规律。世界本质上是量子的，原则上量子力学规律不仅支配微观世界，也支持着宏观世界，经典物理规律实质上只是量子力学规律在宏观条件下的近似。经典计算机先驱者关于计算机的理论和逻辑思考都是自觉或不自觉地建立在经典物理概念基础上的。

随着微电子技术的发展，大规模集成电路集成度不断提高，计算机的一个逻辑元件将很快接近原子尺度。在原子尺度上，经典物理规律已完全失效，必须考虑量子力学效应，从这个意义上说，量子计算机的研究有其必然性。但是量子计算机绝不仅仅只是经典计算机的小型化，它是与经典计算机本质上不同的、全新类型的计算机。量子计算机是用量子力学态编码信息，按照量子力学规律，根据特征量子现象，如量子干涉、量子关联（后来译为"纠缠"），执行计算任务的机器。量子计算机输入的不是一个经典物理态，而是许多经典上不同态的相干叠加态，并按照问题算法规定的指令，连续地演化这个态，直到得到对应输出态，最后通过对输出态的测量得到计算结果。所以，量子计算机的计算过程实际上是一个连续的么正演化序列，同时改变处于叠加态中的每个经典元素，从而在同一块量子硬件上执行大规模的并行计算，量子计算机之所以可以有效地解决一些据信对经典计算机都难以处理的问题，其神奇的计算能力就源于此。

量子计算需要制备、操控、相干演化并测量量子态。但物理系统的量子叠加态是极为脆弱的，由于和环境（这里环境指所有不为计算需要的外部和内部环境）相互作用将引起所谓"脱散"（即之后的术语"消相干"），叠加态衰变为普通的经典态，使编码在量子态中的信息丢失。实现量子计算机的任务就是能找到一个物理系统，这个系统有足够大的 Hilbert 空间编码量子信息，同时为了能有控制地演化编码态，要求其能被外部环境影响，但同环境的耦合还没有强到使量子态的干涉迅速瓦解的程度。已经提出的量子系统包括囚禁离子、量子点、腔量子电动力学系统等。有人认为核磁共振技术操控的核自旋，可能有希望成为这样的系统。一个量子位干涉维持的典型时间至今最好的结果是 10^{-4} 秒，而这个时间还随包含的量子位数目的增加而指数性减小。另外，执行量子计算还必须对这些量子位进行逻辑操作，执行一个操作所需要的时间也取决于量子位的物理介质类型和操作条件，而且已经肯定，那些能实现快速动作的物理介质往往有着很短的相干保持时间，既是能对操作快速响应的物理系统，也是容易和环境耦合的物理系统。总之，在实际造出量子计算机之前，还有许多困难需要克服。当前一般目标不是造出一个实用的量子计算机，而是在实验室中演示如何制备、操控、演化小的量子系统，积累经验，摸索规律，近期目标是造出能执行特殊、有限任务的量子计算机，例如，能执行小数质因子分解的 Shor 算法计算机。

三、研究意义

1. 量子计算和量子计算机研究有重大学术价值和科学意义

量子概念产生于 20 世纪初，而量子力学的系统理论则完成于 20 世纪 20 年代，量子力学已被公认为物理学最成功的理论之一。它解释了原子光谱，原子结构，核结构，放射性，核反应，固体的结构和电性质、热性质，物质超导电性，基本粒子的产生和湮灭，反物质等重大基础理论问题。量子力学还是许多现代技术的理论基础，如电子显微镜、微电子学技术、激光技术等。如今量子力学以史无前例的精细程度，正确地描绘着物质世界。量子力学诞生六十多年来，人们还从未发现过量子理论失败的实验事实。

与量子理论成功形成鲜明对照的是关于量子力学基础的理解始终存在着争论。这些争论实质是关于"量子力学是物质世界的真实描写，还是只是我们关于外部世界知识的一个数学体系？"或者说"外在的世界是独立于我们关于它的知识之外，还是无法摆脱地与我们对它的感知纠缠在一起？"这涉及人们关于物质世界的一系列根本观点。

如果说以前我们只是观察认识到量子现象，以量子力学为基础的新技术也仅是利用了量子规律的话，那么量子计算和量子计算机则与之不同，量子计算和量子计算机不仅是利用量子现象，而且是操纵、控制量子现象。量子计算机的研究也是检验人类能在多大程度上控制、模拟自然界。量子计算机的实现，无疑会加深人们对量子力学本质的理解，对澄清和理解许多科学、哲学上的根本问题都有重大意义。因此，研究量子计算机的科学意义和学术价值是显而易见的。

2. 量子计算和量子计算机研究有巨大潜在应用价值

Shor 提出的第一个量子算法已经动摇当代保密手段依赖的基础，已引起对国家安全观念的变化，它的潜在商业价值已引起像 IBM 等大公司的关注。量子计算机由于本质上是高度并行计算，它对现代计算机科学理论、系统结构、算法设计、可计算理论、计算复杂性理论等都会产生重大影响。原则上以量子硬件实现高度（实际上可认为不受限制）并行计算，这必定大大节约计算机空间和时间资源，把计算机能力、计算速度提高到前所未有的程度，可能产生的经济效益、社会效益是现在难以估量的。量子保密手段，可以把保密原理置于物理规律基础之上，实现原则上的绝对保密。量子通信手段可大幅度提高通信能力，应用前景和经济效益也是不可估量的。

3. 开展量子计算和量子计算机研究可以促进我校理科建设，把我校基础理论研究提高到一个新的水平

量子计算和量子计算机是物理学、计算机科学的交叉学科。其内容涉及量子物理学和计算机科学、技术的各个方面。我们学校在量子物理学基础理论、计算机科学和技术方面都有较为深厚的基础，具有一定的综合优势。量子计算和量子计算机从提出到现在也就十多年，大量研究工作的开展也就近几年，因此，可以说是一个全新的研究领域。国内目前认真开展这一领域研究的只有少数几个单位，并且都刚刚起步，这对我校发挥优势，加强理科建设，提高基础研究水平，开展有我校特色的基础研究是一个难得的机遇。对于那些传统的研究领域，由于历史的原因，我们在经验积累、技术力量储备等方面都存在较大的差距，唯有在这种刚刚起步大家都很陌生的领域里，我们才真正同他们处于同一起跑线上。如果我们以此为契机，精心组织、认真工作，那么量子计算和量子计算机研究有可能成为我校特色的基础研究领域，在国内、国际上都能争得一席之地。

4. 量子计算和量子计算机研究有可能成为培养理科人才的基地

量子计算和量子计算机研究属于基础研究或应用基础研究。该研究项目涉及许多重要基础学科，如计算机体系结构、理论计算机科学、算法设计、可计算性理论、计算复杂性理论，还涉及理论物理学、量子系统演化、量子测量、量子脱散，特别是量子计算机物理实现研究，目前已经涉及几乎物理学前沿的所有学科。而从事这样研究最合适的人选当是中青年人。年龄大的专业物理或专业计算机人员，虽然专业知识渊博，但通常缺乏跨行业的其他专业知识，且往往思想偏于保守，创造性不足。量子计算和量子计算机研究是具有物理、计算机专业博士、硕士学位，年龄三十岁左右，有良好外语能力，有好奇心、进取心的青年人的事业，这个领域是他们驰骋、拼搏、施展才华的好战场。开展这一领域的研究有可能锻炼、造就一批高水平的基础研究人才，这一研究有可能成为我校培养理科人才的一个基地。

5. 量子计算和量子计算机研究有强烈的实用背景，容易使基础理论研究和实际应用密切结合

长期以来，基础理论研究之所以不被社会重视，就是因为应用背景不明显，看不到实际的使用价值和应用前景，研究者也因看不到前景而不愿为之努力。量子计算和量子计算机的研究没有这样的缺点，它的潜在应用价值十分明显。此外，量子计算和量子计算机研究本身就包含理论研究和实验研究两个方面，研究本身就需要理论和实验相结合。如果说长期从事基础理论研究的人苦于找不到一个既能发挥自己在基础理论研究中的优势，又能密切与实际联系的方向的话，那么，现在量子计算和量子计算机这个课题的研究就是最合适的一个了。

因此，扎扎实实地开展这一课题的研究，不仅有重大学术意义和不可估量的潜在应用价值，而且对我校理科建设也有促进作用，能把我校基础理论和应用研究提高到一个新的水平，并经过一段时间的努力，成为我校基础理论研究具有特色的一个领域。

四、研究目标、计划和措施

初步研究计划和目标可以分为三个阶段。

第一阶段：1997 年 7—12 月，目标是继续广泛调研，阅读文献资料，摸清该领域研究现状、关键问题和动态。

第二阶段：1998 年 1—12 月，结合我校实际情况和优势，分专题进行深入研究，制订具体的研究目标规划，并启动实施，争取有初步成果。

第三阶段：自 1999 年 1 月开始，更深入地开展专题研究，形成有特色的研究方向，筹备、建设实验室，开展某些方面的实验研究，努力在国内、国际上争得一席之地，在某些领域拥有一定发言权。

措施：

（1）立即组建 5~7 人，其中包括量子物理、计算机科学、材料化学、电子技术专业人员，老中青搭配，建立一支有进取心和奉献精神的研究队伍，做到组织落实，资金落实。

（2）队伍组建后，立即开展定期、不定期的学术交流，充分发挥学术民主，调动参加人员的积极性，依靠群体优势，开展研究。

（3）积极开展校外以及国际学术交流，一方面密切关注国内、国外研究进展和动态，另一方面开展校内有关研究内容的学术交流，形成浓厚的研究氛围，形成影响，吸引更多的人参与进来，为更深入地开展研究创造条件。

我们相信有学校的支持，通过大家努力，经过不懈地、扎扎实实地工作，完全可以达到预期的目标。

（1997 年 7 月）

量子信息学科建设论证报告*

一、什么是量子信息学

量子信息学是以量子物理学为基础，融入经典信息论和计算机科学而形成的一门新兴交叉学科。

众所周知，信息存储、传输和信息处理都必须首先用物理系统的状态（即专业术语"编码"）表示信息，所以从物理观点看，信息存储实质上是用称为"存储器"的物理系统的内部状态表示信息，并把表示信息的物理态固化在其中；信息传输实际传输的是编码有信息的物理态；信息处理则是用被称为计算机的物理系统的内部状态表示信息，并按算法要求演化这些态；信息输出是通过对计算（演化）末态的测量提取出计算结果。物理系统的状态在经典物理中是用经典方法描述的，称为经典态；经典信息是以经典物理态表示信息为基础的。在量子物理中，由于研究对象涉及原子、电子、光子等微观粒子，其运动状态必须用波函数描述。当使用量子态表示（编码）信息时，就为量子信息。量子信息学就是研究用量子力学态编码信息，并根据量子力学规律进行信息存储、信息传输、信息处理的科学[1]。

由于量子态不同于经典物理态，具有相干叠加和没有经典类比的纠缠现象，因此，用量子态编码信息就具有一些经典信息不可比拟的、

* 此篇是作者代表课题组为"开展新兴交叉学科——量子信息学科建设"写的论证报告。

新的信息功能。例如，现在已经知道的在通信中的"超密编码"[2-3]、"隐形传态"[4]、绝对安全的量子密钥[5-8]、在计算中无限制的大规模并行计算[9-10]等。开发和应用量子信息的新功能就是量子信息学研究的基本任务。

二、量子信息学科建设的意义

1. 量子信息学科建设对国防建设、国家安全有重大意义

量子密钥、量子通信和量子计算技术具有重大潜在的军事应用价值。经典密钥以某些数学难解问题为基础，经典密钥的安全性就建立在某些数学问题对于现代计算机来说也是"难解问题"的基础上。随着计算技术的进步，这种密钥的安全性正受到越来越大的威胁。1994年，Shor 提出的第一个量子算法[11]已经动摇了当代广泛使用的 RSA 密钥系统[12]的基础。而量子密钥把密钥的不可破译性建立在物理规律基础上，可以实现经典密钥不可能实现的绝对安全性。近几年来，量子信息学理论研究的深入和某些实验上的突破，使该领域已经成为可能对通信技术、计算机科学、国家安全、金融商业安全运行都有潜在重大影响的领域，正在引起世界上美英等主要国家政府、军队、银行部门的高度关注。如英国国防部、欧盟委员会、美国海军实验室等都投入了大量资金、人力开展这一领域的研究。特别是量子密钥实验进展迅速，已逼近实用阶段。对于该领域的研究，我们如果不能及时赶上，则可能会在未来的军事斗争中处于被动挨打的局面。我校作为国家重点大学，在发展军事高科技中负有特殊使命，开展量子信息学领域的研究对于我国的国防建设、国家安全具有重大意义。

2. 量子信息技术有重大潜在商业价值和经济效益

随着大规模集成电路技术的进步，芯片集成度越来越高，一个逻辑部件正在接近几个原子量级，从而使量子效应开始起作用；一个不可逆逻辑操作耗能也在接近热力学极限的 kT 量级，现有计算机的发展将很快逼近其物理极限。量子计算机将是下一代计算机的一个重要方

向。另外，由于量子计算机使用量子力学原理进行计算，原则上在一块量子硬件上可以实现高度并行的量子计算，大大节约计算机空间和时间资源，把现有计算机能力、速度提高到经典计算机无法比拟的程度。因此，量子计算和量子信息技术可能产生的经济效益、商业价值是现在难以估量的。

3. 量子信息学研究有重大学术价值和科学意义

量子论产生于 20 世纪初，而量子力学理论完成于 20 世纪 30 年代。量子力学已被公认为是物理学最成功的理论之一，它促进了许多高新技术部门和新兴产业的出现，但有关量子力学的许多基本问题仍存在争论。这些争论涉及人们关于物质世界的一系列根本看法。如果说以前人们只是认识量子现象，利用量子现象解释自然界，那么量子信息和量子计算研究则要求人们制造、控制量子现象，检验人们在多大程度上可以控制、模拟自然界。现在对量子信息的研究已经大大加深了人们关于纠缠现象、量子态演化、量子测量等量子力学基本问题的认识。此外，量子信息学要求重新审视信道容量、Shannon 编码定理、经典计算机科学中的可计算性、算法复杂性理论等经典信息论的基本问题，对这些问题进行深入研究，必将促进信息科学的进一步发展。所以，量子信息研究的学术价值和科学意义是显而易见的。

4. 量子信息学研究将推动我校物理学科建设，促进基础研究水平的提高

必须看到，应用量子力学理论探索微观世界规律是当代物理学发展的主流。一方面是因为宏观现象遵从的经典物理规律，已经过长达千年的研究探索，到 19 世纪末就已经被了解得比较清楚了。而物理学研究深入微观领域还不到百年，量子力学理论创立至今才几十年，微观领域的大量现象、规律仍有待认识。另一方面是因为近代物理的新进展、新发现绝大部分都和量子力学有关。有人曾做过统计：在 1901—2000 年间，诺贝尔物理学颁奖 95 次，其中 55 次直接和量子有关；自然科学权威杂志《自然》在其 20 世纪末的百年庆典中，评选了

21 篇有重大影响的论文，其中与量子力学有关的就有 14 篇。有关量子物理研究造就了半导体、激光、新能源技术等现代技术，更是世人皆知的事实。

当代物理学发展的另一个主流方向是向极端条件下的物理学以及量子物理学向其他学科渗透形成的新兴交叉学科发展。高温、高压物理，等离子体物理，低温物理等就是极端条件下物理学的例子；至于量子物理学向其他学科的渗透，几乎所有的经典自然科学学科加上"量子"都能构成新兴学科，如量子光学、量子电动力学、量子电子学、量子化学、量子生物学等。量子信息学则是这一类交叉学科的典型代表。

目前，我校物理专业的设置由于历史原因，专业面窄，缺乏活力，研究主方向没有进入物理学发展主流。这种情况与我们建设世界一流大学的长远目标不相适应。由于量子信息学的物理实现与原子分子光物理学、低温物理学、量子光学、量子电子学、凝聚态物理和材料科学、光电子技术等一大批物理前沿学科有着密切的关系，量子信息学学科建设必将带动以量子物理为中心的一大批物理学前沿相关学科群的发展，对促进我校物理学科专业的现代化改造，增加其活力和发展后劲，使研究主方向进入物理学科发展主流有重要作用。同时，对于加强我校理科建设，提高基础研究水平，建设与一流大学相称的物理学科和相关学科群同样有重要意义。

三、主要科学技术问题 国内外研究现状和发展趋势

1. 量子信息学涉及的主要科学技术问题

量子信息学涉及的科学技术问题首先是量子物理本身。由于量子信息学使用"量子态"编码信息，进行信息存储、信息传输和信息处理，这就涉及不同量子态的制备、量子态的相干保持和量子态消相干理论、量子测量理论。特别是量子态不同于经典物理态，最根本的特征就是存在量子纠缠现象[13-14]——相互作用过的两个量子系统存在着

不可分割的非局域的联系，虽然每一部分都对某个物理量没有确定值，但两部分分别测量这个物理量，其结果之间却存在经典上无法解释的相关性。这种相关性是一种有用的"信息资源"，量子信息的功能不同于经典信息几乎概出于对"量子纠缠"这种资源的开发和应用。一定程度上可以说：如果没有量子纠缠现象，也就没有量子信息学。对量子纠缠的性质、度量、纠缠提纯、纠缠转换等问题的研究一直是量子信息学研究的热点。这些问题本身也是量子物理学理论的基本问题。

量子位（qubit）是一个双态量子系统，它是量子信息的最基本单位。量子信息的物理实现首先就是寻找具有特殊性质的双态量子系统——易于在其中制备所需要的量子态；量子态在其中能较长时间相干保持；不同量子位间存在必要的相互作用，以便实现需要的量子通用逻辑门组运算；量子位应易于测量，以便提取出需要的信息。目前已提出的量子位物理实现有冷原子、离子、核自旋、腔QED、量子点以及线性光学等系统，这些系统在性质上都存在不令人满意的地方，特别是在便于集成化方面存在严重的困难。

基本的量子逻辑门运算是量子计算机最基本的逻辑操作。正像经典计算可以把任意复杂的计算归结为基本逻辑门组操作一样，量子信息处理也可归结为由两位控制非门和一位任意转动门构成的通用逻辑门组[15-17]。目前已提出几个实现这些量子基本逻辑门组的理论方案，且有些已经在物理上得以实现。但在易于实现、易于操作以及规模化上仍存在不同程度的困难。

量子信息学的物理实现，涉及一大批物理学前沿学科和现代技术。目前已提出的实现方案，已经涉及利用激光和非线性晶体相互作用产生纠缠光子对[18]；利用激光制冷囚禁原子或离子[19-20]；用半导体二极管激光器获得低功率红波段和近红波段单光子[21]；用光学器件和光学装置控制、操纵光子态；用激光和原子相互作用控制原子态的演化；用原子和光子的相互作用实现光子态的中继传输；用包括玻色-爱因斯坦凝聚、约瑟夫森结等宏观和准宏观系统实现量子信息处理；高精度时间测量；高精度光学测量等，这些几乎涉及现代物理前沿领域和技术的各个方面。

量子信息学吸收了经典信息论、计算机科学的一些概念、原理，是经典通信向量子通信，经典计算向量子计算的发展。量子信息学本身也存在大量的问题需要解决。如：新的量子算法的研究；量子系统量子计算机模拟算法的研究；量子纠错码和纠错、容错计算的研究；新的算法复杂性理论；量子信道容量和通信复杂度的研究等。

2. 国内外研究现状和发展趋势

最早的量子密钥方案产生于 1984 年[22]。量子计算机的概念由物理学家 Feynman 在 1982—1985 年提出[23]，并由 Deutsch （1985—1989）进一步具体化[24]。直到 Shor （1994 年）发现分解大数质因子的量子算法[11]，量子信息和量子计算的研究才受到了各方面的关注并有了迅猛的发展。20 世纪 90 年代中后期量子信息和量子计算的研究成为世界范围的研究热点，在理论研究和实验技术上都不断取得新的突破。1995—1997 年建立了系统的量子纠错码理论和容错计算方法[25-26]。到 1997 年，已有实验实现量子隐形传态的报道[27]，包含几个量子位的小型量子信息处理器已在实验室试验成功。2000 年 3 月，美国国家标准与技术研究所在光腔离子阱中成功地实现了 4 个量子位的逻辑门运算。2002 年 1 月又有报道称美国斯坦福大学用核磁共振量子计算机已成功分解了数 15 的质因子[28]。在量子通信方面，目前量子密钥已成功地在光纤中传送 48 千米[29]，在自由空间中传送超过 1 千米[30]。这些演示性试验表明量子密钥正走向实用。由于量子密钥可以实现绝对安全的保密通信，美国以军方为主体制定了量子信息技术发展规划，打算在 5 ~ 10 年内实现量子远程通信网络。欧洲、日本、加拿大等国家均已启动若干重大项目。

国家科委 1998 年在香山召开了以量子信息为内容的第 98 次香山会议，对量子信息研究的发展方向和可能影响进行了评估。1999 年，中国高科技中心在北京主办了"纠缠态和量子信息"的研讨会，同年 8

月，国家自然科学基金委又主持召开了旨在把量子信息研究列入"十五"发展规划的论证会，初步拟定了我国量子信息技术的发展方向和发展战略。

中国科技大学率先开展了量子信息学理论和实验研究，在量子纠错、量子概率克隆等方面做出了高水平的成果，并在中科院支持下，创建了国内第一个量子信息学实验室。中科院物理所较早地开展了量子保密通信的实验研究，武汉物理所、清华大学、北京大学、山西大学等单位都开展了量子通信和量子计算方面的实验研究。2001 年 9 月，中国科学院通过了"量子通信技术研究"知识创新性项目论证报告，由中国科技大学牵头，科学院六所参加，投资近 2 千万元。2001 年 11 月在合肥通过了由中国科技大学量子信息实验室升级建设科学院重点实验室的论证报告。2002 年 1 月以中国科技大学为首的国家"973"项目"量子通信与量子信息技术"正式启动。

四、建设思路、内容和措施

1. 建设思路

建立"量子信息技术研究实验室"。采取分期建设，逐步展开、完善；突出重点，有所为有所不为；看准方向，采取"快出成果的先上"的策略，立即着手建立"量子信息技术研究实验室"。

"十五"期间的建设总目标是：初步建成国内知名、具有国防研究特色的量子信息实验研究室；能进行量子通信及相关量子物理领域某些基础性问题的研究，能支持相关物理前沿和尖端技术研究；在某些方面达到国内先进水平。

2. 建设内容

量子通信是量子信息学最接近实用化，有可能最快应用于军事斗争的技术。我们可选择"量子保密通信技术研究"作为该项目建设的突破点。

近期建设的具体目标是：建成有一定规模的量子信息学实验室，

能开展量子保密通信的初步研究；组织精干、事业性强、能刻苦攻关，以年轻硕士、博士为主体的研究队伍。另外，还能逐步开展以下的内容的研究：

第一，初步实现能演示基于不对易可观测量、光纤传输、相位编码的单光子密钥分配系统，这是量子信息最为成熟、最接近实用化的部分。这类实验的目标是演示现象，锻炼队伍。

第二，完善上述基于单光子的密钥分配系统，提高码率、传输距离，降低误码率，研究系统化、实用化技术；在实验室产生纠缠光子对，能演示以能量－时间纠缠为基础的量子密钥方案；为后续量子保密通信网络研究做好技术储备，同时积极探索新的实现方案和技术。

第三，研究以纠缠为基础的量子密钥实用化技术、网络化技术；同时建设实验室支持量子信息其他问题、某些量子物理及相关技术前沿问题的研究。

在人才培养方面，这一期间，培养造就了一批硕士、博士研究生以及在该领域有较高水平的科研队伍，并造就了几个国内有较高知名度的该领域的专家，争取该领域在学界具有一定知名度。

3. 建设措施

（1）量子信息学研究需要一批精力充沛、有好奇心和进取精神的年轻硕士、博士参加，这个充满创造机会的新领域，是他们驰骋、拼搏、施展才华的好场地。对年轻人的培养，应以岗位练兵为主，开展积极的学术研讨、学术交流活动，造就浓厚的学术氛围，以及年轻人成长、脱颖而出的环境。尽快建立一支有奉献精神、高效、精干的研究队伍。

（2）积极开展国内外广泛的学术交流，和中国科技大学等国内有关单位建立更密切的合作关系；有针对性地实施国内培训、出国学习、考察，进行人才交流和培训。

（3）聘请校内外专家，参与项目的论证和咨询，积极开展智力引进。

（4）制定严格的规章制度，加强内部管理。实行岗位责任制，聘任上岗，目标管理；采取优胜劣汰的激励机制；实行学术民主，不搞论资排辈。

（5）和省"原子分子物理重点学科点建设"以及"新兴学科建设"等其他相关项目结合，多方位筹措资金；和校"测试计量中心"公共服务体系建设结合，解决经费不足的问题。

参考文献

［1］ 李承祖,黄明球,陈平形,等.量子通信和量子计算.长沙:国防科技大学出版社,2000.

［2］ BENNETT C H, WIESNER S J. Communication via one-and two-particle operators on Einstein-Podolsky-Rosen states. Physical Review Letters,1992,69(20):2881 – 2884.

［3］ BARENCO A J, EKERT A K. Dense coding based on quantum entanglement. Journal of Modern Optics ,1995,42(6):1253 – 1259.

［4］ BENNETT C H,BRASSARD G, CRÉPEAU C,et al. Teleporting an unknown quantum state via dual classical and Einstein-Podolsky-Rosen channels[J]. Physical Review Letters,1993, 70(13):1895 – 1899.

［5］ BENNETT C H. Quantum cryptography:Uncertainty in the service of privacy. Science,1992, 257(7):752 – 753.

［6］ BENNETT C H, BESSETTE F, Brassard G, et al. , Experimental quantum cryptography. Journal of Cryptology,1992,5(1):3 – 28.

［7］ BENNETT C H,BRASSARD G,MERMIN N D,et al. Quantum cryptography without Bell's theorem. Physical Review Letters,1992,68(5):557 – 559.

［8］ EKERT A K. Quantum cryptography baced on Bell theorem. Physical Review Letters,1991, 67: 661 – 663.

［9］ SIMON D R. On the power of quantum computation. In Proceeding of the 35th IEEE Symposium on Foundations of Computer Science,1994: 116 – 123.

［10］ EKERTA K,JOZSA R. Quantum computation and Shor's factoring algorithm[J]. Review of Modern Physics,1996,68(3):733 – 753.

［11］ SHOR P W. Algorithms for quantum computation:discrete logarithms and factoring. In Proceeding of the 35th Annual Symposium on Foundations of Computer Science,1994:124 – 134.

[12]   RIVEST R L, SHAMIR A, ADLEMAN L. A method for obtaining digital signatures and public-key cryptosystems. Communications of the ACM, 1978, 21(2):120 - 126. .

[13]   EINSTEIN A, PODOLSKY B, ROSEN N. Can quantum-mechanical description of physical reality be considered complete? [J]. Physical Review, 1935, 47(10):696 - 702.

[14]   ASPECT A, GRANGIER P. Experimental test of Bell's inequalities using time-varying analyzers. Physical Review Letters, 1982, (49)25:1804 - 1807.

[15]   DIVINCENZO D P. Two-bit gates are universal for quantum computation. Physical Review A, 1995, 51(2):1015 - 1022.

[16]   BARENCO A. A universal two-bit gate for quantum computation [J]. Proceedings Mathematical & Physical Sciences, 1995, 449(1937):679 - 683.

[17]   BARENCO A, BENNETT C H, CLEVE R, et al. Elementary gates for quantum computation. Physical Review A, 1995, 52(5):3457 - 3467.

[18]   STREKALOV D V, SERGIENKO A V, KLYSHKO D N, et al. Observation of Two-Photon "Ghost" Interference and Diffraction. Physical Review Letters, 1995, 74(18):3600 - 3603.

[19]   CIRAC J I, ZOLLER P. Quantum computations with cold trapped ions. Physical Review Letters, 1995, 74(20):4091.

[20]   STEANE A. The ion trap quantum information processor[J]. Applied Physics B, 1997, 64 (6):623 - 643.

[21]   BRENDEL J, GISIN N, TITTEL W, et al. Pulsed energy-time entangled twin-photon source for quantum communication. Physical Review Letters, 1999(82):2594 - 2597.

[22]   BENNETT C H, BRASSARD G. Quantum cryptrography: Public key distribution and coin tossing. In Proceeding of IEEE International Conference on Computers Systems and Signal Processing, Bangalore, India, 1984:175 - 179.

[23]   FEYNMAN R P, Simulating physics with computers. International Journal of Theoretical Physics, 1982(21):467 - 488.

[24]   DEUTSCH D. Quantum theory, the church-turing principle and the universal quantum computer. Proceedings of the Royal Society A, 1985.

[25]   GOTTESMAN D. Stabilizer codes and quantum error correction. Phd thesis California Institute of Technology, 1997.

[26]   CALDERBANK A R, RAINS E M, SHOR P W, et al. Quantum error correction and orthogonal geometry. Physical Review Letters, 1997, 78(3):405 - 408.

[27]   BOUWMEESTER D, PAN J-W, MATTLE K, et al. Experimental quantum teleportation.

Nature,1997(390):575 – 579.

[28] VANDERSYPEN L,STEFFEN M,BREYTA G,et al. Experimental realization of Shor's quantum factoring algorithm using nuclear magnetic resonance. Nature,2001(414):883 – 887.

[29] HUGHES R J,LUTHER G G,MORGAN G L,et al,Quantum cryptography over underground optical fibres. In Proceeding of 16th Annual International Cryptology Conference,1996:329 – 342.

[30] BUTTLER W T,HUGHES R J,KWIAT P G,et al. Practical free-space quantum key distribution over 1 km. Physical Review Letters,1998,81(15):3283 – 3286.

[31] 中国科技大学,中国科学院重点实验室申请书"量子信息重点实验室",2001.11（内部交流材料）

（2002 年 6 月）

量子保密通信技术项目研究论证报告[*]

通信的保密性于国家安全、军事斗争的重要性众所周知。

一、经典保密通信模型

保密通信系统的基本组成单元，可以用下图表示。

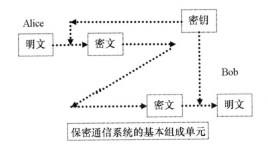

保密通信系统的基本组成单元

为了实现保密通信，必须首先产生通信双方共享的随机二进制位串，称为密钥。信息发送者（文献中称为 Alice）把需要传送的消息数字化（编码）为二进制数串，称为明文。明文用密钥加密后称为密文，发送者把密文通过公开信道发送出去。接收者（文献中称为 Bob）收到密文后，用和发送者相同的密钥解密，获得表示消息的明文（保密通信系统的基本单元），从而完成消息的秘密传送。系统的保密完全依赖于密钥的保密性。

保密通信技术的关键是密钥的安全分配，最简单情况下密钥可取

＊ 本篇是作者为量子信息实验室写的装备技术创新项目论证报告。

为二进制随机位串，比如

$$1010110100 1110100\cdots$$

如果通信双方（Alice 和 Bob）拥有只有他们才知道的密钥，他们就可以进行保密通信。比如 Alice 把她的编码消息（明文）

$$01101110100$$

的每一位和密钥的对应位做模 2 加（左图）（一种最简单的加密方法），把所加的结果"密文"发送给 Bob，Bob 收到这个位串后，利用密钥做解码运算（这里只需把收到的位串的每一位和密钥相应位再做一次模 2 加）（右图），就得到了 Alice 发送过来的消息。窃密者即使截获传输中的信号，它也不可能获得任何消息，因为单独传输中的位串并不携带消息，消息是编码在传输位串和密钥的相关中。可以看出，这里保密通信安全性的关键是密钥的保密性。

```
      1010110100 1110100···              1 1 0 0 0 0 1 1 1 0 1
 ⊕    0 1 1 0 1 1 1 0 1 0 0        ⊕     1010110100 1110100···
      1 1 0 0 0 0 1 1 1 0 1              0 1 1 0 1 1 1 0 1 0 0
```

左图　　　　　　　　　　　　　右图

根据经典信息论，要使窃密者不能从截获的密文中获得密钥的信息，则用来加密的密钥串必须和明文一样长，而且只能使用一次。如果多次使用，窃密者就可以通过各种强大的计算技术和分析手段，从截取传送的密文中破译出其中的密钥，因此，真正安全的保密通信要求"一次一密制"。

如何使合法的通信双方享有共同的、只有他们才知道的密钥（这个过程称为密钥分配）就是保密通信技术的核心问题。

二、经典密钥分配及存在的问题

由于保密通信必须通过绝对安全的方式交换密钥，这在经典通信中是做不到的。如果使用密码本（这是经典保密通信常用方法），密码本有丢失或被别人复制的危险，即使密码本没有丢失或被复制，同一密码本的重复使用用现代计算技术也是极易破译的。使用"一次一密制"需要使用和明文一样长的密钥,随着通信信息量日趋增大,这使得交换密钥更加难以实现。过去人们只能用各种数学技巧实现密钥分配,但这样建立的密钥只具有一定的相对安全性,因为原则上任何以数学技巧为基础的密钥都是可破译的。

近20年来广泛使用的一类密钥称为"不对称密钥"或"公开密钥"。这种密钥原理于1978年由麻省理工学院的 Ronald Rivest, Adi Shamir 和 Lenard Adleman 实现,称为 RSA 密钥[1]。RSA 密钥是基于算法复杂性理论,即分解大数质因子是个"难题"的假设上。对于多达数十位上百位的大数质因子分解,即使是用现代超级计算机也不可能在信息有效时间内完成,虽然迄今这是一个事实,但不能排除随着数学的新发现和计算技术的进步,分解大数质因子不再是个难题。与此类似,所有建立在数学技巧上的密钥,都只是相对一定阶段的计算技术具有相对的安全性。1994年,Shor 发现了分解大数质因子的量子算法[2],按照这种算法,在量子计算机上分解大数质因子将不再是个"难题"。这种算法动摇了 RSA 密钥的基础,使现有 RSA 密钥的安全性正受到量子计算机研究的威胁。随着量子计算机研究的进展,这种密钥面临着崩溃的危险。

三、量子密钥和量子密钥分配原理

20世纪80年代,人们根据量子力学的基本原理,提出了建立绝对安全的密钥的量子力学方案。这种以量子力学原理为基础的密钥称为量子密钥。量子密钥在通信时可以用现在的技术方便地在通信双方即时地产生出任意长(和明文一样长)的密钥串,实现"一次一密制"的通信。这种密钥在建立过程中依据的不是数学技巧,而是量子物理规律。任何窃密者若想要获得有关密钥的信息,必须对传输中的编码量子态进行测量,而根据量子物理理论,这样的测量必定会破坏量子态,从而使这种窃听行为被发现。量子密钥具有任何经典密钥不可能做到的绝对安全性，所以，建立在量子密钥基础上的保密通信，相较电磁监测、超级计算机破译等任何窃密手段都具有理论上、实践上绝对的保密安全性。

那么量子密钥基本原理是什么呢？

量子密钥采用单个光子作为信息载体。光子有两个线性独立的极化态，可以选择这两个线性独立极化态为水平极化和竖直极化，并分别编码为"0"和"1"，记这组基为 $\oplus$ 基。也可选择这两个线性独立极化态为正 $45°$ 极化和 $-45°$ 极化，记为 $\otimes$ 基，以下述方式编码这两个基态为

$$\oplus \quad 基 \begin{cases} |\leftrightarrow\rangle & |\leftrightarrow\rangle \to 0 \\ |\updownarrow\rangle & |\updownarrow\rangle \to 1 \end{cases}$$

$$\otimes \quad 基 \begin{cases} |\nearrow\rangle & |\nearrow\rangle \to 0 \\ |\searrow\rangle & |\searrow\rangle \to 1 \end{cases}$$

由于这两组基之间有关系为

$$|\nearrow\rangle = \frac{1}{\sqrt{2}}(|\leftrightarrow\rangle - |\updownarrow\rangle) \qquad |\leftrightarrow\rangle = \frac{1}{\sqrt{2}}(|\nearrow\rangle + |\searrow\rangle)$$

$$|\searrow\rangle = \frac{1}{\sqrt{2}}(|\leftrightarrow\rangle + |\updownarrow\rangle) \qquad |\updownarrow\rangle = \frac{1}{\sqrt{2}}(|\searrow\rangle - |\nearrow\rangle)$$

根据量子物理的基本原理，对处在 $\oplus$ 基两个极化态的光子，做投影到 $\otimes$ 基上的测量，将各以 0.5 的概率得到正 $45°$ 极化态和 $-45°$ 极化态。同样对处在 $\otimes$ 基两个极化态的光子，做投影到 $\oplus$ 基上的测量，将各以 0.5 的概率得到水平极化态和竖直极化态。

量子密钥有两种实现方案，一种是基于两个不对易可观测量的单光子方案，另一种是以量子纠缠为基础的双光子方案。

1. 单光子方案[3]

单光子量子密钥分配可以通过以下过程建立：

（1）Alice 发送出 $2n$ 个光子给 Bob，随机地选择 $\oplus$ 基或 $\otimes$ 基，制备每一个光子都在随机选择的四个极化态 $|\leftrightarrow\rangle$，$|\updownarrow\rangle$，$|\searrow\rangle$，$|\nearrow\rangle$ 之

一上。

（2）Bob 将每个光子随机地选择投影到⊕基或⊗基上进行测量，记下对每个光子的测量结果。

（3）Alice 和 Bob 在公开信道上互相通报他们对每个光子使用的制备基和测量基，但不公开他们制备的态和测量得到的态。在不存在干扰情况下，大约有一半的机会 Bob 选择的测量基和 Alice 选择的制备基是相同的，Bob 测到的态就是 Alice 制备的态，于是他们就拥有了一个共同的 n 位二进制串，这个 n 位二进制串就可用作密钥。整个密钥生成过称可以用下图进行说明。

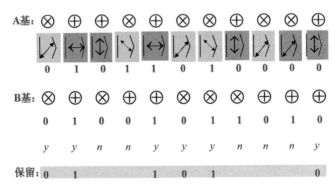

根据量子力学的基本原理，如果有窃听者在窃听，窃听者获得信息的唯一方式就是截获传输中的光子并进行测量，而窃听者对传输中光子测量的结果必定会破坏 Alice 制备的光子极化态，Alice 和 Bob 可以随时拿出一部分制备基和测量基相同的位值在公开信道上进行比较，揭示窃听者的存在。如果他们使用相同基的位都有相同的值（或相同的概率超过一定的阈限），就可确定没有窃听者存在，那么没有公开的那部分二进制数串就可安全地用作密钥。

2. 双光子方案[4]

双光子方案以没有经典对应的量子纠缠现象为基础。实现过程如下：

（1）Alice 制备 $2n$ 个光子对，其中，每一对中的两个光子处在纠缠态。根据⊕基和⊗基之间的变换关系，这个纠缠态可以用⊗基写作

$$|\Psi^{-}\rangle = \frac{1}{\sqrt{2}} (|\nwarrow\rangle|\nearrow\rangle - |\nearrow\rangle|\nwarrow\rangle)$$

Alice 把每对中的一个光子发送给 Bob，另一个留给自己。

（2）对于每一对光子，Alice 和 Bob 都随机的选择⊕基或⊗基测量其拥有的那个光子，记下使用的测量基和测量结果。

（3）当对 $2n$ 个纠缠对测量完毕后，他们仍在公开信道上比较测量基，但不公布测量结果。大约有一半的概率他们对同一对中的两个光子使用了相同的测量基。保留下使用相同基的测量结果，他们就拥有了双方共享的 n 位二进制数串。

为了确信没有窃密者存在，他们仍可以牺牲部分使用相同基的测量结果在公开信道上进行比较。如果测量结果都相同（或相同的概率超过一定的阈限），他们就可确信没有窃密者存在。同样可以证明，对这种密钥的任何窃听都将被发现，因此也是绝对安全的。

由于量子密钥的生成利用了量子态的不可克隆性、相干叠加性和没有经典类比的"纠缠"性质，其安全性是由物理规律保证的。另外，使用量子密钥通信，可以采取"一次一密制"，并做到密钥长度和明文一样长。根据经典信息论，这种密钥是不可破译的，所以使用量子密钥可以做到绝对安全的保密通信。

四、量子保密通信研究进展

自从 1984 年 C. Beneett 和 G. Brassard 提出量子密钥概念以后，1991 年 IBM 实验室做了第一个自由空间传输的量子密钥分配实验[5]，自此许多研究小组都着手开展了此类实验。自由空间传输的量子密钥分配实验的目标在于实现地球－卫星量子保密通信。为了借助现有的光纤通信技术，实现地面上的量子保密通信，人们还做了光纤传输的量子密钥分配实验，并不断提高传输距离和码率，降低误码率。

2002 年，日内瓦大学用商用光纤实现了传输距离 67 千米的量子密钥分配实验；2003 年，日本人又把这个纪录提高到 100 千米[6]；为了

实现地基 – 卫星量子保密通信的自由空间传输，继美国 Los Alamos 实验室 2002 年传输距离为 10 千米之后，德国 Ludwig – Maximilian 大学在 2002 年实现了 23.4 千米的自由空间中的量子密钥分配[7]。这些实验的码率基本上达到 kHz 量级，误码率在百分之几左右。

还有报道称，日内瓦大学已经有量子密钥分配整套装置。最近又报道（Network World，04/19/04）一家瑞士公司有了商品化的点对点的量子密钥分配系统；欧共体投入相当于 1300 万美元的资金用于在今后的四年内开发量子保密通信系统（IDG News Service，05/17/04）；据说美国白宫和五角大楼之间已经安装使用了量子保密通信系统。由于量子保密通信技术涉及国家、军队的信息安全，美国军方近年来一直在支持量子密钥技术的研究（Network World ，04/19/04）。

出于学科建设的需要和量子信息技术发展前景的吸引，国内许多单位都积极开展了量子信息技术研究，如中国科技大学、中科院北京物理所、武汉物理所、华东师范大学、华中师范大学等都积极参与其中。2002 年 8 月，我们申请了国防科技大学"十五"基础研究条件建设项目"量子信息技术实验室建设"，并获得批准。学校投资 400 万元进行量子信息实验研究条件建设。至今已经拥有一批性能先进的实验仪器和设备，并已开展量子密钥分配的实验研究，在实验室已经成功实现极化编码、自由空间传输，极化编码、光纤传输的量子密钥分配以及量子随机数发生器实验，实验装置之简单、码率之高、误码率之低达到了国内先进水平，为深入开展量子信息技术研究打下了坚实的人才、技术和物质基础。围绕量子随机数发生器技术、高效的单光子源技术、高性能的单光子探测技术展开实验研究，逐步将其集成到量子保密通信系统中，并在这些技术研究的基础上，进一步开展量子网络和量子中继技术理论和实验研究。

五、量子密钥应用前景

由于量子密钥通信相对敌方电磁监听、超级计算机破译等任何窃密手段而言都具有绝对的安全性，因而量子保密通信在军事斗争中具有重要的应用价值和广泛需求。

距离小于 100 千米、码率在每秒数千赫兹的点对点的量子保密通信，根据目前掌握的技术来说就已经是可行的。应用这一技术，可首先在核心军事指挥机关之间建立点对点的量子保密通信系统。随着单光子源技术、纠缠光子对产生技术、光子探测技术研究的进步，在今后战争应用战场环境下，在后方指挥机关和前方指挥所之间建立这样的通信联系也是可以实现的。

其次是发展量子网络技术。解决单光子和单原子、离子强耦合技术，借助量子网络技术，可以建立局部区域的量子通信网络，在局部地区不同单位之间实现量子保密通信。

最后，研究实用的量子中继站技术（解决不同载体信息耦合、交换、纠错等）。一旦量子网络及中继站技术及其相关技术获得突破，就可建立起覆盖更大范围乃至全国的量子保密通信网。此外，这种技术还可用于数字签名、身份认证等。

参考文献

［1］ RENJI M,SHAMIR A,ADLEMAN L. A method for obtaining digital signatures and public - key cryptosystems. ACM Communications,1978,21:120 - 126.

［2］ SHOR P W. Algorithms for quantum computation：Discrete logarithms and factoring. Proceedings of the 35th Annual Symposium on Foundations of Computer Science, IEEE Computer Society,Washington,DC,USA ⓒ1994:124 - 134.

Logarithms on a Quantum Computer. SIAM Journal on Computing,1997,26(5):1484 - 1509.

［3］ BENNETT C H. BRASSARD C H. Quantum cryptrography：Public key distribution and coin tossing. Proc. IEEE. Int. Conf. on Computers, Systems, and Signal Processing, Bangalore, India,1984:175 - 179.

［4］ EKERT A K. Quantum cryptography baced on bell theorem. Phys. Rev. Lett. 1991,67:661 - 663.

［5］ BENNETT C H, et al. Experimental quantum cryptography. J. of Cryphtology,1992,5:3 - 31.

[6] STUCKI D,GISIN N,GUINNARD O,et al. Quantum key distribution over 67 km with a plug & play system. New Journal of Physics,2002,4(1):41 – 41.

[7] KURTSIEFER C,et al. A step towards global key distribution. Nature,2002,419:450.

（2005 年 2 月）

"大学物理"系列课程教学理念的创新和实践*

　　"大学物理"系列课程是国防科技大学为全校所有专业本科学员开设的核心基础课程。这个系列课程包括"大学物理 I"（60 学时，文科类）、"大学物理 II"（130 学时，学历教育合训类）、"大学物理 III"（140 学时，工程技术类）、"大学物理 IV"（140 学时，英语授课）、"大学物理 V"（210 学时，理科类）、"军事高技术中的物理学"（36 学时，选修），以及高级干部军事高技术物理演示实验教学（2 学时，军干、大区干部）。其中，"大学物理 II""大学物理 III"是涉及学生人数最多的两门课程，是本系列课程的重点。

　　经过数年，特别是近五年的建设，"大学物理"系列课程已经成为师资队伍素质较高、教学质量好、影响面广、具有明显特色和优势的课程。

一、教学理念创新和思想认识上的突破

　　教学理念是教学改革的灵魂，决定了教学改革的方向。我们创新了基础物理教学新理念，把基础物理教学的目的，突出地放到学生科学、文化素质教育和培养上。学员在获得学习后续专业课程必要物理学知识和技能的同时，还需掌握基本物理学语言、概念和物理学的基

---

　　* 本篇是作者为大学物理课程组申报"国家精品课程"写的大学教学改革经验总结，收入本书时有个别调整和修改。杨丽佳、陆彦文也参与了此项工作。

本原理和方法，获得完整的物质世界图像，认识物质世界运动、变化的基本规律；学会科学思想方法，经受科学精神、科学态度的熏陶和训练。把物理教学内容改革的重点，放在开发物理教学的高品位文化功能和提高学员的科学、文化素质服务上。

为了实现上述教学理念，我们坚持教学内容的现代化改革，充分反映以相对论、量子论为核心的 20 世纪新物理学，特别是量子力学的基本概念、原理和方法。目的是以现代物理学为基础，构筑一个合理的、开放的物理知识结构和背景，使学员能以此为基础，去接受、理解当代科技新概念、新技术和最新文献资料；具备科学、文化素质可持续发展的基础与自我知识更新和终生学习提高的能力。

为了实现这一教学理念，我们把课堂教学的重点放在物理图像、物理思想、物理方法的教学上（而不是仅满足于物理学知识的传授，仅仅教会学生去解读书本上的几个习题）；同时改革传统教育按部就班的、"填鸭式"的、要求学生当堂消化和当堂理解的教学方式。有意识地增加了课堂信息量，扩大学生的知识面；提倡"渗透式"教学方法，培养学生"体会式"学习，锻炼学生积极主动的学习精神，自觉地吸收营养，提高自己的能力。其目的是使学生不仅具有理解不大熟悉的新东西的知识结构，也训练他们接受和学习新东西的主动意识。

为了实现上述教学新理念，在大学物理教学内容和教学方法思想认识上也有新的突破，主要表现在以下四个方面。

1. 在传统的"大学物理学"教学内容上有新突破

为了给学员构筑一个合理的、开放的物理知识背景和结构，我们认为大学物理学内容可以涉及某些理论物理课程的内容。对物理学做普通物理和理论物理这种区分，是针对物理专业划分的。非物理专业理工科学员的大学物理教学内容不应仅限于物理专业普通物理内容。围绕上述基础物理教学目的和教学理念的需要，优化后的教学内容可以包括某些属于理论物理的内容，比如，相对论和量子力学中的基本原理、物理图像。在优化原则下，对于某些问题的讲解也可以借鉴理论物理的处理方法。

2. 在普物风格认识上有新的发挥

过去的大学物理教学强调普通物理学风格，我们认为普物风格是好的，基础物理学应当体现这种风格。但是"风格"毕竟是一种外在表现形式，不应限制内容，也不是决定教学效果的唯一因素。关于什么是普物风格，赵凯华先生说："我的理解是讲授尽量避免艰深和复杂的数学，突出物理本质，树立鲜明的物理图像……"[1]，显然，普物风格不是科普，必要的数学工具还是要用的。我们认为普物风格最根本的就是坚持"从现象中引出物理概念，从实验事实的分析中总结出物理规律"。普物风格一定程度上是相对理论物理方法来说的，理论物理方法是从已知的物理规律出发，通过逻辑和数学得到对物理现象更深入、更系统、更本质的认识。作为基础物理学，首要的是建立概念，从实验中总结出规律，它是没办法按完全的理论物理方法组织教学的。从这个意义上说，大学物理学只能是普物风格。

3. 大胆引进了"张量"数学工具

作为基础物理，考虑到学生的承受能力，尽量地避免艰深的数学工具是必要的。但数学对物理学的重要性是众所周知的。数学是物理学的语言和工具，它可精确地表述概念，简洁、严格地表述物理规律，可靠、深刻地揭示现象本质，其作用是不可替代的。"数学充当着一种抽象的、广泛的组织原则，没有它，我们的思想可能始终是不成熟的。"[2]一些问题的物理本质和鲜明图像，正是通过适当的数学工具表述的。牛顿当初就是要表述它的力学理论才发明了微积分。如果没有微积分，我们很难想象牛顿力学应如何表述；如果没有矢量，曲线积分、曲面积分等数学工具，麦克斯韦的电磁理论如何能准确地表达。

在基础物理中引进张量的概念是必要的。首先，张量实际上已经开始使用，如标量就是零阶张量，矢量就是一阶张量。没有人对大学物理中使用矢量提出异议。其次，张量的概念学生应当是可接受的，在解析几何中定义三维空间张量的坐标系转动变换，学生已然熟悉。

最后，引用张量概念可以加深我们对许多基本物理问题的理解，大大简化有关问题的处理。比如，可以根据三维空间的各向同性性质，解释为什么所有物理量都具有标量、矢量或张量性质[3]；可以把类似的思想推广到四维空间（x，y，z，ict），把洛伦兹变换解释为四维空间中的坐标系转动变换。可以类似地定义四维张量，重新表述物理学相对性原理，即物理规律应取四维空间张量方程形式。这种做法的实际意义是可以简单地得出质－速关系、质－能关系、相对论的多普勒效应、推导力的变换，特别是可以简单地解释、描述电磁场的统一性和相对性，推导电荷密度、电流密度的变换，矢势和标势的变换，电磁场的变换等[4]。更重要的是要讲出相对论的精髓，改变把相对论仅作为知识教学的倾向。

4. 对教学指导思想、教学方法有新见解

赵凯华先生在他的新概念物理学《力学》序言中，曾谈到杨振宁先生对中美教育方式的比较[5]。杨先生认为中国传统教育提倡按部就班的教学方法，认真的学习态度，这有利于学生打下扎实的基础，但相对来说，缺少创新意识；美国提倡"渗透式"的教学方式，其特点是学生在学习时，往往对所学的内容还不太清楚，然而就在这过程中一点一滴地学到很多东西，这是一种体会式的学习方法。我们"填鸭式"的教学，要求学生当堂消化、当堂理解，一方面大大限制了课堂信息量，使教学内容和学时的矛盾更加突出；另一方面也造成学生只会接受灌输的学习方法，缺乏积极主动地去吸收营养、成长自己的精神和能力。其结果造成学生知识面窄，缺乏去接受、去理解不大熟悉的新东西的知识结构和主动精神。这种做法的另一后果是所培养的学生都处于同一模式，不利于学生特长的发挥和优秀人才的脱颖而出。实践表明，如果稍稍改变一下这种做法，基础物理教学内容改革就会有更广阔的天地。

二、针对不同类型学员，选择不同的教学内容、教学方法，有所侧重地贯彻教学新理念

大学物理系列课程是针对不同类型的学员开设的，不同类型的学员培养目标不同，学生专业方向、学习基础、教学学时安排也不相同，要有效地贯彻上述教学理念，必须注意各自的特点，有所侧重，采用不同的教材、不同的教学方法，根据各自的实际情况，灵活地执行。

（一）针对学历教育合训学员具体培养目标，强调大学物理教学的科学知识教育和文化素质教育并重，注重教学内容的军事应用特色

新型指挥军官"基础教育合训"，培养学员成为既懂技术又懂军事的复合型初级指挥军官。要求他们不仅具有较高的军事指挥素养，也具有较全面的科学文化素质。对这类学员的基础物理教学应与理工科学员有所区别。我们强调对这类学员的大学物理教学兼顾科学知识教育和文化素质教育的双重功能。确立的总目标是：培养学员服务于国防科技的、扎实的自然科学物理基础，使学员认识物质世界本质，获得完整物质世界图像，树立科学世界观；学会科学思想、科学方法，提高科学素质；养成严谨的科学态度，追求真理的科学精神，强烈的创新意识，以及独立获取知识的能力。适当降低对具体的物理学理论、更专业的物理学方法的要求，更着重于发挥物理教学的高品位的文化功能，考虑到这类学员第一任职的需要，在基础物理中加强了军事高技术及其装备相关知识的教学。

针对这类学员，虽然我们仍采用了和技术类学员相同的教材，教学内容体系结构基本相同，但对具体的教学内容做了不同处理。比如删除了质心坐标系、刚体平面运动、动力学对称性、频谱分析、群速度、非线性振动和混沌、非平衡热力学、相对论电动力学、广义相对

论、量子力学中的表象理论、算子的对易关系、氦原子、角动量理论、与时间有关的微扰论等内容。对保留下来的内容在讲法上也侧重于物理图像、物理概念、物理思想教学，而不着眼于数学的严谨和逻辑的严密。适当加强了一些与军事高科技和装备有关内容的教学，如人造卫星、火箭推进器原理、惯性导航、多普勒效应、超声波技术和声呐、雷达技术、核能利用和原子武器、激光武器等的物理原理等。统筹兼顾经典和现代内容，融入军事高科技知识，是对这类学员教学内容改进的主要特点。

针对这类学员的特点，在教学方法上也做了适当的调整和改进，把提高学员的科学文化素质和培养创新精神放在重要位置。在教学过程中，采用先进的教学方法，即讲课主要是讲重点、讲难点、讲思路、讲方法，既注意逻辑推理，又进行渗透式、归纳式、讨论式教学，以培养学员的创新精神和自主学习的能力；采用先进的教学手段，课堂讲授与演示实验紧密配合，课程全程采用多媒体授课。

（二）针对文科学员，突出物理教学的高品位文化功能

科技进步和人文文化是推动社会进步的双桨，科学文化和人文文化的融合和相互促进是当代社会的潮流。当今大学生除了学习专业知识外，理工科学生要兼顾学些社会科学，文科学生要兼顾学些自然科学，具备一定的科学技术知识背景，这是当代人应有的基本素质。

文科物理的教学目的和教学理念应不同于理工科物理，不要求学员"掌握基本物理学语言、概念和物理学的基本原理和方法；对物理学历史、现状和前沿有整体上全面的了解"，文科物理教学理念应更着重于科学文化教育，使学员获得科学思想、科学精神、科学态度和科学方法。在文科物理教学中更突出物理教学的高品位文化功能，使学员通过对自然界运动基本规律的了解和认识，树立科学世界观，具备对一切伪科学的识别和抵御能力。同时从物理学中学习处理社会问题的科学思想方法。

根据文科物理的这一教学目的和教学理念，我们在文科物理教学中：

（1）在教学内容上，选择物理学中对人类关于物质世界的基本看法产生巨大影响的内容作为课程主线。例如，牛顿力学、万有引力定律、天体运动、对称性和守恒定律；绝对时空观和相对论时空观、波粒二象性、混沌现象以及量子物理的统计的因果观等；讲课时注意避免泛泛而谈，有重点地挑选那些对人类物质文明起重大作用、产生重大影响的科技成果，尤其是当代重大科技新成果，对其基本原理做重点说明和解释。例如，原子能、电磁波、固体物理和半导体材料、激光技术等，使学员对当代新科技有基本的了解。

针对这类学员，特别注意阐明物质世界是运动的，运动是有规律的，规律是可认识的；物质是分层次的，不同层次的物质运动描述方法是不同的。以具体的物理科学知识为基础，为学员构建一个科学的世界观。

（2）重视物理学史和科学家传记的教学，使学员从物理学成功的方法中接受科学方法的训练；从优秀科学家的科学活动和社会活动中学习积极进取的探索精神、实事求是的科学态度、高尚的人格力量和崇高的社会责任感。

在教学方法上，对这类学员既不能做严格的数学推演，也不能做牵强附会、漫画式的解说，而是在揭示物理本质的前提下，做尽可能通俗易懂的讲解。通过充分采取多媒体、演示实验等多种教学手段和灵活多样的教学方式，收到了良好的教学效果。

（三）对全军高级干部高科技知识培训班采取以演示实验为主的教学方法，进行生动、直观、高效率的教学

高级干部高科技知识培训班学员社会经验丰富，有很高的悟性，但大部分人缺乏理解物理学的系统的知识结构和背景，且计划学时少。对这类学员的大学物理教学，不可能去系统地介绍物理学知识，其教

学理念和目标是使他们了解当代军事高技术的物理原理,普及一些军事高科技知识。根据这一教学目的和理念,针对这些特殊学员的具体特点,我们采取了演示实验和课堂讲授相结合,以演示实验为主的教学方法。把当代典型的军事高科技浓缩在一些演示实验中,结合演示实验进行课堂讲授,讲授全程采用多媒体授课。由于该课程教学理念和目标符合实际,教学及课堂设计科学合理,课堂生动、形象、直观,课程学时虽少但信息量很大,教学效率高,因而收到很好的教学效果。

(四) 开展大学物理课程双语教学的探索与实践

为适应改革开放需要,开展国际合作和交流,学习和借鉴国外物理教学先进经验,推动大学物理教学改革和创新,提高人才国际竞争力,我们开展了大学物理课程双语教学的探索与实践,其目的就是使教学内容、教学理念、教学模式与国际接轨。

我们在教学内容上精选了国外优秀的原版教材进行教学,从中汲取欧美优秀教材的精华,学习欧美教育和科技发达国家的物理教学内容与教学方法。

在教学方法上,改变了以往单纯进行知识传授的教学模式,改知识的单向传授为教员和学员互动的双向学习方法,注重培养学员自主学习的能力,使学员在学习过程中学会思考、培养能力,最终学会主动获取知识、自我更新知识。比如,在教学中引入研究型学习方法,学员自愿组成研究小组,选择一些与物理题目、物理学史、近代物理前沿课题、物理原理在工程技术中的应用等相关的问题,要求学员通过查阅资料,用英文制作小课件,并在课堂上使用多媒体做十分钟的英文演讲。实践证明,这对于培养学员的自主学习能力和合作精神,以及用英文进行科技英语的写作和表达都有极大的好处。很多学员反映,这个过程能用到所学的物理知识和科技外语知识进行自我创造,使他们感受到主动获取知识的快乐,其收获与以往单纯地被动学习是截然不同的。

三、积极推进"大学物理"教学内容改革和教材现代化建设

现代科学日新月异，物理学作为自然科学带头学科，发展迅速，大学物理教学必须与时俱进，不断进行教材内容的改革。教材是教学内容的载体，教学内容的改革集中体现在教材的现代化建设上。为了实现教学内容现代化，必须对传统的大学物理系列课程的教学内容进行大胆的改造，构筑新的、符合上述教学目的和新教学理念需要的大学物理教学内容体系。

我们把大学物理教学内容看作是一个"系统"，利用系统分析的方法，把传统的教学内容划分为"三个层次"；分清主次，突出重点，明确每一部分内容和每个知识点在物理学整体上的地位、在实现整个教学目标上的功能和作用；对不同层次内容采取不同处理方法，优化教学内容；同时把大学物理教学内容作为一个整体，把共同点抽象为"一个统一"，用"独立状态参量描述运动状态，通过状态参量、适当的状态函数的演化表示运动规律"，用这一理论框架统一地处理力、热、电及量子物理。精炼内容，压缩经典，强化近代。根据上述思路，并总结经验和体会，我们编写出版了大学物理新教材《基础物理学》（上、中、下）。

教学内容的现代化是大学物理教学内容改革的核心，因此，我们加强了近代物理教学。近代物理学是构成新能源技术、激光技术、信息处理、通信技术等现代科学技术的基础，特别是量子力学的基本概念、原理和方法已经渗透各种技术学科中。为此，我们的教材不仅仅只是"开窗户"，而是需要系统地介绍相对论和量子力学的概念和基本原理。新教材的内容和学时与传统教材相比都有大幅度的增加。

我们在量子物理教学中，系统介绍了为什么光具有粒子性质，为什么说波粒二象性是微观粒子的基本属性，为什么微观粒子运动状态要用波函数描写，波函数的演化规律是什么，以及量子力学中的力学量用线性厄米算子表示、量子测量假设、全同粒子假设等量子力学的

基本假设和基本原理，以及通过具体解定态薛定谔方程，揭示囚禁粒子能量量子化、量子隧道效应和原子电结构等量子力学的典型现象和成功应用。

在相对论部分的教学中，详细介绍了相对论产生的历史背景、实验基础和基本原理，引进四维张量工具，强调物质－运动－时空密切相关，从物质世界的对称性高度去理解时空。改变了传统的相对论教学作为"知识"教学倾向，努力上升到"物质分布决定时空几何，时空几何影响着物质运动"新的时空观高度。

我们还以非线性振动为例，介绍了经典物理学中的非线性和混沌的现象，和量子力学中的统计因果关系相呼应，说明世界物质运动的因果联系本质上是统计的、概率的观点。传统的基础物理教学，只讲简化的、线性化的理想东西，助长了简单化、直线化的思维方式，这种思维方式与真正的实际物理问题是不相符的，更不适合复杂的社会现象。介绍非线性问题，介绍统计的、概率的因果关系，有助于克服因果决定论、宿命论的消极的世界观。

对称性决定相互作用是现代物理学的一个基本观点。杨振宁说20世纪"在基本物理里边，对称性的思考发生了根本的变化，从被动的角色变成了决定相互作用的主动角色"，并称"这种角色为对称支配相互作用"[6]。新教材不仅从各种相互作用出发研究物理系统运动规律，而且把对称性作为支配这些相互作用的更深层次的规律，作为一种物理学方法。我们在教材中专写了一章"物理学和对称性"。

我们扩充了热力学传统物理教材中熵的概念，强调了熵在信息论等社会科学中的应用；指出熵增是自然演化的动力，决定时间之箭的方向，拓宽了热力学熵的意义和应用。

上述内容不仅仅是知识教学内容的扩充，更重要的是体现了科学思想和科学思维方法教学。

为了加强、深化近代物理教学，在物理学和高新技术之间架设桥梁，我们编写了《高新技术的物理学基础》。以具有普遍的重要技术应用和明显的发展前景为标准，我们选择了"固体物理和材料科学""量子跃迁和激光""核物理和核技术""量子纠缠现象和量子信息学基础"等内容。其目的是强化近代物理教学，使学生具备了解当代高新技术的物理基础。例如，"量子纠缠现象和量子信息学基础"一章详细解释了"量子纠缠"概念、表现形式和实验证明。量子纠缠是量子力学独有的，没有经典类比的现象，是量子力学最奇异、最不可思议的特性。近年来，人们已经认识到，量子纠缠是一种有用的信息资源，开发和应用这一信息资源，已经形成了一个新兴学科——量子信息学。在基础物理教材中介绍量子纠缠和量子信息学，这在国内还是第一次。

作为军队院校，进行教学内容现代化改革，还要强化军事高科技教学。我们将当代军事高科技知识的内容融入基础物理教学中，如 GPS 系统、人造卫星、火箭推进器原理、惯性导航、多普勒效应、超声波技术和声呐、雷达技术、核能利用和原子武器、激光武器等，这些内容不仅在教材中加以强调，而且在教学中也需对不同类型的学员做有针对性的讲解。

物理学是一门实验科学。我们强调实验的重要性，在教材中编入一些在物理学发展过程中起重要作用的实验，如麦克斯韦速率分布实验，库仑定律实验，法拉第的电磁感应实验，杨氏双缝干涉实验，射线晶格衍射实验，迈克尔孙－莫雷实验，黑体辐射实验，光电效应、康普顿散射实验，电子的双缝干涉实验，斯特恩－格拉赫实验等。

我们在教材编写中还坚持"从实验现象的分析和概括中引进概念；从实验结果的科学分析中引出物理规律"这种普物风格。例如，力学中，质点、参考系概念的引进，从在相对地面做匀速直线运动的船舱中发生的力学现象总结出力学相对性原理。热学中，热学、热力学概率、可逆过程、熵以及卡诺循环等概念；从卡诺循环分析中总结出卡诺定理；从几种典型不可逆过程描述中总结出热力学第二定律。电磁学中，点电荷、电力线、电场、电场叠加原理；磁场、磁力的概念；量子物理中波粒二象性概念，不确定性关系等，都是在描述现象或总结实验事实的基础上引进的；在讲物理学中的对称性时，结合自然界和艺术中的对称性，阐明对称是美的要素；从迈克尔孙－莫雷实验分析中引入狭义相对论的基本原理；从黑体辐射实验引出光量子的概念；从光电效应、康普顿散射实验事实阐明微观粒子波粒二象性；用电子的钼单晶散射实验阐明电子的波性；用电子的双缝干涉实验说明微观粒子坐标、动量不确定性关系；用斯特恩－格拉赫实验引进电子自旋的概念等。

我们进行教学内容改革和教材现代化建设的理念和做法，曾在军内外一系列相关学术会议上介绍过，并得到校内外专家一致好评。在教学实践中也获得了良好的教学效果，受到学员好评。近几年国防科技大学多名本科生参加省、全国大学生物理竞赛，均取得突出的优异成绩，不难看出，我们的教学内容现代化改革和教材建设在其中也发挥了重要作用。

四、突出物理实验教学，加强现代教育技术的应用，建立多元化教学手段

大学物理系列课程在进行教学内容、教材体系改革的同时，还大力突出实验教学环节，进行实验课教学内容、教学方法和教学手段的改革。

我们在实验课教学中，特别强化对学生实验设计、实验动手能力、实验技能的训练。我们吸取国内外实验课教学的经验，加强了实验课教材建设，编写出版了大学物理实验课教材。我们在实验课新教材中大力强化基础性实验，用现代的观点来选择实验内容，从新的角度和观点描述传统的经典实验，用新的技术来改造传统的、旧的实验。教材还引入与现代军事技术结合密切的新物理实验内容，使学员学会典型的实验方法，培养良好的实验技能，激发他们的创新精神。在教学方法上，不满足于验证已知的理论，不片面追求与预期值吻合的实验结果，而是强调实验建模、实验设计的训练。教材中还设计了综合性

实验、计算机模拟实验、网上自行设计实验，以培养学生实验能力和创新思维能力。为此，需加强现代教育技术的应用，充分发挥演示实验的作用和多媒体教学手段的功能；建设由综合演示实验、电化教学系统、计算机辅助教学课件等构成的现代教学手段系列设施。

（一）突出实验教学环节，建设多功能大学物理演示实验室

演示实验作为理解抽象的物理概念和把握复杂物理过程的有效手段，能形象、生动、直观地再现物理过程，允许我们对复杂的物理现象和过程进行重复的、多方位的仔细研究、分析，在激发学生的学习兴趣和创新精神方面有重要作用。我们高度重视演示实验在基础物理教学中的地位和作用，建立了配套齐全、功能先进的物理教学演示实验基地。在大学物理演示实验室的基础上建设了多功能物理演示实验室，主要包括：课堂教学演示实验、结合课程组科研项目、研制"高温超导综合实验演示装置""光纤通信综合演示仪"等。目前可以做200多个演示项目，起到了使教学内容生动形象的作用。

多功能物理演示实验室的建设，对于大学物理课程、理科建设、基础课教学改革等都有极大的促进和推动作用。从单纯的教师操作演示到引导学生主动参与、自己观察思考、提出问题和解决问题，激发了学生的学习兴趣和求知欲望，对培养学生的探索精神和创新意识，促进和推动学生科技活动的开展起到了积极的推动作用。

（二）采用计算机辅助教学和多媒体先进教学手段

随着现代科学技术的发展，计算机已进入教学领域。我们在建设综合演示实验室的同时，还积极进行电化教学系统、计算机辅助教学课件与网络系统等现代教学手段建设，引进、开发和研制具有自身特色且符合教学内容改革的电子教学课件。从1998年开始试行多媒体教学，现已完成了覆盖整个大学物理系列课程。每一位任课教师都有体现个人教学风格的电子教案，全过程实现多媒体教学。其中，"大学物

理及大学物理实验网络教学课件"获校首届 CAI 课件评比二等奖。

（三）开发网络教学系统

利用网络实施教学将成为未来的一个重要发展方向，我们开发了基于 Internet 的网络虚拟实验教学系统。该系统集讲解、演示、仿真实验、查询答疑、远程考核、教学管理与分析等功能于一体。目前，该系统已推广到大学英语等课程。以该系统为基础申报的全军网络教学仿真实验项目获总参资助。

（四）采取先进的课堂教学方法

目前，基础物理课程系列普遍采用多媒体授课。讲课突出物理图像、物理思想、物理原理教学，努力做到讲重点、讲难点、讲思路、讲方法；既注重严密的逻辑推理、条理性、层次感，又注重归纳式、讨论式、渗透式教学，以培养学员的创新精神和自主学习的能力。

（五）建设数字化实时考核评估体系

考核是物理教学过程的一个重要环节，考核和评估是检验学员学习情况和教员授课情况的一种重要手段，是教学改革的指挥棒。物理实验系列课程建立了大学物理实验试题库与大学物理作业和思考题库系统。其中，大学物理实验试题库在保持对学员实验技能和实验方法考察的同时，加大了与实验内容相关的物理图像、物理思想和物理方法的考察。还开展了评估系统的数字化研究，总结了大学物理和大学物理实验的知识点，将考核的题目进行系统分类，建立了完备的教学实时评估系统，为今后进一步的改革打下了坚实的基础。

五、以学科建设为龙头，走教学、科研相结合的道路

推进教师队伍建设，坚持课程负责人制度，强化教学管理。教员是教学的主导力量，教学改革的成败关键在于教师，没有高水平的教

师队伍，就没有高质量的教学效果。

大学物理教师过去仅单纯教学，和科研脱节，教师知识难于更新，不能适应教学内容现代化的要求，教学质量也难以提高。最近几年，应用物理系一批老教员陆续退出教学第一线，系明确提出了以学科建设为龙头，走教学、科研相结合的道路，推进教师队伍建设的指导思想。为此，不仅把一批博士学位教师充实到大学物理教学队伍第一线，而且鼓励学科带头人、博士生导师、硕士生导师去教大学物理。因而全系几乎所有的博士生导师都在大学物理教学第一线。此外，系里还鼓励大学物理教员积极参加科研工作，并通过进修、读博等途径改善大学物理教师队伍结构。

把师资队伍建设和学科建设结合起来，走教学科研相结合的道路，要求大学物理教员要有自己的科研方向，并进行科学研究，从而有利于教师的知识更新和教学质量的提高；教员通过教学，可以深化对基本概念和物理原理的理解，打牢基础，进而有利于科研能力和科研水平的提高。做到教学、科研相结合，实现教学、科研相互促进，良性互动，共同提高。这不仅有利于提高教师素质，更有利于稳定大学物理教师队伍。

通过积极开展教学研讨和学术交流活动，提高教师素质。我们通过派出去、请进来的方法，大力加强与国内同行的学术交往。近五年来，派出二十多位教师外出调研学习，参加全国高等工科物理教育学术研讨会和"新概念物理教程"学习班等。2001 年 5 月，我校邀请国内知名学者赵凯华、陈泽民、卢德馨教授等到校讲学、交流有关教学改革的经验和学术研究成果。同时牵头组织"军队院校物理教学学术研讨会"和军内院校的交流合作。

提高教师素质的根本途径还在于"岗位练兵"，使教员在教学工作中得以锻炼和提高。对于青年教师，我们坚持试讲与评教相结合的制度，推行以老带新，青年教员在老教员指导下写教案讲稿，在课程组进行试讲，全体教员评教，通过后才能上台讲课。平时则开展教学研讨、观摩教学活动，提倡互帮互学。

强化课程管理，引入竞争机制，设立教师岗位聘任制度。坚持课程负责人制度和首席教授制度，对大学物理课程建设进行长远规划，研究教学内容改革，组织教学研讨活动。现在每年约有3000多名本科学员学习大学物理课程，任科教员多达十几名。我们实行同一类的学员统一大纲、统一施教、统一考试，有力地保证了大学物理教学水平。

现在一批中青年教师已成为大学物理系列课程教学的骨干老师，正在教学、科研和管理工作岗位上发挥重要作用。本系列课程组教师队伍结构合理、思想稳定、爱岗敬业、积极进取、精神状态良好。其中，一人被选为全军优秀教师，二人获得军队育才金奖，二人获得军队育才银奖，三人获得校教学优秀个人二等奖，一人获得校首届优秀主讲教师称号。另外，2001年大学物理课程组获校教学优秀集体二等奖；2003年"工科物理系列课程建设"获国防科学技术大学教学成果一等奖。

参考文献

[1] 赵凯华,罗薇茵.新概念物理教程:热学.北京:高等教育出版社,1998.
[2] 罗杰·G.牛顿.探求万物之理——混沌、夸克与拉普拉斯妖.李香莲,译.上海:上海科技教育出版社,2000.
[3] 李承祖,杨丽佳.基础物理学:上册.北京:科学出版社,2004.
[4] 李承祖,杨丽佳.基础物理学:中册.北京:科学出版社,2004.
[5] 赵凯华,罗薇茵.新概念物理教程:力学.北京:高等教育出版社,1995.
[6] 蔡枢,吴铭磊.大学物理.北京:高等教育出版社,1996.

（2006年6月）

基础物理学发展战略研究报告[*]

一、物理学

物理学的研究对象是物质世界，物理学的研究目的是探索物质结构和支配物质运动的基本法则和普遍规律。

物理学是人类历史上最古老的学科之一。物理学的发展对人类物质文明以及社会思想和文化进步都产生重要影响。尤其在近代，物理学是现代自然科学知识体系的核心，是科学技术发展、人类物质文明进步的主要推动力。

物理学是自然科学各学科的共同基础，是近代科学技术的主要源泉。在历史上，18 世纪热力学研究和蒸汽机的发明引发了第一次工业革命；19 世纪电磁学的研究和电力的应用，引发了以电气化为特征的第二次工业革命；20 世纪初，相对论和量子力学问世，物理学研究迅速向高速和微观两个极端方向发展，促进了核物理、原子分子物理、半导体物理、材料科学的研究，导致核能的应用、激光的发明、晶体管和集成电路的出现和广泛应用；20 世纪下半叶以来，一场新的技术革命汹涌澎湃，席卷全球，以计算机技术、信息技术为核心，兴起了一大群知识密集型高新技术，如激光技术、自动化技术、新材料技术、生物技术、航天技术、海洋技术以及新能源技术等。本质上这些技术

---

* 本篇是"基础物理发展战略研究报告"的一部分，收入本书时做了适当删减和修改。

基础都是物理学，本身都是物理学研究的延伸和具体应用。历史经验告诉我们，物理学基础研究的突破，往往会导致新技术、新产业的出现，极大地促进社会生产力的提高和人类物质文明的进步。没有今天的物理基础科学研究，就没有明天的科技应用。

当代物理学仍是充满生机和活力的科学，不仅它的研究方法和思想已广泛渗透到自然科学各个学科，它的新进展也正在不断地被开发为新技术，创造出新的产业。物理学对人类物质文明和社会进步的贡献得到全世界的公认。2004 年 6 月 10 日，联合国大会鼓掌通过决议[1]，规定 2005 年为"世界物理年"，决议确认：

物理学是认识自然界的基础；

物理学是当今众多技术发展的基石；

物理教育为培养人的发展提供了必要的科学基础。

我们有理由相信，在 21 世纪，物理学将会像 20 世纪一样，在科学技术发展中处于主导地位，对技术进步和相关产业发展发挥推动作用，更广泛、深入地促进人类社会物质文明的进步。

二、物理学研究发展趋势和主要方向研究领域

（一）当代物理学研究主流和发展趋势

1. 在研究对象的尺度上，向微观和宇观两个极端方向发展

物理学以人的大小为尺度规定了长度单位——米，物理学最初就是从研究与此尺度相当的宏观物体开始的。从 19 世纪末到 20 世纪初，物理学已经深入原子分子层次（$10^{-10} \sim 10^{-9}$ 米），之后又深入原子核、质子、中子层次。目前的实验水平已达到能量最高分辨率 $\Delta E/E \approx 10^{-16}$，能直接测量的最短时间约 10^{-16} 秒，最小空间分辨率约 3.9×10^{-19} 米，已经能直接操控单个原子、光子。现在物理学的前沿是粒子物理，研究对象是电子、中微子、夸克等尺度在 10^{-15} 量级的物质层次。物理学研究的另一个极端是宇宙学，研究对象的尺度在 $10^{26} \sim 10^{27}$ 米[2]。

前沿课题是宇宙的起源和演化。

代表20世纪物理学主要进展的诺贝尔奖，很好地说明了这种趋势。从1901年到2000年整个20世纪，诺贝尔物理奖共颁奖95次，其中除了一般电磁学、光学等其他领域研究外，直接涉及原子、电子、粒子物理等微观领域和量子力学研究的就有66项，占70%；涉及天体物理等宇观领域的有5项，约占5%[3]。

令人吃惊的是，物理学研究最大和最小的两个极端——宇宙学和粒子物理学——竟然非常奇妙地衔接在一起，都采用量子力学理论，探索着物质最小结构和起源[2]。

2. 极端条件下物质形态和物质运动的规律逐渐成为物理学研究的热点

一方面，人类生产、科研活动范围不断扩大，不断地向物理学提出研究非常规条件下物质结构、性质和运动规律的新问题。如在热核反应中会遇到极高温度、极高密度、极高压情况；在超导电子学、超流磁学、量子霍尔效应、玻色－爱因斯坦凝聚研究都需要极低温度。另一方面，技术进步也为在实验室进行超高温、超高压、极低温、高密度、强电场、强磁场以及等离子态等非常规、极端条件下的物理实验成为可能，同时也准备了相应条件下的探测设备和测量手段。

另外，计算技术的进步扩大了"物理实验"的含义，使物理学可以用计算机模拟这种廉价方式进行极端条件下的物理学实验。此时模拟的目的不是计算，而是理解、预言、发现新的物理现象。

3. 物理学和技术关系更为紧密，物理学研究转化为实用技术的周期越来越短

20世纪半导体、激光、原子能和计算机技术发展的历史，充分说明了物理学和技术学科的相互依存，其中物理学更为基础。现在在许多领域，物理学研究和技术开发二者已经结合在一起，很难去划分一个具体的研究项目是物理基础研究还是应用技术研究。物理学向技术转化的周期越来越短，比如量子保密通信的研究，在实验室内是原理验证，出了实验室就是实际应用中具体的设备和技术。

（二）当前活跃的、和国防技术关系密切的物理学研究领域

1. 理论物理学

理论物理学是在对物理现象进行实验研究的基础上，用实验、数学、逻辑论证相结合的方法，研究物质结构、相互作用、运动规律。

传统的物理学是实验科学。实验是理论的基础，从实验中抽象、归纳、整理出的概念、图像、理论是否正确，归根结底要受实验的检验，从这个意义上说，物理学是实验科学。但是，并不是所有的理论都直接建立在实验基础上，理论可以建立在理论——被实验证明是正确的理论——基础上，也可以建立在"假设"基础上，只要理论预言能被实验证实，并能预言新的结果，这样的理论就是有价值的。随着物理学研究深入，人们已经不能仅靠直觉和经验把握诸如宇宙这样大范围，接近光这样极高速度，像电子、夸克这样极细微的研究对象了，此时逻辑地思考、创新灵感和发现就显得极为重要。20世纪初，爱因斯坦为解决牛顿绝对时空理论和麦克斯韦电磁理论的矛盾，在两个基本假设基础上建立了狭义相对论理论；当物理学研究深入微观领域，20世纪30年代建立了量子力学理论。从此，理论物理成为物理学的一个重要组成部分。

理论物理不是直接以某一个或某些实验为基础，它的表现形式常常建立在几条基本假设基础上，其正确性靠理论预言和实验结果一致证明，从根本上说，它建立在整个物理实验基础上。理论物理以数学为语言和工具，应用逻辑和归纳、演绎的方法来解释和预见物理现象。理论物理往往能更全面、更深刻地反映物理现象的本质。

理论物理研究各种物理现象的基本概念、基本规律和描述方法。理论物理的研究已渗透物理学各个分支以及与物理学相关的交叉学科和技术领域中。在当代物理学发展中，理论物理起着极为重要的作用。例如，量子力学的发展已经导致量子化学、量子生物学、量子信息学

等新型学科的出现；关于量子物理中态的非定域性、量子纠缠现象的研究，可能为后摩尔时代信息技术发展展示出新的途径。分子生物学的研究，需要物理学新概念、新理论，使能够从构成生物的"分子机器"去理解极其复杂而又高度有组织的生物物理体系。

理论物理学本身也存在一些尚未解决的重大疑难问题。如四种基本相互作用的"大统一"问题、"对称性的丢失"、"夸克紧闭"、宇宙起源、生命现象、非线性物理中的一些问题、量子纠缠的本质和测量坍缩的物理过程等。

2. 凝聚态物理

当物质以结晶晶体、非晶体、液体、等离子等状态存在，内部粒子间存在强烈的相互作用，这种物态称为凝聚态。凝聚态物理研究物质处在凝聚态时的物质结构、相互作用、物理性质、运动规律等。凝聚态物理学研究能丰富人们对物质世界的基本认识，对物理学概念、理论发展有重要意义，特别和各种新型功能材料（如高温超导体、新型光学和光电子材料、新型半导体材料、高分子聚合物材料等）的开发和应用有密切关系。凝聚态物理学是物理学中很宽的一个领域，全世界约有一半的物理学家工作在这个领域[4]。

从物理角度看，当组成材料的微粒尺寸进入纳米量级，微粒本身就会表现出一些非同寻常的性质。研究从微米到亚微米尺度上物质运动的特殊规律，发展极细微尺度材料的探测、表征、加工、调控方法，是凝聚态物理发展的一个重要研究方向。与纳米材料研究有关的基本问题是：从原子、分子簇到固体的界限在哪里？为了获得固体性质，到底需要多少个分子，安排成什么构型？这些问题和各种纳米材料、人造结构的半导体、金属和磁体，以及量子阱、薄膜、"人造原子"有关，因为这些系统都需要弄清低维度以及有限尺度的效应。

3. 原子分子和光物理[5]

原子分子物理和光学是研究物质结构在原子、分子水平上的性质和运动规律。原子、分子的内部态跃迁辐射出光，对光的研究一方面可以提供物质结构这一层次的知识，同时可以创造光学新技术、新器件。

原子分子和光物理研究不仅为化学、天体物理、凝聚态物理、等离子体物理、表面科学、生物学、医学等相近学科提供理论、方法和基本数据，还与国家安全体系、国家核聚变计划、能源、新材料研究密切关联。此外，原子分子和光物理还是发展激光器、激光武器、激光加工、激光同位素分离技术的基础。这方面的研究还与信息技术（如光纤通信、量子保密通信）有关，在量子保密通信、量子计算的线性光学实现中，就需要单光子源技术和纠缠光子源技术。

用激光束冷却、囚禁原子和离子，提供了一种操纵和控制原子的新方法。原子囚禁为极高精度光谱测量铺平了道路，基于囚禁原子技术的原子钟极大地提高了卫星全球定位系统的精度；激光冷却和囚禁最重要的成果是实现玻色－爱因斯坦凝聚，对这种新物质形态的研究，形成了"原子激光"的概念，开辟了原子光学和原子干涉的新领域。

4. 极端条件下的物理学

随着科学技术的进步和人类生产实践活动范围的增大，像极强光场、超高温、超低温、超高压、强磁场、极短时间尺度的物理过程等极端条件下的物理学，正成为物理学研究的前沿。极端条件下的物理学就是研究物质在这些极端条件下的状态、性质、运动转化规律以及发生各种现象的物理机制和调控手段。现代科学技术的发展为物理学提供了非寻常的极端条件和极端条件下的实验、探测手段。这些研究不仅能丰富对物质运动规律的认识，开辟新的研究领域，而且对化学、地球科学、宇宙学、生命科学、材料科学也有重要作用。

极端条件下的物理学本身就是技术科学的一个重要组成部分，如核聚变、核能源、激光武器研究等，都涉及超高温、超高压、强激光条件下的物态研究。

寻求更低的温度，可以导致非寻常的新发现，是研究各种宏观量子效应的主要手段；在技术上，低温超导研究、液氦超流、约瑟夫森效应、量子霍尔效应、玻色－爱因斯坦凝聚都是在低温条件下的物质所表现出的新性质。

5. 生物物理学

生物物理学是用物理学的理论和方法研究生命现象的科学。20 世纪，由于理论物理学的发展，如量子力学、非平衡态热力学、非线性系统动力学、计算物理学的发展，以及生物控制论、信息科学研究，开辟了用物理学方法研究像生命这样高度复杂系统的可能性，可以用量子物理原理，借助现代计算技术，认识原子、分子、分子聚合物结构以及宏观尺度化学物质的状态、性能、变化规律，由此可知，物理学正迅速进入生物学。

现在已经清楚，不存在违反物理学规律的生物学现象[5]23。20 世纪以来，随着物理学以及化学的发展，越来越多的生命现象被解释，人们越来越相信，生命现象中也不会存在什么超自然的东西[1]22，但是这并不意味着应用物理学规律就可以解释全部生命现象。毫无疑问，生物学研究的对象是由大量原子分子组成的物质系统，但是要解释原子如何键结在一起形成特定的生物分子，特定的生物分子又是如何在空间装配在一起形成一定的形貌和状态的，要回答这些问题，仅仅运用物理学规律来解释是不够的，因为可能存在多种键结、组合方式，这就还需要另外的原因——信息。生物学信息来源于分子的历史和生物进化。所以，生物学研究包含两方面的内容：寻求形成特定生物体系需要的信息和根据物理学规律观察体系的动力学行为[5]34。

现代生物学已经确定，尽管生物物种极其多样，但往往不同物种有相同的分子或类似的分子结构，即生物体系化学统一性；现代生物学已经能鉴别生物进化中积累的信息，这些信息储存在脱氧核糖核酸（DNA）的碱基序列中。这一事实的发现和后续的阅读、操控技术导致了以研究存储在核酸中遗传信息为基础的分子生物学的爆炸性发展[5]34。

现代生物学正进入通过对各种负责生物功能的分子机器的行为的

研究来解释生物各种功能的时代。此时物理学发挥了两方面的作用：一是物理学为观测三维分子结构及其动力学行为，提供了如光学显微镜、X射线、示踪原子、中子衍射、核磁共振、同步辐射，电子显微镜等现代观测仪器和实验手段；二是为生命科学研究提供了理论、概念、原理和方法，用物理学的方法对鉴别出的对生物现象起作用的特定分子和分子聚合体进行研究，如生物膜、细胞、各种组织的结构和功能，解释生物现象。

当然，为理解像生物体这样极其复杂而又高度有组织的生物体系，物理学也面临巨大的挑战，也需要提出新概念、新思想。

三、物理学和国防高技术

（一）军事高技术

所谓军事高技术，按现在流行的看法，是指处于当代科学技术前沿的、对军队武器装备发展起推动作用的现代科学技术群。在20世纪70年代以前，这个军事高技术群主要包括核武器技术、导弹技术、计算机技术、微电子技术、航天技术等。到了20世纪末，随着以计算机为代表的信息技术的进步，军事高技术群又包括精确制导武器、军用卫星、电子战装备和C^3I（指挥、控制、通信和情报）系统等。从技术角度看，军事高技术可以分为军事信息技术、军用新材料技术、军用新能源技术、军用生物技术、军用海洋开发技术和军事航天技术六个领域。这些技术领域的出现和发展显然都与物理学研究有密切关系。事实上，正是物理学的基础研究促进了这些军事技术重要领域的重大变革，反过来也正是军事斗争的强大需求有力地推动了军事高技术以及物理学的进步。

（二）物理学和国防高技术的密切关系[5]33

物理学研究和国防高技术发展存在密切的关系。原子物理和光学的研究已经导致高精度的原子钟和频率标准的产生。原子钟和激光陀螺仪是现代导航和全球定位系统的核心；现在原子钟的精度已高达 10^{-15} 秒，用于精确定位系统，能够确定人在地球上任何一点的位置，其误差小于几米。这一系统可用于军事导航和制导。实验室和原子分子计算给出的原子、分子过程的有关数据，对于原子武器、核聚变、各种军用新材料研究以及可能影响到军事方案的大气和气象都极为重要。如原子跃迁概率的数据对模拟大气中的核爆炸是必要的，在核武器电离化防护设施设计中需要物质辐射不透明数据，在特定频率激光器开发中需要原子分子能级、寿命和跃迁概率的数据；在军事气象学中需要知道云的形成、成核现象、电离层对电波干扰等。

激光应用范围包括测距、导航、光学雷达和其他许多项目；高功率激光器正在干扰和反干扰、定向能量武器系统中发挥作用；物理遥感技术在发动机设计中的燃料分析以及化学武器测量方面都发挥作用。

光纤通信作为一种现代信息传输手段，在军队信息化中得到了广泛应用。光纤通信，表示信息的光脉冲从一个电驱动光源发出，进入光纤，在光纤另一端被检测并转换为电信号。由于光纤可以传送大容量的信息，往往比无线电、同轴电缆、卫星传送信息更经济、更安全。光纤通信首先要解决光纤损耗、光导纤维的色散问题，还要解决物理尺寸能与头发丝般细的纤维相适应的光源，要求十分苛刻。

在潜水艇的通信中，由于海水对无线电波的强烈吸收造成困难，激光通信可能是一项有希望的技术，因为已经知道海水在蓝-绿频域有一个光谱窗口，而主要问题则是需要开发一种在波长、效率、功率和寿命方面全都满足要求的水下激光通信系统。

已经发展的大功率、高效率的二氧化碳激光器，在高分辨率雷达中有潜在的应用。其缺点是10微米波长在大气中有较大的衰减。目前还没有有效的激光器工作在大气窗口毫米、亚毫米波段。有可能用二氧化碳激光器泵浦不同有机分子产生所需的辐射。

激光武器是用高能量激光束摧毁飞机、导弹、卫星等目标的定向能武器，它具有速度快、机动灵活、精度高、不受电磁干扰等优点，在拦截飞机、导弹、反卫星以及光电对抗等方面都具有特殊的优势。发展激光武器首先需要研制高能激光器，原子分子光物理研究在这里有不可替代的作用。

（三）军事高技术涉及的物理学主要方面

现代军事高技术还在不断地对物理学发展提出新的需求。在美国国防部资助的国防发展战略研究计划中，要求物理学研究掌握一些基本原理，以确定不同军事装备应用，支持各军种武器、武器平台、传感器、通信、导航、监视、对抗以及信息处理等领域的相关技术。包括陆、海、空、天基传感器，辐射源，浅水水雷探测，精确打击，监视，制导与控制，毁伤，微波压制，致瘫，干扰和迷惑等技术，以及改进原子钟以提高全球定位系统性能，部署无人值守传感器，探测和评估大规模杀伤武器的制造能力等。国防高技术涉及的物理学主要包括以下五个方面。

1. 辐射源、辐射控制技术

辐射源包括从 X 射线到微波的整个波段。这些技术用于 C^3I、雷达、传感器、电子战和定向能武器中。研究内容包括辐射源、在战场环境下辐射的传播规律和探测技术。研究要点是大功率激光器、紫外线－蓝－绿激光器、高功率微波、光子光带工程、非线性光学和光学补偿等。由于无线电波源、一般功率微波源、小功率激光源技术比较成熟，当前主要需要研究的是强激光源（激光武器）和高功率微波。需要开发的是 T 赫兹技术。

T 赫兹（10^{12} 赫兹）是频率位于紫外光和 X 射线之间的一个电磁波段。是目前尚未被很好开发和应用的一个电磁波频段。在电磁波频谱日趋紧张的今天，开发 T 赫兹波段成为各国互相竞争的一个方面。开发 T 赫兹的技术要点是掌握稳定的、可控制的、廉价方便的 T 赫兹源以及可靠的接收技术，研制相应的高效、廉价功能部件。

2. 信号捕获和信息采集技术

在现代高技术条件下的信息战中，信息在战争中有极为重要的作用，从侦察、监视到预警，从通信、决策到指挥，都需要进行信息获取、传输和处理。信息获取和处理能力已经成为重要的作战能力。争夺信息控制权、主导权成为现代战争的核心，对战争的胜负有举足轻重的作用。而获取信息的第一步是信号的捕获和信息采集，然后才是信息处理。信号捕获和信息采集基本上是个物理问题，主要包括提高各种电波（无线电波、微波、光波等）接收机灵敏度和抗噪声、抗干扰能力；提高对微弱信号的探测能力，以及在夜间、风雨等恶劣环境下的探测能力；把非电量转换为电量的非电量电测的传感器技术、红外探测和红外成像技术、声呐技术及海下光通信技术等。

3. 高性能信息处理技术

为了在信息化战争中获得信息优势、夺取制信息权，作战的指挥自动化系统需要对采集的大量数据进行高效率、即时的处理。多兵种联合作战的气象海洋环境保障、陆海空天一体化的战场信息处理、高性能作战模拟等，都对高性能计算提出了巨大而紧迫的应用需求。此外，武器的精确制导、核爆炸过程的模拟、飞行器与运载工具的空气动力学计算、新概念武器研究、核物理研究与核反应过程的模拟、大气模型的建立和中长期天气预报与全球气候变化预测、密码系统研制与密码破译、新材料研究与物质模拟等，都对高性能计算提出了不断增长的巨大需求。

现有计算机能力提高以及新概念计算，如量子计算、光计算等，尤其是计算机硬件研制，大都属于物理学研究的内容。

4. 新材料技术、纳米技术和微制造技术

材料是军事高技术的物质基础，由于许多武器装备性能的改进都取决于材料和设计制造工艺的进步，所以，新材料技术的运用会影响到每个军兵种。如信息材料、能源材料、生物材料、新型功能材料、用于不同电磁波段的隐身材料、耐高温材料、抗核辐射材料、超硬高

强度材料等都广泛用于各种武器装备中。纳米材料的研究与微制造技术、传感技术有关；原子结构和原子阱的研究与原子钟精度有关，而这种精度直接影响全球定位系统的精确程度；原子光学和量子效应的研究可用于发展超高灵敏度的探测器，用于量子计算和通信，提高信息安全性和通信、计算能力。

需要特别提到的是纳米材料。纳米材料尺度为 $10^{-10} \sim 10^{-7}$ 米，与原子、分子同一量级。当微粒的尺寸与光波长、德布洛意波长以及超导态的相干长度相当或比其更小时，晶体周期性的边界条件已经被破坏，非晶态纳米颗粒表面附近原子密度小，导致声、光、电、磁、热力学等物理性质发生改变。如光的宽频带吸收、吸收带蓝移以及产生新的辐射频带等。一些材料的强度和硬度可以成倍提高，有的还具有可塑性。当颗粒尺寸接近单磁畴临界尺寸时，纳米强磁性颗粒（Fe－Co合金）具有很高的矫顽力，可以用于电声器件、阻尼器件。纳米颗粒中位于表面的原子占比大，表面原子活性大，容易与其他原子结合；当纳米颗粒尺寸小到一定值时，费米能级附近的电子能级由金属的准连续能级变成离散的分立能级，造成纳米半导体材料存在不连续的分子轨道能级，导致能隙变宽，使纳米颗粒呈现出磁、光、电、热明显不同的宏观性质。此外，纳米颗粒还表现出宏观量子隧道效应。纳米颗粒表现出的这些宏观尺寸效应和隧道效应将是未来微电子器件的基础。

由于纳米材料具有上述非同寻常的性质，纳米材料在军事上获得广泛的应用，如有望利用超微粒制成高灵敏度、超小型、低能耗、多功能传感器；可以在医学上制成骨骼、牙齿、筋等替换人体的组织；可以用于新型能源的光电转换、热电转换、高效太阳能等；纳米粉具有极强的储能特性，在燃料中添加纳米粉可以提高火箭固体燃料燃烧值，在火箭固体燃料中添加微量纳米铝粉或镍粉，可大大提高燃烧效率和燃烧速度，另外，纳米粉还可以用作功能涂层材料，在军事上用于隐身的目的。

纳米材料一个潜在的军事应用是纳米机械。日本丰田公司组装了一台米粒大小的微型汽车，德国美因兹微技术研究所制造了一架只有黄蜂大小的直升机。纳米发动机可以只有铅笔尖大，转速达每分钟 10 万次。美国于 1995 年提出了制造纳米卫星的概念，这种卫星可以只有麻雀大，采用微机电一体化的集成技术，可以制成受电波控制的纳米导弹，制造苍蝇大小的飞行器，秘密地部署到敌方信息系统和武器系统内部，监视敌方情况等。2006 年，美国佐治亚理工学院教授王中林等成功地在纳米尺度范围内将机械能转换成电能，研制出世界上最小的发电机——纳米发电机。这一成果发表在当年 4 月 14 日出版的《科学》杂志上，被中国科学院评选为 2006 年世界十大科技进步之一。这表明纳米制造已不是科学幻想，而是实在的、正被研究和开发的应用技术。

5. 高能物理和等离子体物理

许多现代军事技术都涉及高能量物理过程。由于辐射频率越高，涉及的物理过程能量值越高，高频电磁辐射源就需要这样的物理过程。此外，激光武器、粒子束武器、热核武器也涉及巨大的能量释放。这方面的研究要点包括可移动的动力源、热光电源、小型加速器、强大脉冲源等。

等离子体是由大量带电粒子（电子和离子）以及不带电的中性粒子（原子、分子等）组成的、整体上表现为电中性的气体。等离子体被称为固态、液态、气态外的物质第四态。据估计，在宇宙空间中，约有 99% 以上的物质处于等离子体状态。从普通气体到等离子体并没有明显的相变，等离子体和气体的主要差别在于等离子体除热运动外，还具有等离子体震荡；由于等离子体由带电粒子组成，对外来电磁场有敏感的反应。

军事应用中涉及的等离子体主要有以下四个方面：（1）核爆炸会产生等离子体；（2）受控热核聚变，核潜艇；（3）太阳黑子活动和大气等离子层对通信的影响；（4）等离子体对电磁波有强烈的吸收，这一点已经被视为隐身技术的一种方法。

四、关于物理学基础研究发展战略建议

(一) 重视分子、原子和光物理等微观领域的基础研究

现代科学技术的进步，使分子、原子、电子、光子等微观领域的研究上升到十分重要的位置。如微电子学、激光、新材料、生物技术等，最后都归结为这些物质最基本单元的研究。微观领域物理学研究已经成为现代高新技术产生的主要源泉，实际上代表现代物理学发展的主要趋势。开展这些方面的研究对提高我校基础研究水平同样有重要意义。建议重视这方面的基础研究，投入一定的人力、物力开展相关工作，这一领域的研究将是产生新材料、新技术、新装备的基础和源泉。

(二) 加强量子信息技术研究

近代物理半导体、微电子学技术的进步，不仅使信息处理速度指数增长，而且也让计算机芯片集成度正逼近其物理极限。实际上，到2000年，微电子工业已经做出10亿位的动态随机存储器芯片和每平方厘米1300万个晶体管，特征尺寸达0.18微米。到2010年，预计内存芯片的容量将达1000亿，最小特征尺寸达70纳米[6]。虽然目前一个基本逻辑部件或一个存储单元所涉及的原子数目仍在 $10^3 \sim 10^{11}$ 量级，经典物理规律还可适用，但正像著名的摩尔定律所预言的发展趋势，当一个逻辑部件仅涉及少数原子，一个逻辑操作耗能接近热力学极限 kT 量级，这时经典物理规律将失效，支配系统的将是量子物理规律。一旦我们将信息编码在少数原子或光子、电子的量子态上，此时研究信息存储、信息传输和信息处理就必须用量子力学规律，也就是说，量子信息是现在信息技术发展不可避免的、必然的趋势。

从基本的物理学方面看，物质世界本质是量子的，而对物质世界

的经典描述只是近似的、有条件的。信息既然是编码在物理态中的东西，用量子态取代经典态就是很自然的事。所以，国际著名量子信息专家 C. H. Bennett 就指出，"以量子原理为基础的信息理论，推广并完善了经典信息理论，就像从实数推广到复数完善了数一样"[7]。

量子信息处理器利用量子叠加和量子纠缠现象，已经证明具有若干经典信息不具备的新的信息功能，如绝对安全的保密通信、隐形传态、超密编码和大规模并行计算等。量子信息很可能成为新一代信息技术的基础，对未来的通信和信息处理（计算）技术产生潜在的重大影响。同时，由于量子计算机天然地适用于微尺度量子系统的计算机模拟，因此，其对发展纳米材料、生物技术、微制造技术也具有关键作用。

（三）重视纳米材料、微结构、微制造技术基础研究

由于纳米材料、微制造技术能使军事装备微型化，具有更好的机动性、灵活性、隐蔽性，可能引起战争态势发生根本变化，因此，我们必须重视这些领域研究。

（四）重视超高温、超高压、极低温、等离子体等极端条件下的物理学基础研究

超高温、超高压、极低温、高密度、强电场、强磁场以及等离子态等非常规、极端条件下的物理学研究是物理学发展的一个明显趋势和重要方向。一方面，现在军事装备、军事高技术已经涉及这种极端情况，需要研究物质在这种极端条件下的性质和运动规律；另一方面，该领域的研究也是产生新材料、新技术、新工艺、新装备的源泉。

参考文献

[1]　赵凯华. 物理学照亮世界. 北京：北京大学出版社，2005.

[2]　赵凯华，罗蔚茵. 新概念物理教程：力学. 北京：高等教育出版社，1995.

[3] 亚当斯.20 世纪的物理学.周福新,等译.上海:上海科学技术出版社,2006.

[4] Black P,et al. 物理 2000:进入新千年的物理学. 赵凯华,译. 北京:北京大学出版社,2000.

[5] 物理学评述委员会.90 年代物理学:原子、分子物理学和光学.伍烈尧,等译.北京:科学出版社,1993.

[6] Anthony H,Patrick W.新量子世界.雷奕安,译.长沙:湖南科学技术出版社,2005.

[7] Bennet C H,et al. Quantum information and computation. Nature,2000(404):247 – 255.

(2007 年 8 月)

量子计算机的全电路超导簇态实现[*]

一、前言

　　量子计算机是利用量子态编码信息，根据量子物理原理进行信息处理的机器。量子计算机不仅能克服物理原理对现有计算机进一步发展的制约，而且由于利用了量子态的相干叠加性质，具有超出现在电子计算机的数据处理能力，可成为下一代计算机发展的重要方向。近十年来，人们已先后在离子阱系统、液体中分子系综核磁共振、腔QED以及线形光学系统实现了量子计算的基本逻辑门操作，实验演示了量子计算原理的可行性。但所有这些系统都存在一个共同的弱点，即难以规模化，难以形成真正意义上的量子计算机。

　　近年来采用固体物理系统实现量子计算引起了广泛的关注[1-3]，目前已提出量子点、超导Josephson电路等实现方案。一般来说，固体量子系统的"环境"更复杂，系统和环境有更强的耦合，计算机系统编码态相干保持时间更短，这是其劣势的一面。但它相对其他系统有重要优势，例如，系统参数可连续调节，易于优化设计。特别是超导电路，可以借助由半个世纪发展起来的微电子学、成熟的光刻平版印刷技术制造其硬件，便于集成化、规模化，可造出具有实用价值的量子计算机。

---

　　* 本篇是作者向有关方面写的建议报告，曾在国防科技大学举办的"国防科技前沿论坛"会上进行交流，并收入会议论文集中，收入本书时个别地方有修改。

簇态是量子系统的一种高度纠缠态，对于具有 Ising 类相互作用的两能级系统，可以非常简单地制备。簇态上的量子计算模型，不同于通常的量子门组网络模型——通过一系列的么正门操作实现量子计算，而是仅仅通过单量子位投影测量执行。即任意量子计算任务，都可按算法规定测量模式，执行一系列的单量子位测量，前馈测量结果控制后续测量基实现[4-5]。信息伴随着物理量子位测量，在被处理的同时也向前传输。

采用固体超导 Josephson 电路量子位和簇态量子计算模型，通过二者的结合实现量子计算，具有一系列的优越性，是一个有希望的量子计算机物理实现方案。

二、超导量子计算机的物理原理

为了减少大规模集成芯片中电路电阻引起的热耗，超导计算机的概念已提出多年。但以前的超导计算机仍然属于经典计算的范畴，因为它依旧是超导态与正常态的相互转换，使电流从一个通道转移到另一通道制作逻辑开关；利用超导态无阻超导电流作为存储元件，或利用 Josephson 结伏安特性制作超导元件。这种利用超导元件的计算机，没有利用量子物理原理、量子相干叠加性质执行计算操作，在物理原理上仍属于经典计算机范畴。

超导量子计算机不同于超导经典计算机，超导量子计算机是用 Josephson 结电路具有量子性质的宏观态编码信息。基本约瑟夫森电路是由若干个低电容约瑟夫森结和超导电极（超导岛）组成的电路环。在低温和适当的电路参数条件下，电路的哈密顿量的本征空间可以简化为一个二维 Hilbert 空间，因而可以编码一个量子位。目前已经提出的量子位实现主要有两种：一种是用低电容 Josephson 结中的电荷自由度编码，量子位用超导岛上两个宏观 Cooper 对电荷数态表示[6-7]；另一种基于 Josephson 结的相位或环几何磁通自由度，量子位用环中磁通态（相位）的宏观参量表征[8-9]。

在 20 世纪 80 年代量子信息出现以前，人们就对 Josephson 结电路的宏观量子效应产生了兴趣，目的是研究量子力学规律是否适用于这些用宏观参数描述的物理态。实验证明了宏观量子隧穿和共振隧穿[10-11]。90 年代以后，实验还证明了 Cooper 对相干隧穿和电荷态的量子叠加[12-14]。继 1999 年 Nakamura 等在时间域观测到制备在电荷本征态叠加态 Josephson 电荷量子位的量子相干振荡[6]，耦合电荷量子位系统、超导多能级系统的相干量子震荡也在实验上得以证实[15-16]，2000 年以后，还陆续观察到两个不同磁通态的相干叠加和 Rabi 震荡（表明可以制备出这两个宏观态的相干叠加）[17-18]。单量子位门操作，两量子位的耦合、两量子位纠缠态以及两位门操作都已在实验室实现[19-22]；为了提取出量子位态信息的测量，可以使用单 Cooper 对晶体管（SCT）电路和超导量子干涉仪（SQUID）得以实现[23-25]。这些理论和实验研究，为超导量子计算打下了坚实的基础。

2007 年 2 月 12 日，加拿大公司 D - Wave 展示了世界上第一台商用量子计算机。这台计算机使用的芯片就是美国航空航天局（NASA）运用微电子元件和超低温技术制造的，芯片是由铝和铌元素组成的超导材料制成的，被液氮冷冻在 5mK 的温度下。计算机使用绝热量子算法，基本上算是一台模拟机。

三、簇态和簇态上的量子计算

2001 年，德国 Raussendorf 等提出了簇态和簇态上的量子计算方案。在这个方案中，利用事前制备的一类特殊纠缠态——簇态——为计算资源，计算由一系列的单个物理量子位测量完成。计算过程由测量的经典结果前馈控制后来测量的基组成。输入信息在测量过程中被处理，同时伴随着测量进行向前传输。整个计算过程，包括输入态制备、计算操作、计算结果的输出，完全由测量完成。测量的次序和测量基选择由特定问题的算法决定。由于簇态中的物理量子位态将在测量中被破坏，仅可使用一次，所以这个方案又称为单向量子计算方案。这一方案突出反映了测量以及纠缠对量子计算的重要性。

近几年的理论、实验研究都证明了簇态上量子计算方案的可行性。首先，簇态上的量子计算理论已相当完善[4-5]，产生超导电路簇态的理论方案最近也已经提出[26-27]。2005 年，《自然》上报道了 Walther 等用参数下转换产生的 4 光子簇态，实现了单向量子计算中通用逻辑门组，并执行了 Grover 搜索算法，证明了簇态量子计算方案的可行性[28]。这一年，《物理评论 A》上还报道了澳大利亚 Nielson 等证明的两个阈限定理[29]，表明只要在执行中的噪声低于某个常数阈值，以簇态为基础的单向量子计算可容错地进行，则足以执行任意复杂的量子计算。

以低温条件下约瑟夫森结电路宏观态的量子性质的研究，以及簇态量子计算研究为基础，有机地把它们结合起来，可能是解决当前量子计算机物理实现上诸多难题的一条出路，最终证明固态超导簇态量子计算机在原理上是可行的。

四、全电路超导簇态量子计算机

利用低温条件下约瑟夫森结电路宏观态的量子性质，采取簇态量子计算方案，实现固态、全电路量子计算机，具有以下五个重要的优点。

1. 传统的量子计算采用网络线路模型，通过对输入态连续地么正逻辑门操作执行量子计算。采用簇态上以测量为基础的单向量子计算模型，这个模型有两个明显的优点，一是整个计算过程只需要单量子位测量，完全不需要么正的逻辑门操作，一般单量子位测量比多量子位逻辑门操作更简单，也更容易实现；二是鉴于簇态上的量子计算中已经被测量过的物理量子位编码的信息被计算并已传输到后续的量子位上，被测量子位本身已从纠缠簇态中脱落，根据簇态的性质，这些已经脱落的量子位可以重新再纠缠起来，并方便地再熔结到后续的簇态上。可以想象，这种量子处理器可以做成环形，计算循环地向前推进。这一方面可以节省量子处理器物理量子位数目，另一方面还可以做到计算所需资源"边消费、边制备",由于消相干总是和量子态与环境相互作用时间有关,这种制备出来很快就消费完的计算模型,为战胜消相干提供了一个有力方法。

2. 与目前已经提出的量子计算物理实现方案,即核磁共振、离子阱、线性光学等方案比较,核磁共振、离子阱、线性光学等方案是利用核自旋、离子或原子能级等自然界现成的系统充当量子位,参数不能自由选择,难于优化设计,特别是到现在还没有找到可规模化的、有实用价值的量子计算机的有效实现方法。而量子计算机的超导实现则是利用人工制造宏观量子系统充当量子位,因而量子位设计参数可以人为控制,这样的系统设计灵活,易于优化。特别是采用超导Josephson 电路实现,其硬件就可以借助已发展半个多世纪的电子集成电路技术来制造,可以方便地规模化、集成化。

3. 相对经典计算机,量子计算机最主要的优点是采用量子态编码信息,根据量子力学原理进行计算操作,可以实现大规模并行计算,大大提高计算速度。若采用簇态量子计算方案,具体问题算法的时间复杂度还可以进一步降低。因为计算过程是对单个量子位测量完成,对于那些测量基在算法中可以事前确定或在计算进行到某一时间可以确定的量子位,测量可以在同一时间进行。这与量子计算的线路网络模型不同,在线路网络模型中,后一步逻辑操作必须在前一步完成后才能进行,仍存在串行计算的瓶颈。所以,簇态上的量子计算有降低具体问题算法的时间复杂度以及进一步加速量子计算的作用。

4. 超导簇态量子计算机,在一定程度上可以类比经典电子计算机。目前代替经典电子计算机运算器的是"集成超导 Josephson 电路",把这个电路制备在簇态上是准备计算的第一步,相当于经典运算器"接通电路"。代替经典计算中的逻辑门操作的是对各个量子位按算法要求执行投影测量。这种可类比性给超导簇态量子计算机结构设计带来清晰的、可循的思路。

5. 在簇态上的量子计算模型中,编码态是量子的,但测量结果是经典的。计算过程需要处理前面测量得到的经典信息，用这些经典信息决定后续量子位的测量基，推动计算向前进行，经典信息流伴随着计算过程进行向前传输。因此，簇态上的量子计算需要伴随着经典信息处理，这需要由经典计算机完成，这也清楚表明，簇态上的量子计算需要经典计算机协作完成。这种由量子计算机和经典计算机相结合协同完成计算任务的方式可能是未来量子计算机的一般模式。

五、展望和总结

量子计算需要伴随着经典信息处理，可能不是簇态上量子计算独有的。我们可以大胆地预测，未来的计算机不可能是纯量子的。这主要有以下两个原因。（1）我们总是和经典信息打交道，输入计算机的信息必定是经典的，我们需要的计算结果也必定是经典信息。而量子态制备、测量这样的经典信息以及量子信息的变换，不可能由完全的量子系统实现，而必须根据具体问题算法要求，通过经典程序控制的量子系统实现。量子计算机可能只有其某些存储器、运算器是量子的，它的控制仍然是电路的，我们很可能仍需要经典编程控制这些电路，由这些电路控制量子态的制备、演化和测量，通过经典计算机和量子信息处理器协同地完成计算任务。（2）迄今人们发现的量子算法仍然为数不多，这很可能表明量子计算仅对少数特殊类型的问题（如分解大数至因子、随机数据库搜索等）才具有超出经典计算的能力，才需要用量子计算，而对于大量的实际问题量子计算并不具有加速计算的作用。因此，我们可以设想，新的计算机应当有智能的控制部分，把一个计算任务分解成适合量子计算的部分交量子处理器执行，而把那些适合经典计算的部分交给电子计算机处理器执行，通过各部分协调工作共同执行计算任务。采用超导簇态量子计算，可能是实现这种复合型计算机最值得研究的途径。

综上所述，相对现在提出的其他量子计算实现方案，超导簇态量子计算机具有明显特色和一系列的优越性：（1）超导量子计算机运算器操作、控制和测量可以通过逻辑电子线路进行，计算过程可以实现高速度、自动进行；（2）由于超导量子计算机量子态制备、操作和测量全都可以通过电路实现，这种计算机硬件可以借助成熟的微电子学技术制造，非常方便优化、集成化、规模化；（3）若采用簇态量子计算模型，全部计算操作都可由单量子位投影测量实现，从而简化了计算操作，利用簇态性质可最大限度实现物理资源的节约，采取"边消费、边产生"策略，可以有效地战胜与环境相互作用而引起的消相干；（4）簇态量子计算方案可以进一步降低具体问题算法的时间复杂度，进一步加速量子计算；（5）这种超导全电路簇态量子计算机非常适用于与现在的电子计算机结合，做成量子 – 经典复合计算机，这很可能是未来实现量子计算机的基本方向。

参考文献

[1] Ruggiero B,et al. Quantum Computing in Solid State Systems. Springer,2006.

[2] Makhlin Y, et al. Quantun-state engineering with Josephson-junction devices. R. M. P. , 2001,73:357.

[3] Wendin G,et al. Quntum bits with Josephson-junction (Review Article). Low. Temp. Phys. , 2007,33(9):724.

[4] Raussendorf R,et al. A one-way Quantum Computer. Phys. Rev. lett. ,2001,86(22):5188.

[5] Raussendorf R,et al. Measurement-based quantum computation on cluster states. Phys. Rev. A. 2003,68:022312.

[6] Nakamura Y,et al. Coherent control of macroscopic quantum states in a single-cooper- pair box. Nature,1999,398:786.

[7] You J Q,et al. Controllable manipulation and entanglement of macroscopic quantum states in coupled charge qubits. Phys. Rev. B,2003,(68):024510 – 01 – 024510 – 08.

[8] Mooij J E,et al. Josephson persistent current qubit. Science,1999,285:1036.

[9] Orlando T P, et al. Superconducting persisent-curent qubit. Phys. Rev. B, 1999, 60 (22):15398.

[10] Martinis J M,et al. Experimental tests for the quantum behavior of macroscopic degree of freedom: the phase difference across a Josephson junction. Phys. Rev. lett,1987,35:4682.

[11] Clarke J, et al. Quantum mechanics of a macroscopic variable: the phase difference of a Josephson junction. Science, 1988, 239:992.

[12] R S Rouse, et al. Observation of resonant tunneling between macroscopic distinct quantum levels. Phys. Rev. lett. 1995, 75:1614.

[13] Nakamura Y, et al. Spectroscopy of energy splitting between two macroscopic quantum states of charge coherently superposed by Josephson coupling. Phys. Rev. lett, 1997, 79:2328.

[14] Fridman J R, et al. Detection of a Schrodinger's cat in an rf-SQUID. Nature, 2000, 406:43.

[15] Pashkin Yu A, et al. Quantum oscillations in two coupled charge qubits. Nature, 2003, 421:823.

[16] Claudon J, et al. Coherent oscillations in a superconducting multilevel quantum system. Phys. Rev. lett., 2004, 93:187003.

[17] ver der Wal C H, et al. Quantum superposition of macroscopic persistent stataes. Science, 2000, 290:773.

[18] E II'ichev, et al. Continuous monitoring of Rabi oscillations in a Josephson flux qubitt. Phys. Rev. lett, 2003, 91:097906.

[19] Chiorescu I. Coherent quantum dynamics of a superconducting flux qubit. Science, 2003, 299:1869.

[20] Yamamoto T, et al. Demonstration of conditional gate operation using superconducting charge qubits. Nature, 2003, 425:941.

[21] Izmalkov A, et al. Experimental evidence for entangled states in a system of two coupled flux qubits. Phys. Rev. lett. 93, 037003, 2004; Phys. Rev. lett, 93, 049902(E), 2004.

[22] Bekley A J, et al. Entangled macroscopic quantum states in two superconducting qubits. Science, 2003, 368:284.

[23] Lupascu A, et al. Nondestructive readout for a superconducting flux qubite. Phys. Rev. lett., 2004, 93:177006.

[24] Buisson O, et al. One-shot quantum measurement using a hystertic dc-SQUID. Phys. Rev. lett, 2003, 90:238304.

[25] Mc Dermott R, et al. Simultaneous state measurement of coupled Josephson phase qubits. Science, 2005, 307:1299.

[26] Tanamoto T. Producing cluster in charge qubites and flux qubites. Phys. Rev. lett, 2006, 97:230501.

[27] You J Q, et al. Efficient one-step generation of large cluster states with solid-state circuits.

Phys. Rev. A,2007,75:052319.

[28] Walther P,et al. Experimental one-way quantum computing. Nature,2005,434:169 – 176.

[29] Nilson M A,et al. Fault-tolerant quantum computation with cluster states. Phys. Rew. A, 2005,71:042323.

（2008 年 1 月）

量子信息学科建设十八年

量子信息学是以量子物理为基础，融入经典信息论和计算机科学而形成的新兴交叉学科。量子信息技术是用离子、光子、原子等"量子系统"的量子态编码信息，利用量子力学原理进行信息存储、传输和处理的技术。由于量子态具有经典物理态所没有的纠缠等特性，所以量子信息可以实现经典信息没有的一些新功能，如量子隐形传态、稠密编码、绝对安全的保密通信、超大规模并行计算、抗干扰成像等。量子信息学已成为新一代通信技术和计算技术的理论基础，对未来信息学科的发展具有重大影响。

从 1997 年开始，我校根据著名科学家钱学森的建议，开展了量子信息学研究和相关学科建设。十八年来，学科的发展一直受到学校、学院各级领导的重视，量子信息学科从无到有，不断成长壮大，走过辉煌的十八年。特别是"十二五"期间，在学校研究生院的系统规划和重点支持下，现已成为学校基础学科研究最具活力的方向之一，是学校交叉学科建设的重要内容。

总结我校量子信息学科建设从创立、发展、壮大的十八年，我们的做法和经验是坚持从以下三个方面推进学科建设。

---

* 本篇是应研究生院要求，为庆祝国防科技大学研究生院成立三十周年写的专稿，曾于 2015 年 12 月 29 日发表在《国防科技大学学报》上，并收入王振国主编的《行进》一书中。收入本书时，为了条理更清楚，个别地方有改动。另外，陈平形、梁林梅、戴宏毅参与了原文纂写。

一、坚持学科前沿与应用需求相结合

学科建设应当和学科前沿的科学研究结合，学科前沿基础研究应当和高技术需求结合。十八年来，我们始终围绕高技术需求，在学科发展的前沿开展科学研究。特别是针对量子通信和量子计算的技术实现，开展基础理论问题研究，并取得了一系列创新性成果。先后提出了多体正交量子态可局域区分的一个必要条件；证明了完备乘积态的局域区分只需要局域投影测量和经典通信；证明了利用混合态也可进行无 Bell 不等式的非局域性验证，设计了验证三体纠缠态的无不等式 Bell 定理的实验方案；提出了采用不同纠缠量子通道、进行量子态隐形传送的多个理论方案；在量子热机、分布式量子计算、光学相干态研究等方面都做了重要工作。

我们瞄准国家、军队在保密通信、高性能计算等领域的具体应用需求，针对保密通信中实际器件性能的非完善性导致的安全漏洞，提出了多种可能的攻击方案；设计了基于光纤激光阵列的可实现快速关联成像的光源，并由此实现了室外大于 1 千米的关联成像，该关联成像方案属国内首创；实现了用于汞离子光钟的 194 纳米深紫外激光；实现了用于量子计算的 60 个离子的稳定囚禁，完成了离子量子位的制备，设计了离子芯片并实现了芯片上离子的囚禁；在"天河"计算机上比较了传统高性能计算机与基于玻色采样的量子计算机的计算能力。这些工作为我校量子信息学科的进一步发展奠定了扎实的基础。

十八年来，课题组在《物理评论快报》《物理评化 A》在内的国内外重要学术刊物发表 SCI 研究论文 160 余篇，单篇他引约 80 次，15 篇论文的引用次数进入 ESI 排名前 10%，他引论文广泛分布于《物理评论快报》《物理评论 A》《物理评论 B》等国际著名期刊上；出版学术专著 3 部，《量子通信和量子计算》获解放军第 4 届图书奖，《量子计算机研究》（上、下册）获科学院出版基金资助，《量子非局域性理论及应用基础研究》获湖南省自然科学一等奖。

二、坚持理论和实验相结合 独立自主与对外开放结合

量子信息作为一门技术学科，理论研究必须和实验研究相结合。在最初实验人才、实验技术、实验设备等几乎空白的情况下，我们在学校"十五"基础研究条件建设重点项目"量子信息技术实验室建设"资助下，通过自力更生与争取国内外同行帮助相结合的方式，创建了集科研、教学于一体的量子信息学研究实验室，开创了我校物理学理论研究和交叉学科基础实验研究的先河。我们"量子信息基础理论研究"获学校"十五"重大科技进展奖。

我们先后建立了量子保密通信实验室、量子关联成像雷达实验室、光频原子钟实验室、离子光子量子计算实验室。最近几年，在学校"十一五"科技平台条件建设和"十二五"交叉学科项目的支持下，进一步深化和开辟了量子通信、量子计算、量子成像和量子精密测量四个研究方向。我们的实验室成为我校物理学实验研究的一个重要平台，学校量子信息创新研究和对外合作开放的主要基地，并成为国家"2011 计划"量子信息与量子科技前沿协同创新中心首批成员单位。

开展像量子信息这样的前沿学科，首先必须坚持独立自主，把立足点放在自力更生上。但自力更生绝不是把门关起来，相反，而是应采取大胆开放的态度，和国内外同行建立密切合作，积极争取外援和帮助。我们先后与中国科技大学、清华大学、武汉物理数学研究所、上海光学机械研究所、陕西天文台等单位合作；与英国牛津大学、剑桥大学、加拿大多伦多大学、美国罗切斯特大学、奥地利因斯布鲁克大学、新加坡国立大学、德国埃尔郎根 – 纽伦堡大学等学校单位建立合作交流机制。2014 年以来，在研究生院的大力支持下，我们进一步深化与牛津、剑桥等世界顶尖大学合作，并组织召开了量子计算国际学术研讨会，不断提高学科的国际影响力。

通过自身努力与共建合作，学科水平得到进一步提升，实验室取得了一系列重要实验研究成果。在国内外重要学术刊物上发表了多篇

实验研究论文，在量子力学基础理论的实验研究方面，制备出国际先进水平的高纯度的光子纠缠态，首次完整实现了单光子偏振自由度上量子动力学过程的直接刻画；首次实验实现了基于压缩采样的量子态层析；实验实现了单光子任意偏振态的远程制备以及任意混合态的远程制备，在量子保密通信的攻防实验研究和离子阱量子计算研究中也取得了重要进展。实验室已经成为量子信息领域国内先进并有一定国际知名度的实验室。

三、坚持学科平台建设和人才培养相结合

学校的基本任务除科学创新研究外，另一个就是培养人才。我们在开展学科建设的同时，始终重视人才培养，将平台建设与人才培养紧密结合，把学科建成培养、教育学生的基地。量子信息作为一个新兴交叉学科，学科建设首先就需要建设一支人才队伍。我们通过广泛搜集文献资料，刻苦钻研，逐渐深入，逐步掌握了量子信息学的基础理论。我们从最初国内外既无教材又无课程体系，缺乏建设、培养经验的条件下，独立创建了适合量子信息学科发展要求，符合军队人才培养需要的本科、硕士、博士到继续教育的量子信息学科课程体系；在国内率先开创了"经典信息和量子信息融为一体"的教学内容体系，编著出版了相关核心课程教材；培养硕士研究生近 50 人，博士研究生近 20 人。其中，依托高水平实验平台，人才培养质量不断提升，先后有 1 篇获国家全国优秀百优博士学位论文奖，2 篇获国家百优、博士论文提名论文，7 篇获湖南省、军优博士论文，9 篇获学校优秀博士学位论文奖；3 人获教育部新世纪优秀人才计划支持，4 人入选学校拔尖创新人才培养计划。许多毕业学生已经成为教学、科研骨干，有些已经成为该领域国内知名学者和学科带头人。量子信息学科建设、实验室建设，在提高学生实验动手能力和科学素质方面发挥了重要作用。

2012 年，学校贯彻钱学森"理工结合，落实到工"的思想，提出进一步推进量子信息学科与校内优势工科的交叉融合，探索全新的交

叉学科建设模式。在校领导的直接关心、研究生院的具体指导和帮助下，通过系统论证、大胆创新、认真筹备，学校于 2014 年成立了我军第一个量子信息学科交叉中心，使量子信息学科平台建设跃上一个新高度。

量子信息学科建设光辉的十八年给我们一个重要启示就是要甘于寂寞、刻苦钻研、敢于创新，要在战略上有勇气和胆量迎接挑战，在战术上顽强拼搏、攻坚克难。把大无畏的革命精神和脚踏实地的科学态度结合起来，我们就能在学科建设中战无不胜！

（2015 年 8 月）

也谈量子程序设计*

一、引言

众所周知，所谓计算机程序，是为执行某一算法而准备的一串指令或程序，这些程序和指令应当是计算机可辨认并能执行的。根据这一定义，量子程序自然是为量子计算机准备的一串指令或程序，其目标是控制量子计算机执行某一问题的量子算法。量子程序设计是研究如何为未来的量子计算机设计程序。对于量子程序设计，需要解决的问题是"过去为经典计算机发展的程序设计理论、方法和技术如何扩展到量子计算机？"以及"什么样的新程序模型、方法和技术能更有效地发挥量子计算机的优势？"在本文中，我试图根据我个人的认识回答这些问题。

二、量子计算机和经典计算机比较

为了回答上面的问题，我们首先需要考察目前讨论的量子计算机是怎样执行计算任务的，它和经典计算机有什么差别和联系，量子程序在量子计算中如何发挥作用。

人们常说量子计算机对经典计算机是革命性的、颠覆性的变革。

---

　*本篇是在国防科技大学高性能国家重点实验室 2016 年学术年会上的讨论发言稿，后经整理补充而来。

为了强调它的新颖性以及它相对经典计算能力有大大提高，这么说似乎也没什么错。但当我们把它作为一个科学问题考察时，就必须认真地做出考察和分析，总结它相对经典计算机改变了哪些、保留了哪些，二者有什么差别和联系。

量子计算机是个机器，从物理学观点看，它和经典计算机一样，都是一个很复杂的物理系统。机器中也能呈现出充分多的不同的物理状态，以编码足够复杂的信息（包括数据信息和指令信息），都需要用指令控制数据按算法规定的方式变换编码态，最后通过"测量"把代表计算结果的物理态的信息输出。为了快速执行不同的计算任务，还必须把初始数据以及计算指令输入计算机相应的部件中。这些步骤对于量子计算机和经典计算机没有本质的不同。量子计算机和经典计算机的根本差别可能就是量子计算机必须有一个典型的量子物理系统，它有足够多的量子位或足够大的 Hilbert 空间，用以编码量子信息[1-2]。而经典计算机需要的是足够多的"位"或"双态物理系统"（位和量子位的根本差别是在量子位中，可以制备二个基态的线性叠加态）。由于量子计算机使用"量子态"编码信息，量子态满足线性叠加原理，代表（编码）经典上不同信息的量子态可以以线性叠加的形式，同时存在于这个 n 量子位物理系统中，所以 n 个量子位可以同时编码 2^n 个经典上不同的信息。而一个 n 位的经典计算机，虽然也可有 2^n 个经典上不同的状态，但在同一时刻，只能有一个 n 长二元串表示的态，或者说只能编码一条用 n 长二元串表示的经典信息。然而在量子计算机上，一次运算（即对 n 量子位 Hilbert 空间上的一个么正操作）等于同时运算了 2^n 个经典上不同的数据，即所谓的"大规模并行计算"，量子计算机具有超过经典计算机的运算能力根源就在于此，这就是量子计算机和经典计算机最根本的差别。

量子计算机需要初始化内部态。其中，数据信息描述具体的计算任务，指令信息描述具体的计算方法。"聪明"的机器无论怎样也不会知道人需要做什么，或主动地按人的意愿行动，除非我们事前通过某种安排好的程序指令控制它。而这些程序控制信息自然是经典的，我们需要告诉机器如何把这些信息编码成量子态，告诉其如何一步一步地改变（演化）这些初始态，并满足何种条件才能停机。或许我们不需要教它每一步如何走，但从一步过渡到下一步的原则则是需要我们替它指定好的（即机器能根据输入的信息或前面计算得到的结果，按逻辑自动地决定下一步的操作）。当我们做这些事时，就是在和机器对话，因为我们不会说"量子语言"——也许也根本没有量子语言——但我们使用的语言必定和经典计算机一样，用的是"经典语言"。

完全相同的道理，作为计算结果的量子态，我们也并不知道它是什么，我们必须通过对这些量子态进行测量，获得可以用经典语言描述的结果才知道其计算结果。其实我们完全不需要计算结果的"量子信息"，因为我们生活在经典世界里，真正的"量子态的信息"我们不可能懂，只有通过某种形式的"测量"，输出有关末态的经典信息才是我们需要的。我们看到，量子计算机最终输出的必定是经典信息，这和经典计算机也是相同的。

综上所述，量子计算机不同于经典计算机的是其利用量子态编码信息，利用量子态的相干叠加和纠缠性质，可以大大加快信息处理的速度，具有理论上远远超出经典计算机的计算能力。

三、量子计算机的体系结构

量子计算机是个机器，必定也有体系结构问题。由以上讨论可以看出，量子计算机必定有输入部分，并且输入的只可能是经典语言表达的经典信息；它也必定有输出部分，输出的一定是我们所需要的、能读得懂的经典信息。既然需要执行一定的计算任务，我们就需要它按算法（不是经典算法，而是量子算法）规定的路线，变换编码有经典信息的量子态。所以，量子计算机必定有一个类似经典计算机的"控制系统"，对于暂时不参与运算的量子数据（量子态）和控制程序（经典的），需要存储器存储这些信息，可能既需要经典存储器，又需要量子存储器。此外，还必须有一个量子力学系统，有足够大的 Hilbert 空间，即有足够多的、可以方便互相耦合（包括和外界耦合）和解耦的量子位系统，编码量子数据，即量子运算器。量子运算器和经典运算器的根本不同就在于其用量子位（二维 Hilbert 空间）取代了经典位（可以用"0"和"1"表示的双态物理系统），由此看来，经典计算机的 Von Neumann 模型[3]，即计算机由控制器、运算器、存储器、输入设备、输出设备五大部件构成的体系结构，本质上对量子计算机也是适用的。但是在量子计算机中，它们的表现形式是否一定必须由五个不同的部件组成，答案却不一定。例如，在所谓"单向量子计算模型"[4-6]中，运算器、输入设备、输出设备实际上是同一个量子系统，这种区分只是在计算过程的不同阶段起的作用不同而已，仅具有时间上的意义。

四、量子计算机编程

量子计算机和经典计算机都需要控制程序执行算法，但控制内容和方式是不同的。要实现对计算过程的控制，在经典计算中，首先将问题的计算模型转换成问题的求解步骤和数据描述，然后把描述算法的数据结构映像到计算机的存储器中，其间不能改变数据的逻辑结构。这些保持逻辑结构与算法一致的数据控制计算机从已知的符号串开始，一步一步地改变符号串，直至计算结束。

在量子计算机中，用量子态的么正演化取代了经典计算从一个符号串到另一个符号串的变化过程，基本逻辑门操作都是对编码态的"么正变换"。任意维 Hilbert 空间态的么正变换都可以通过"通用逻辑门组"实现，而通用逻辑门组仅通过单量子位 U 门和两量子位控制非门就可实现[6]，这和作为经典计算机程序设计基础的布尔逻辑不同，这些逻辑门操作的实现是通过控制量子位系统的哈密顿量，具体地说，就是控制不同量子位之间以及各个量子位和外界相互作用强度、接通和断开时间以及作为执行算法需要的测量（测量哪些部分，测量结果如何利用、前馈）等实现的。通过这样的控制来执行特定问题的量子算法。所以要实现量子逻辑，就是要控制系统演化（即控制系统内以及系统和外界相互作用）的哈密顿量，这样的量子程序控制实质上就是经典控制，这可能就是应明生教授所说的"经典控制"的意义。此时控制的逻辑可能不像经典计算那样直接体现在控制数据的逻辑中，而是体现在支配控制数据的算法中，可能根本不需要别的所谓"量子逻辑"。

对于经典计算机，其程序是计算方案或计算步骤，表现为按计算步骤事先编排好的、具有特殊功能的指令序列。程序是人和机器交流的语言，把人头脑中解决某问题的算法通过程序告诉机器去执行。在量子计算机中，程序的这种功能仍没改变，改变的可能只是使用的"语言"和语言描述的内容。

经典计算机的 Von Neumann 结构，其存储程序原则对经典计算机发展有里程碑的意义，成就了现代计算机的辉煌，但由于指令的串行执行，限制了大规模并行计算，从而成为经典计算机更高速计算的瓶颈。但是对量子计算机来说，由于量子并行和经典并行机制本质不同，利用量子态叠加原理，在同一个量子芯片上就可以实现大规模的并行计算。将 Von Neumann 结构运用到量子计算机中，指令串行执行带来的瓶颈即使不能完全克服，但至少能大大缓解。例如，在单向量子计算模型（又称簇态量子计算模型）中，不同的算法体现在不同量子位测量基和测量时间次序的不同[7-9]，对于一开始就已经确定测量基的量子位，可以并行地在同一时间步完成，把通过第一时间步的测量结果就可确定测量基的量子位放在第二时间步，把通过第一、第二时间步的测量结果就可确定测量基的那些量子位放在第三时间步……，指令的串行执行至少使这一计算模型不会形成瓶颈。

量子计算机仅仅是通过大规模并行计算加快计算速度的，量子计算机除了可能改变某些问题的计算复杂度，把某些据认为是指数复杂度的问题变成多项式复杂度外，看不出对经典计算机的其他原理（如可计算性等）会有什么改变。

至于"什么样的新程序设计模型、方法和技术能更有效地发挥量子计算机特有的优势"，这个问题不是程序设计问题，而是由支配程序设计的量子算法决定的，就像现在已知的 Shor 分解大数质因子算法、Grover 搜索算法等。只有首先构造出算法，下一步才是编程，编程只是忠实地执行算法。根据量子计算机是按照量子力学原理运行的机器构造出针对不同问题的量子算法，才是量子编程首先要解决的问题。

诚然，构造量子算法是个十分困难的事情，这可能与我们总和经典世界打交道，经典概念对我们有潜移默化的影响，使我们总是习惯于用经典概念、语言思考问题相关，也或许认为许多常见问题根本就不存在量子算法，对于不存在量子算法的问题，量子计算机就更没有任何优势可言了。

五、未来的量子计算机——量子和经典复合计算机

未来的量子计算机究竟是什么样的，在量子计算机未面世之前，我们也很难说清。但有种直觉告诉我们，量子计算机不可能只是一个量子系统。前面已经分析过，量子计算机需要输入系统和输出系统，这些系统都必定和经典信息有关；它还需要控制系统，要通过控制量子系统内部、内部和外界各种相互作用哈密顿量，执行量子逻辑运算，这些控制我们必须用也只能用经典语言描述它。我认为真正的量子部分可能只是"量子运算器"，或许还增加"量子存储器"来存储与当前计算无关的量子态，其余部分则都是经典的。

未来的量子计算机不可能是完全量子的，其理由是现在已经知道一些量子算法的执行也需要经典计算机参与。例如，之前提到的"单向量子计算模型"[1-2,6-8]，方案利用事前制备的一类特殊纠缠态——簇态——作为计算资源，计算过程包括输入态制备、计算操作、计算结果输出，整个过程完全由单个物理量子位测量完成。计算过程中测量的经典结果存储在被称为"信息流矢量"的数组中，下一步的测量基

需要根据对前面测量形成的经典数据计算决定；计算结束后，最后的测量结果也必须利用前面测量得到的经典信息校正（由量子测量的随机性引入的"副产品"算子）。这中间包含有大量的数字运算，这种数字处理显然只有经典计算机才能胜任。

说明量子计算必须由经典计算机辅助进行的另一个例子是目前普遍看好的"拓扑量子计算"[9-13]。拓扑量子计算有两种实现方案：一种是利用服从非阿贝尔统计的任意子作为硬件实现的，这一方案虽然在实验上进展很快，但依目前情况看，"任意子"的物理实现和操控前景并不明朗；另一种则是不需要物理任意子，使用普通物理量子位通过所谓"面码"构造——软件方式即可实现[14]。在"面码"实现中，量子运算器是在一个平面上布置数万或数十万个物理量子位（物理量子位越多，计算机的计算能力、纠错和容错能力越强），通过制造"孔洞"（暂时关断对这个位的测量）、周期投影测量、孔洞变形以及移动孔洞的"编织"操作，执行运算操作[14]。此时需对数十万物理量子位进行极为频繁的操控、测量以及经典数据处理，没有经典计算机的参与是不可想象的。

迄今已知的量子算法还很少，对于大量的、常见的、非常重要的问题我们还不知道它的量子算法，也或许根本就不存在这类问题的量子算法。我们要造出通用量子计算机，对于没有量子算法的问题，我们仍只能用经典算法。或许未来的机器需要把一个复杂的计算，分解为有量子算法的部分和无量子算法的部分，把其中有量子算法的部分分配给量子运算器，把仍需要经典计算的部分交给经典计算机执行，通过两部分的协同，完成同一个计算任务。在这种情况下，量子计算机同时拥有经典部分就是很自然的事。

综上所述，我们判断未来的量子计算机不可能是一个单一的量子系统，而是具有类似 Von Neumann 结构、包括有经典计算机功能的量子、经典复合系统。

参考文献

［1］ DIVINCENZO D P. The physical implementation of quantum computation. Fortschritte der Physik,2000,(48)：771.

［2］ DIVINCENZO D P. The physics implementation of quantum computation arXiv：quant-ph/0002077v3 13 Apr 2000.

［3］ 郭平,等.计算机科学与技术概论.北京：清华大学出版社,2008.

［4］ RAUSSENDORF R,et al. A one-way quantum computer. Phys. Rev. Lett. ,2001,(86)：5188 –5191.

［5］ RAUSSENDORF R,et al. Measurement-based quantum computation using cluster states. Phys. l Rev. A ,2003(68)：022312 – 1 – 022312 – 32.

［6］ 李承祖,杨丽佳.量子计算机研究(上).北京：科学出版社,2011.

［7］ RAUSSENDORF R, BRIEGEL H J. Computation model underlying the one-way quantum computer. Quantum information and computation,2002,(2)：443 – 486.

［8］ RAUSSENDORF R,et al. Computational model for one-way quantum computer：concepts and summary. In Quantum Information Processing. Boschstrasse,Germany： Wiley-VCH,2005.

［9］ KITAEV A Y. Fault – tolerant quantum computation by anyons. Annals of Physics,2003,(303)：2 – 30.

［10］ Nayak C, et al. Non-Abelian anyons and topological quantum computation. Rev. Mod. Phys. ,2008,(80)：1083 – 1159.

［11］ Wilczek F. Anyons. Scientific American,1991,(66)：1220 – 1227.

［12］ SARMA S D,et al. Topological Quantum Computation. Physics Today,2006,59(7)：32.

［13］ 李承祖,杨丽佳.量子计算机研究(下).北京：科学出版社,2011.

［14］ Austin G. Surface codes：towards practical large-scale quantum computation. Phys. l Rev. A,2012(86)：032324.

(2017 年 1 月)

第五部分
交流报告

量子信息学和量子信息技术简介*

　　"量子信息学"兴起于 20 世纪 90 年代，是以量子物理学为基础、溶入经典信息论和计算机科学而形成的一门新兴交叉学科。鉴于其他专业人员可能不大熟悉，下面我努力用比较容易理解的语言做些解释。首先介绍量子信息发展的简单脉络。

一、量子信息概念的产生和发展

　　量子信息概念的产生和发展，可以分为以下三个阶段：

1. 第一阶段——从 20 世纪初到 20 世纪 70 年代

　　20 世纪初，发现原子、电子等微观粒子的运动遵从完全不同于经典物理的规律，建立了描述微观粒子运动的量子力学理论。

　　20 世纪 30 年代，Turing，Church，Post 和 Godel 等提出计算的数学模型，为经典计算机诞生奠定了理论基础。

　　1945 年，数学家 Von Newmann 提出计算机系统结构和存储程序原则，标志电子计算机时代的开始。

　　1946 年，第一台电子管计算机问世。

　　1948 年，C. E. Shannon 发表《通信的数学理论》一文，标志着经典信息论的诞生。

---

　　* 本篇是根据作者在全国大学物理研讨会（2001 年 7 月）、国防科技大学计算机学院（2004 年 12 月）、理学院数学系等几个不同场合所做的报告演示文稿整理而来。

在这一阶段，量子力学理论虽然为通信科学、经典计算机提供了硬件材料和制造技术，但作为学科，量子力学和信息学科、计算机科学平行发展，几乎无人注意到量子力学和信息、计算机科学的直接联系。

2. 第二阶段——从 1982 年到 1994 年

1982 年，R. Feynman 最早提出量子计算的概念。

1984 年，C. Bennett 和 G. Brassard 提出用极化光子非正交态建立量子密钥分配方案（文献中称为 BB84 方案）。

1985 年，D. Deutsch 建立了量子 Turing 机模型；1989 年，提出了量子计算的量子网络模型，构造了量子计算机的通用逻辑门组。

1992 和 1993 年，C. Bennett 提出量子超密编码和量子隐形传态方案。

1992 年，IBM-Montreal 小组、Oxford-DERA 小组首次利用光子极化态做了量子密钥分配的原型实验。

在这一阶段，已经开始注意到量子力学与通信、计算更深层次的、本质的联系，萌发了量子计算的思想，提出了量子计算机模型和通用逻辑门组，开始了量子通信理论和实验研究。

3. 第三阶段——从 1994 年至今

1994 年，Peter Shor 发现分解大数质因子的量子算法——多项式时间算法。这一发现在计算机科学中的理论意义是，量子计算机有可能把 NP 类问题化成 P 类问题（尽管人们普遍认为 P 不能包含 NP 类，但至今尚未证明），这可能改变经典计算的 Church-Turing 定理：在任何模型中可执行的计算，都可在 Turing 机上模拟，而且这种模拟能保持计算的有效性。在实践中，这使建立在分解大数质因子是个"难解"问题基础上的 RSA 密钥系统面临崩溃的危险。

1995—1996 年，Peter Shor 和 A. Steane 建立了量子纠错码和容错计算方法，证明了量子计算的容错阈限定理，使量子计算物理实现在理论上没有原则性的困难。

1995 年，J. I. Cirac 和 P. Zoller 提出离子阱量子计算机方案，同年科罗拉多州 Boulder 的国家标准和技术实验室首次实现离子阱方案 CNOT 门运算。

1996 年，Grover 提出随机数据库搜索的量子算法。

1997 年，N. Gershenfeld 和 I. Chuang 提出利用核磁共振技术实现量子计算的思想，之后 NMR 信息处理器在几个实验室建成。

1996—1997 年，奥地利 Innsbruck 大学的研究小组实验实现了量子隐形传态和量子超密编码。

2001 年 11 月，斯坦福大学用核磁共振量子计算机成功地分解了数"15"的质因子。

2003 年，在离子阱量子计算机上实现了 Deutsch-Jozsa 算法。

在这一阶段，量子通信正逼近实用阶段；小型量子信息处理器在实验室实现；量子信息作为一个新兴学科受到普遍关注，量子信息学进入迅速发展的快车道。

现在，量子信息已经成为人们常常谈论的话题，量子信息技术正走进我们的生活。接下来将简要介绍量子信息概念和基本原理。

二、什么是量子信息

要回答什么是量子信息，必须首先从物理学观点看经典信息是什么。

（一）什么是经典信息

信息存储、信息传输、信息处理，都需要用一个具体的物理系统作为信息载体，用这个系统的物理态表示（用专业术语就是"编码"）信息，所以从物理学观点看，所谓信息存储、信息传输、信息处理，实际上就是存储、传输、处理表示信息的物理态。

电波通信用电磁波作为信息载体，电波具有振幅（强度）、频率、相位等状态参量，通过被称为调制（或编码）的操作，使电波某个状态参量按调制信号变化。现在电波通信中常用的调制方式有调幅和调频两种。光通信包括模拟通信和数字通信两种。其中，模拟通信和电波通信类似，采用光束作为信息载体，常采用光强度调制。数字通信采用激光脉冲编码信息，当载体从一个地方传输到另一个地方，则把加载的信息也从一个地方携带到另一个地方。在接收端的接收机通过解调从电波或光波中提取出加载的信息，就实现了信息传输的目的。所以，所谓信息传输，实际传输的就是被信号调制的载体的物理状态；关于信息存储，例如磁带存储，就是用涂层中磁粉颗粒的磁化状态记录信息；计算机的存储器或运算器用大量规则排列的半导体管的导通和截止状态记录信息。所以，信息存储实际上是把表示信息的物理态暂时或永久地固化在被称为存储器的物理系统中；信息处理或计算，就是按算法要求连续地改变计算机运算器中表示信息的物理态，运算器的末态则表示计算结果。最后，通过适当的"测量"读取这些态的信息，给出计算结果。所以，从物理观点看，信息总是用物理态表示，撇开具体的信息内容，信息就表示为物理态的时空变化。

根据表示信息的物理态是经典物理态还是量子物理态，可以把信息区分为经典信息和量子信息。上面表示信息的物理态，如电磁波的振幅、激光脉冲、磁带涂层颗粒的磁化状态、半导体管的导通或截止等都是用经典物理的概念和方法描述载体的状态，自然地，这些状态的演化是按经典物理规律进行的。像这样用经典系统作为信息载体，用载体的经典物理状态表示（编码）信息，按经典物理规律进行信息存储、信息传输和信息处理的，就是经典信息。

（二）量子信息概念

和经典信息以磁带涂层、电磁波、激光（光子流）、半导体管作为信息载体不同，量子信息是以单个电子、单个光子、孤立原子或具有量子性质的宏观物理系统作为其信息载体。根据量子物理原理，这些量子系统的运动状态必须用波函数描写，量子态的演化遵从量子物理规律。这种用量子态（波函数）表示（编码）信息，并利用量子力学原理进行信息存储、信息传输和信息处理的，就是量子信息。

由于量子态不同于经典物理态，具有经典态没有的性质（如量子纠缠、未知量子态不可克隆等），量子信息就具有经典信息没有的一些新特点。开发、应用量子态的新性质——量子相干叠加、量子纠缠等——进行信息存储、信息传输和信息处理的科学就是量子信息学。

（三）量子信息的出现不是偶然的

1948 年，香农发现了如何定量信息，证明了信源、信道编码定理，把信息研究置于可定量的科学基础上。香农开创性的工作奠定了经典信息论的理论基础，开启了今天绚丽多彩、不可思议的信息时代。与此同时，随着近代物理半导体、激光技术的进步，也为信息科学添上了腾飞的翅膀。从 1940 年笨拙的真空电子管到尺度小于 10^{-5} 厘米的现代半导体晶体管，技术进步不仅使信息处理速度指数增长，同时也使计算机芯片集成度进一步逼近其量子极限。实际上，到 2000 年，微电子工业已经做出 10 亿位的动态随机存储器芯片和每平方厘米 1300 万个晶体管，特征尺寸达到 0.18 微米。到 2010 年，预计内存芯片的容量将达 1000 亿，最小特征尺寸达 70 纳米。虽然目前一个基本逻辑部件或一个存储单元所涉及的原子数目仍在 $10^3 \sim 10^{11}$ 量级，经典物理规律还可适用，但正像著名的摩尔定律所预言的发展趋势，当一个逻辑部件仅涉及少数原子，一个逻辑操作耗能接近热力学极限 kT 量级时，这时的经典物理规律将失效，支配系统运动的将是量子物理规律。一旦我们把信息编码在少数原子、光子或电子的量子态上，这时研究信息存储、信息传输和信息处理就必须用量子力学方法，这就是说量子信息是经典信息技术发展不可避免的、必然的趋势。

从基本物理学方面看，物质世界本质是量子的，而对物质世界的经典描述只是近似的、有条件的。信息既然是编码在物理态中的东西，用量子态取代经典态就是很自然的事，所以，国际著名量子信息专家

C. H. Bennett 就指出，"以量子原理为基础的信息理论，推广并完善了经典信息理论，就像从实数推广到复数完善了数一样"[1]。

量子信息是用量子态编码的信息，量子信息的新功能是量子信息利用量子态编码信息的结果。量子物理态相对经典物理态，到底具有哪些新特性呢？

三、量子态的新特性

大家熟知，在经典物理中，一个粒子运动状态由坐标、动量描写。在量子力学中，由于一个微观粒子的坐标和动量不能同时有确定值，这种经典描述对微观粒子失效，量子态则必须用波函数描写。波函数的一个重要特点就是满足线性叠加原理。

（一）量子态满足线性叠加原理

波函数 ψ_1，ψ_2，$\cdots$，ψ_n 描述量子体系的可能状态，这些波函数的线性叠加态为

$$\Psi = c_1\psi_1 + c_2\psi_2 + \cdots\cdots + c_n\psi_n = \sum_i c_i\psi_i \tag{1}$$

（c_i，$i = 1$，$\cdots$，n 是复常数，称叠加系数），也是体系的一个可能状态。假设 Ψ 是归一化的（$\sum_{i=1,n} |c_i|^2 = 1$），根据量子力学的测量理论，若波函数 ψ_1，ψ_2，$\cdots$，ψ_i，$\cdots$，ψ_n 恰是某一力学量算子 $\hat{F}$ 取确定值 f_1，f_2，$\cdots$，f_i，$\cdots$，f_n 的本征态，那么在态 Ψ 下测力学量 $\hat{F}$ 只能得到 f_1，f_2，$\cdots$，f_i，$\cdots$，f_n 中的一个，取 f_i 值的概率为 $|c_i|^2$，且在测量刚刚完成后，系统就坍缩到对应本征值 f_i 的本征态 ψ_i 中。

根据这一原理，一个量子位是一个双态量子系统，记它的两个基底态分别为 $|0\rangle$ 和 $|1\rangle$，量子位也可以处于这两个基底态的线性叠加态中，即

$$|\psi\rangle = a|0\rangle + b|1\rangle \quad (|a|^2 + |b|^2 = 1) \tag{2}$$

n 个量子位的系统就可以同时处于 $\{|00\cdots0\rangle$，$|00\cdots1\rangle$，$\cdots$ $|11\cdots$

$1\rangle$ ┆ 2^n 个经典上不同态的叠加态中，即

$$|\Psi\rangle = \sum_{i=1}^{2^n-1} c_i \mid i\rangle \qquad \sum_i |c_i|^2 = 1 \qquad (3)$$

所以，量子存储器随着量子位数目的增加，可以指数地增加其存储能力。这就是量子计算机大规模并行计算的基础。应当指出，"线性叠加"不是量子态独有的，量子信息的新功能还强烈地依赖下面介绍的量子态的性质。

（二）量子力学的非局域性 量子纠缠现象

考虑空间分离开的两量子位系统，这个系统有四个线性独立的状态，即

$$|00\rangle, |01\rangle, |10\rangle, |11\rangle \qquad (4)$$

设 $|0\rangle$ 表示电子自旋向上态，$|1\rangle$ 表示自旋向下态。考虑系统的一个特殊的叠加态

$$|\varphi^+\rangle = \frac{1}{\sqrt{2}}(|00\rangle + |11\rangle) \qquad (5)$$

在这个态中：两个电子的自旋都没有确定值，如果测量其中一个电子的自旋，测量结果是完全随机的（得到每个值的概率均为 $1/2$）；若测量得到一个电子自旋态为 $|0\rangle$（或 $|1\rangle$），则另一个电子也立即进入自旋有相应确定值的状态 $|0\rangle$（或 $|1\rangle$）；上述测量结果与两电子空间分开距离无关。这表明处在态 $|\varphi^+\rangle$ 中的两个电子自旋有经典上不存在的奇异相关性，这个态就称为两电子系统自旋最大纠缠态。两电子系统自旋最大纠缠态还有

$$|\varphi^-\rangle = \frac{1}{\sqrt{2}}(|00\rangle - |11\rangle) \quad |\psi^\pm\rangle = \frac{1}{\sqrt{2}}(|01\rangle \pm |10\rangle) \qquad (6)$$

包括 $|\varphi^+\rangle$ 在内，这四个态又称 Bell 态。

一般情况下，若由几个部分构成的复合量子系统，复合系统的态不能表示成各子系统态的直积态，则复合系统的这个态就是纠缠态。处在纠缠态的系统，其整体性质是唯一确定的，但其中各子系都没有

确定的性质，这是量子力学最奇异、最不可思议的特征。历史上，以 Einstein 为代表的 EPR 就根据这种现象对量子力学提出质疑，认为量子力学理论是不完备的。1951 年，Bohm 提出隐参数理论解释量子纠缠现象。1965 年，Bell 进一步分析这一问题，从隐参数和"定域实在论"出发，导出两个空间分离部分相关程度满足的不等式——Bell 不等式。后来，许多精巧设计的实验都证明，量子力学理论是违背 Bell 不等式的，即这种纠缠的确是存在的，处在纠缠态的量子系统空间所分离开的两部分之间存在经典上没有的相关性。

纠缠是量子计算、量子信息传输的一种物理资源。开发这一资源，在量子通信中可创造出经典通信不可能有的新功能；在量子计算中，纠缠降低了计算过程数据间通信的复杂度，实现经典计算不可比拟的大规模并行计算。量子纠缠也造成了量子信息物理实现的最大障碍——量子态的消相干，但量子纠缠又提供了战胜这一困难的武器——使量子纠错成为可能。因此，可以说，量子信息技术就是利用量子纠缠同时又和量子纠缠斗争的技术。

（三）未知的量子态不能被完全克隆

假设 $|\alpha\rangle$ 是一个未知量子态，量子理论表明，不存在任何一个物理过程能完全拷贝它。证明这一结果可以用反证法，假设存在一个物理过程 U 可以克隆未知态 $|\alpha\rangle$，即

$$U(|\alpha\rangle|0\rangle) = |\alpha\rangle|\alpha\rangle \tag{7}$$

这个物理过程必定不依赖 $|\alpha\rangle$ 态本身的信息，因此，对任意态 $|\beta\rangle \neq |\alpha\rangle$ 应有

$$U(|\beta\rangle|0\rangle) = |\beta\rangle|\beta\rangle$$

从而对叠加态 $|\gamma\rangle = |\alpha\rangle + |\beta\rangle$ 应有

$$U(|\gamma\rangle|0\rangle) = U[(|\alpha\rangle + |\beta\rangle)|0\rangle] = |\alpha\rangle|\alpha\rangle + |\beta\rangle|\beta\rangle \neq |\gamma\rangle|\gamma\rangle \tag{8}$$

其中，不等号表明克隆失败。未知的量子态不可能被克隆，是量子力

学态的又一个特点。这一点使纠缠不能用于超光速通信，保证量子信息满足因果律；它还是量子保密通信绝对安全性的保证，同时也是量子纠错必须小心绕过的一个障碍。

（四）量子位和量子门

经典信息中用具有两个稳定状态的物理系统编码一个"位"（0或1）；在量子信息中"量子位"是量子信息的最小单位，物理上称其为"二维 Hilbert 空间"，它也有两个线性独立的基底态，可以编码 0 和 1。量子位和经典位的最大差别就是可以在其中制备出一般的叠加态 $|\psi\rangle = a|0\rangle + b|1\rangle$，其中，$a$，$b$ 是两个复数，归一化条件要求（$|a|^2 + |b|^2 = 1$）。

经典计算的图灵机模型给出了计算概念的一个直观定义，所谓计算，就是从计算机系统已知状态（输入信息的编码态）开始，按算法规定的指令要求，一步一步地改变机器内部状态，经过有限步后，计算机完成执行指令，停留在计算末态上，这个末态就表示计算结果。所以，计算过程就是按算法指令变换机器内部编码态的过程。

量子信息处理过程也是对编码量子态进行变换（演化）的过程。不过要保证演化过程编码信息不丢失，根据量子力学理论，这个演化过程必须是幺正演化。最基本的幺正操作称为量子门。和经典计算机中布尔运算（NOT 门、AND 门）或（OR 门、NOT 门）构成通用逻辑门组一样，量子计算机通用逻辑门组可以由一位 U 门和二位 CNOT 门（纠缠门）构成。常用的一位 U 门有非门 $\hat{X}$ 为

$$\hat{X}|0\rangle = |1\rangle, \hat{X}|1\rangle = |0\rangle \tag{9}$$

这个门可以用算子 $\hat{X} = |0\rangle\langle 1| + |1\rangle\langle 0|$ 表示，或者在基 $\{[0\ 1]^{\mathrm{T}}, [1\ 0]^{\mathrm{T}}\}$ 下，用矩阵

$$X = \begin{bmatrix} 0 & 1 \\ 1 & 0 \end{bmatrix} \tag{10}$$

表示。相位门 $\hat{Z}$ 为

$$\hat{Z}|0\rangle = |0\rangle, \hat{Z}|1\rangle = -|1\rangle \tag{11}$$

也可以用矩阵表示为

$$Z = \begin{bmatrix} 1 & 0 \\ 0 & -1 \end{bmatrix} \tag{12}$$

有时候还用到 Y 门，它定义为

$$Y = Z \cdot X = \begin{bmatrix} 0 & 1 \\ -1 & 0 \end{bmatrix} \tag{13}$$

另外一个重要的一位门是 *Hadamard* 门，它可以用算子表示为

$$\hat{H} = \frac{1}{\sqrt{2}}[\,(\,|0\rangle + |1\rangle\,)\langle 0| + (\,|0\rangle - |1\rangle\,)\langle 1|\,] \tag{14}$$

或用矩阵表示为

$$H = \frac{1}{\sqrt{2}}\begin{bmatrix} 1 & 1 \\ 1 & -1 \end{bmatrix} \tag{15}$$

它对量子位两个基底态的作用为

$$\hat{H}|0\rangle = \frac{1}{\sqrt{2}}(\,|0\rangle + |1\rangle\,) \quad \hat{H}|1\rangle = \frac{1}{\sqrt{2}}(\,|0\rangle - |1\rangle\,) \tag{16}$$

二位控制非门（CNOT），取一个量子位为控制位，另一个为靶位（右图），定义当且仅当控制位为 $|1\rangle$ 时，才取靶位的逻辑非，即 CNOT 对两量子位 Hilbert 空间四个基底态的作用为

$$|00\rangle \rightarrow |00\rangle, |01\rangle \rightarrow |01\rangle, |10\rangle \rightarrow |11\rangle, |11\rangle \rightarrow |10\rangle \tag{17}$$

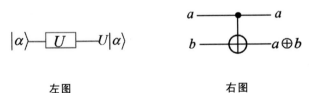

左图   右图

在这组基底态下，CNOT 门可以用矩阵

$$CNOT = \begin{bmatrix} 1 & 0 & 0 & 0 \\ 0 & 1 & 0 & 0 \\ 0 & 0 & 0 & 1 \\ 0 & 0 & 1 & 0 \end{bmatrix} \tag{18}$$

表示。量子计算的物理实现，就归结为一位 U 门和二位控制非门的实现。

接下来就量子通信和量子计算两个部分介绍量子信息的基本原理。

四、量子通信

用量子态编码信息可以创造出一些经典通信中不可能实现的通信新方法，最突出的就是量子"隐形传态"、量子超密编码和量子安全通信。其中，与实际应用最密切的是量子安全通信。

（一）量子安全通信

众所周知，保密通信的关键是密钥分配，即通信双方拥有他们共享的、其他人不能窃取的密钥（即随机二进制串）。在经典信息理论中已经证明，只要密钥串和明文一样长，并且只使用一次，这样的保密通信是绝对不可破译的。但方便的、廉价的、绝对安全的密钥分配是经典通信未能解决的。在经典密钥分配方案中，密钥的建立需要靠数学技巧，即利用所谓单向函数的概念。例如，现在广泛使用的 *RSA* 密钥系统，就是建立在求两个大数乘积是容易的而分解大数质因子是个"难解"问题的基础上。其安全性是靠分解大数质因子超出今天任何超级计算机的计算能力的。原则上，任何建立在数学技巧上的密钥，都只有相对的安全性，因为随着数学和计算技术的进步，今天的"难题"明天都可能变得容易。*RSA* 密钥系统就是这样，正是在 1994 年 *Shor* 发现了分解大数质因子的量子算法，使分解大数质因子在今天拟议的量子计算机上变成"容易"求解的问题。所以，量子计算机的研究将使这种密钥崩溃，*Shor* 的发现也是导致今天量子信息研究火爆的直接原因。

量子物理建立密钥有以纠缠光子对为基础的量子密钥分配和基于不对易可观测量的量子密钥分配两种方式。

1. 以纠缠光子对为基础的量子密钥分配

假设 A 和 B 拥有一批处在自旋纠缠态

$$|\psi^-\rangle = \frac{1}{\sqrt{2}}(|01\rangle - |10\rangle) \tag{19}$$

的光子对，每一对中有一个光子在 A 处，另一个在 B 处。A 对他拥有的每一个光子，随机地选择测量两不对易的力学量 $\hat{X}$ 和 $\hat{Z}$ 中的一个，测量的结果同时制备 B 的相应光子在 $\hat{X}$ 或 $\hat{Z}$ 的本征态上。B 也随机地选择测量 $\hat{X}$ 或 $\hat{Z}$。当 B 测量某个量子位碰巧和 A 选择了相同的力学量，就得到了完全相关的结果。当对所有的位对测量完毕后，可以在公开的信道上通报对每个位对各采用了什么测量基。对大约一半的纠缠对，测量选择了相同的力学量，得到的结果是相关的，从而分享了随机密钥串。

为了安全起见，也可以拿出一部分使用了相同力学量的测量结果在公开信道上比较，如果出错率在正常范围内，应当排除被窃听的可能性，说明共享的密钥是安全的。

2. 基于不对易可观测量的量子密钥分配

假设仍采用光子极化态编码信息。定义加基 $\oplus = \{|x\rangle, |y\rangle\}$，分别表示光子的水平极化态和竖直极化态；乘基 $\otimes = \{|R\rangle, |L\rangle\}$，分别表示光子的右旋园极化态和左旋园极化态。现在假设 A 发送给 B $2n$ 个光子，A 随机地选择加基或乘基测量每一个光子，从而把每个光子制备在 $\{|x\rangle, |y\rangle, |R\rangle, |L\rangle\}$ 四个态之一上。B 对接收到的每个光子也随机地选择加基或乘基测量，并记下测量结果。接下来 A 和 B 互相通报对每个光子使用的测量基，但并不通报测量结果。这样大约有一半的机会他们会对同一光子使用相同的测量基，在不存在出错和干扰情况下，他们应测得相同的结果，从而共同拥有 n 位随机二进制串，这个随机

串就可用作密钥。

使用上述两种方法建立密钥的好处就在于任何窃听者想不被发现是不可能的。在接下来这个方案中，窃听者窃听这种密钥的唯一方法是截获传输中的光子并测量它，然后再把它发送给 B。但窃听者测量的结果有一半可能性会破坏 A 发送过来的光子态，从而使 B 的测量结果平均只有 1/4 的机会与 A 有相同的记录。A 和 B 现在可以随机选择他们使用相同基测量所得到的结果的一半，即 $n/2$ 个光子的测量结果进行比较（可在公开信道上进行），如果结果都相同，就可以肯定建立的密钥没有被窃听。因为如果有被窃听，当 n 很大时，公开校验又碰巧选择了未被污染的测量结果的概率非常小。例如，对 $n=1000$，这个概率约是 $(1/4)^{n/2}=2^{-1000}\sim10^{-125}$。

（二）量子隐形传态

假设 A 希望把一个未知的量子位态 $|\alpha\rangle$ 传送给 B，它既不可能克隆这个态（被量子 No-Cloning 定理禁戒），也不能测量这个态（测量坍缩将破坏这个态），且只能得到态的部分信息。似乎传送 $|\alpha\rangle$ 态的唯一方法是把 $|\alpha\rangle$ 态的量子位传给 B。

利用量子纠缠现象，可以不发送任何量子位而把未知态 $|\alpha\rangle$ 传送出去，假设 A 和 B 各拥有一个共处在纠缠态 $|\varphi^+\rangle$ 的量子位，A 希望把未知态 $|\alpha\rangle$ 传送给 B。不失一般性，假设

$$|\alpha\rangle=a|0\rangle+b|1\rangle(|a|^2+|b|^2=1) \tag{20}$$

现在全部三个量子位的初态是

$$|\Psi_0\rangle=|\alpha\rangle|\varphi^+\rangle=\frac{1}{\sqrt{2}}|\alpha\rangle(|00\rangle+|11\rangle)$$

$$=\frac{1}{\sqrt{2}}(a|000\rangle+b|100\rangle+a|011\rangle+b|111\rangle) \tag{21}$$

注意式（16）中前两个量子位都在 A 处，A 可以对它们施加任何局域的操作。假设 A 对前两个量子位执行 CNOT 运算，就可得到态

$$| \Psi_1 \rangle = \frac{1}{\sqrt{2}} (a|000\rangle + b|110\rangle + a|011\rangle + b|101\rangle) \qquad (22)$$

接着再对第一位施用 H 门操作，经简单整理就可得

$$| \Psi_2 \rangle = \frac{1}{2} [|00\rangle(a|0\rangle + b|1\rangle) + |10\rangle(a|0\rangle - b|1\rangle) +$$

$$|01\rangle(a|1\rangle + b|0\rangle) + |11\rangle(a|1\rangle - b|0\rangle)] \qquad (23)$$

现在 A 对式（17）中前两个位执行到基 $\{|0\rangle, |1\rangle\}$ 上的投影测量，$|\Psi_2\rangle$ 将坍缩到四个叠加态之一上，并给出 A 拥有的前两个量子位的信息。坍缩后的四个态可以通过态 $|\alpha\rangle$ 分别表示为

$$I|\alpha\rangle \quad Z|\alpha\rangle \quad X|\alpha\rangle \quad Y|\alpha\rangle$$

A 将其测量得到的关于前两个量子位的信息告诉 B（通过经典通信），B 根据 A 传来的经典信息，对它的量子位实施上面四个操作中的一个逆操作，就可在它的量子位上制备出 $|\alpha\rangle$ 态。这种利用纠缠资源传送态信息的方式称为隐形传态。

（三）超密编码

经典通信传输 1 bit 的信息量，必须传输 1 个经典位。使用量子纠缠现象，可以只传送 1 个量子位而传送 2 bit 的经典信息，这称为超密编码。假设通信双方 A 和 B 各拥有处在纠缠态

$$| \varphi^+ \rangle = \frac{1}{\sqrt{2}} (|00\rangle + |11\rangle) \qquad (24)$$

中的光子对，编号 A 的光子为 1，B 的光子为 2。从这个态出发，A 可以对它的光子 1 执行四个不同的操作（其中三个）：

$$X^{(1)} | \varphi^+ \rangle = \frac{1}{\sqrt{2}} X^{(1)} (|00\rangle + |11\rangle) = \frac{1}{\sqrt{2}} (|10\rangle + |01\rangle) \equiv |\psi^+\rangle$$

$$Z^{(1)} | \varphi^+ \rangle = \frac{1}{\sqrt{2}} Z^{(1)} (|00\rangle + |11\rangle) = \frac{1}{\sqrt{2}} (|00\rangle - |11\rangle) \equiv |\varphi^-\rangle \quad (25)$$

$$Y^{(1)} | \varphi^+ \rangle = \frac{1}{\sqrt{2}} Y^{(1)} (|00\rangle + |11\rangle) = \frac{1}{\sqrt{2}} (|01\rangle - |10\rangle) \equiv |\psi^-\rangle$$

其中 $X^{(1)}$，$Y^{(1)}$，$Z^{(1)}$ 算子右上角的数字表示作用的光子编号。除了以上三个操作外，A 也可以不做任何操作，即恒等操作 I，保持 $|\varphi^+\rangle$ 不变。当 A 操作完后，再将其拥有的那个光子发送给 B，此时两个光子都在 B 处，B 可以通过适当设计来测量区分这四个态，从而得知 A 执行的是哪一个操作。A 的四种不同选择代表着 2 bit 的经典信息，于是 A 发送一个量子位就传递了 2 bit 的经典信息。

五、量子计算

量子计算机使用量子态编码，利用量子干涉和纠缠性质，现在已经知道，在解某些特殊数学结构的问题上，可以优于经典计算机。下面首先给出一个最简单的例子，大家可以从中体会出量子计算的特点。

考虑最简单的 Deutsch 问题。设 f 是一个函数，对于两个输入值 0 和 1，如果 $f(0) = f(1)$，称 f 为常数函数；如果 $f(0) \neq f(1)$ 则称 f 为对称函数。Deutsch 问题决定函数 f 是常数函数还是对称函数（注意，这里不要求函数具体取值，而是需要判断函数整体的性质）。

假设我们有一个"量子黑盒"* U_f，它可以根据输入值 x 计算函数值 $f(x)$，要求它能执行两量子位的么正变换：

$$U_f: |x\rangle|y\rangle \rightarrow |x\rangle|y \oplus f(x)\rangle \qquad (26)$$

这个变换仅当 $f(x)$ 等于 1 时才反转第 2 量子位，即用第 1 量子位的函数值控制对第 2 量子位的非门操作：当且仅当第 1 量子位输入变量的函数值等于 1 时，才翻转第 2 量子位。

在经典计算机上，因为仅能输入经典信息，显然必须运行黑盒两次才能得到问题的答案。第 1 次制备第 1 量子位处在经典态 $|0\rangle$，第 2 量子位处在经典态 $|y\rangle$（y 可以取 0 或 1）作为输入，经黑盒计算后，

---

* "黑盒"——等价于"oracle"（神谕），指处理问题的方式以及内部结构都不必过问，具有在一个计算步就可解决某个问题或给出某个问题"是"或"不是"能力的装置，在计算机科学中把解答某个问题的算法需调用或问询"黑盒"次数，用作解这个问题算法复杂程度的度量。

用向基 $\{|0\rangle, |1\rangle\}$ 上的投影测量测黑盒输出的第 2 量子位，如果第 2 量子位仍为 $|y\rangle$，表明 $f(0)=0$；若第 2 量子位态已被反转，则表明 $f(0)=1$。第 2 次制备第 1 量子位态为 $|x\rangle=|1\rangle$，仍置第 2 量子位态为 $|y\rangle$（y 仍可以取 0 或 1）为输入，再次对黑盒输出的第 2 量子位做到基 $\{|0\rangle, |1\rangle\}$ 上的投影测量，根据它是否被反转可以得到 $f(1)=1$ 或 $f(1)=0$。因此，根据两次运行黑盒的结果，就可以确定 f 是常数函数还是对称函数。显然在经典计算机情况下，要得到问题的答案，运行次数不能少于 2 次。

但是使用量子计算机，由于可以输入两个经典态的相干叠加态，因而仅运行黑盒一次就可以得出这个问题的答案。利用 H 门操作制备第 1 量子位处在叠加态 $(|0\rangle+|1\rangle)/\sqrt{2}$ 上，第 2 量子位处在叠加态 $(|0\rangle-|1\rangle)/\sqrt{2}$ 上，由于

$$U_f:\left[|x\rangle\frac{1}{\sqrt{2}}(|0\rangle-|1\rangle)\right]\rightarrow|x\rangle\frac{1}{\sqrt{2}}\left[|0\oplus f(x)\rangle-|1\oplus f(x)\rangle\right] \quad (27)$$

注意到：若 $f(x)=0$，第 2 量子位有

$$\frac{1}{\sqrt{2}}\left[|0\oplus f(x)\rangle-|1\oplus f(x)\rangle\right]=(-1)^0\frac{1}{\sqrt{2}}(|0\rangle-|1\rangle) \quad (28)$$

若 $f(x)=1$，第 2 量子位有

$$\frac{1}{\sqrt{2}}\left[|0\oplus f(x)\rangle-|1\oplus f(x)\rangle\right]=\frac{1}{\sqrt{2}}\left[|1\rangle-|0\rangle\right]=(-1)^1\frac{1}{\sqrt{2}}(|0\rangle-|1\rangle)$$
$$(29)$$

所以式（19）可以写作

$$U_f:\left[|x\rangle\frac{1}{\sqrt{2}}(|0\rangle-|1\rangle)\right]\rightarrow(-1)^{f(x)}|x\rangle\frac{1}{\sqrt{2}}(|0\rangle-|1\rangle) \quad (30)$$

这表明 U_f 对输入态 $\left[|x\rangle\frac{1}{\sqrt{2}}(|0\rangle-|1\rangle)\right]$ 的作用就是乘上与第 1 量子位函数值 $f(x)$ 有关的一个相位因子。第 2 量子位态 $(|0\rangle-|1\rangle)/\sqrt{2}$ 并没有改变，它仍在这里发挥不可或缺的作用。

现在制备第 1 量子位处在叠加态 $|x\rangle = (|0\rangle + |1\rangle)/\sqrt{2}$ 上，利用式（2），有

$$U_f : \left[\frac{1}{\sqrt{2}}(|0\rangle + |1\rangle)\frac{1}{\sqrt{2}}(|0\rangle - |1\rangle)\right]$$
$$\rightarrow \frac{1}{\sqrt{2}}\left[(^-1)f(0)|0\rangle + (^-1)f(1)|1\rangle\right]\frac{1}{\sqrt{2}}(|0\rangle - |1\rangle) \tag{31}$$

最后对第 1 量子位执行到基 $|\pm\rangle = (|0\rangle \pm |1\rangle)/\sqrt{2}$ 上的投影测量，如果得到结果 $|+\rangle$，则表明

$$f(0) = f(1) = 0 \text{ 或 } f(0) = f(1) = 1 \tag{32}$$

（注意总的相位因子是没有测量意义的）表示 f 是常数函数；如果测的结果为 $|-\rangle$，则表明

$$f(0) = 0, f(1) = 1 \text{ 或 } f(0) = 1, f(1) = 0 \tag{33}$$

表示 f 是对称函数。于是我们看到，由于量子黑盒可以接受量子叠加态为输入态，只需要运行量子黑盒一次就可以得到经典输入必须运行两次才能得到的结果。这个例子典型地表示了量子计算的加速作用。

现在已经知道的还有 Deutsch-Jozsa 问题的量子算法、Bemstein-Vazirani 问题的量子算法、Simon 问题的量子算法，特别重要的就是前面提到的 Shor 分解大数质因子的量子算法以及 Grover 随机数据库搜索问题的量子算法等。

六、量子态的消相干和量子纠错

量子信息相对经典信息的许多优越性都来源于量子态的相干叠加性，特别是量子纠缠现象。但量子态天生是脆弱的，极易和"环境"（这里环境泛指除去编码已用自由度外，系统及外界所有其他自由度）发生相互作用，使编码由信息的量子态退化为经典态，这在量子信息中称为"消相干"。消相干使我们利用量子态编码信息可能带来的好处损失殆尽，是量子信息物理实现的最大障碍。

编码量子系统总是和环境相互作用，并和环境构成一个复合系统，

根据量子力学基本原理，复合系统么正演化将导致初始为纯态的两子系演化为复合系统的纠缠态，而仅着眼于其中一个子系，子系将由纯态变为混合态，即消相干。取决于量子位物理实现类型以及量子位和环境相互作用的模型，量子位和环境相互作用引起的消相干细节可以不同。但根据量子力学理论，环境引起的量子位出错可以区分为三种：位反转错、相位错以及二者结合——位反转错加相位错。这三种错误可以分别用前面定义的单量子位算子 $\hat{X}$，$\hat{Z}$ 及二者乘积 $\hat{Y} = \hat{Z}\hat{X}$ 的作用表示。

（一）量子纠错的特殊困难和克服办法

量子纠错和经典纠错不同，首先，经典信息只存在位反转错 $0 \leftrightarrows 1$，而量子计算机除此之外还存在相位错；量子信息中一个位的态使用 $0 \rightarrow 1$ 之间的两个连续数表示（这两个数要满足归一化条件——模方和等于 1），同时存在"小错累积"的问题；此外，经典纠错依赖测量获得出错信息，由于测量量子态会引起量子态不可逆的坍缩，量子纠错不能靠测量编码态获得出错信息；量子信息也不能像经典信息那样通过对编码态的拷贝引进冗余（未知量子态不可克隆定理）。这些都是量子信息纠错面临的特殊困难。幸运的是，今天所有这些困难都已经被新发展的量子纠错技术克服，并据此证明量子计算物理实现已没有原则性的困难。

量子纠错的基本策略和经典信息相同，就是要引进冗余，但不是通过拷贝，而是利用纠缠，把一个量子位的信息编码在一组几个物理量子位上。例如，我们要把一个量子位态编码在三个物理量子位上，就可采取下图的编码线路。设第 1 个位中态 $|\varphi\rangle = \alpha|0\rangle + \beta|1\rangle$ 是要编码的逻辑态，引进两个都制备在 $|0\rangle$ 态上的物理量子位，第 1 位为控制位，新引进的两位为靶位执行控制非操作，按式（13）给出的 CNOT 操作规则，就可把逻辑态制备在三个物理量子位组中。

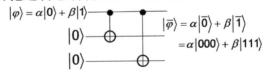

为了提取出错信息，可以再引进两个制备在 $|0\rangle$ 态的辅佐位，利用 CNOT 门操作把编码态和辅佐位态关联起来，通过测量辅佐位态就可把编码态的信息提取出来。记编码三个物理量子位态为 $|xyz\rangle$，用下图中的线路，测量 $y\oplus z$ 和 $x\oplus z$，测得的结果和由测量结果得到的出错信息列在下表中。

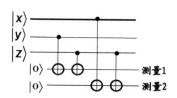

$|xyz\rangle$	$y\oplus z$	$x\oplus z$	出错位
000	0	0	0
100	0	1	1
010	1	0	2
001	1	1	3
111	0	0	0
011	0	1	1
101	1	0	2
110	1	1	3

最后说到相位错，注意到 $\hat{Z}=H\hat{X}H^{+}$（可以用式（6）、式（8）、式（11）给出的各算子的矩阵乘验证此式成立），这表明相位错在转动基下也表现为位反转错，可以利用纠位反转错的方法纠正。

（二）量子纠错的基本思想

（1）出错算子。由于一个物理量子位可能出错的情况是：I——单位算子，表示无错；$\hat{X}$——位反转错；$\hat{Z}$——相位错；Y——相位错 + 位反转错。n 个物理量子位系统发生的一个错误可用 n 长算子串（例如 $\hat{E}_a = I_1 X_2 Z_3 \cdots Y_{n-1} X_n$）表示。$n$ 量子位系统发生的一般错误可用这样的算子和表示 $\sum_a \hat{E}_a$。

（2）编码。假设希望保持 k 个物理量子位的态 Φ 不出错误，则需

要把它编码在 $n > k$ 个物理量子位的系统中，即引入 $n-k$ 位冗余。记新引进的量子位态为 $|0\rangle$，执行编码操作记为 $\hat{C}$，即 $\hat{C}(|\varPhi\rangle |0\rangle) = |\varPhi_E\rangle$，$\varPhi_E$ 是扩大后的 n 量子位系统（记为 Q）Hilbert 空间中的编码态。由于环境和 Q 系统的耦合，出错态将是 Q 和环境的纠缠态为

$$\sum_a |e_a\rangle \hat{E}_a |\varPhi_E\rangle \tag{34}$$

（3）出错诊断。为了析出错误信息，再引入适当数目、制备在态 $|0\rangle$ 的量子位作为辅佐器。由于任意纠错码都必定设计有能析出错误信息的——指错子操作 $\hat{A}$，$\hat{A}$ 对 Q 和辅佐器复合系统的作用是把编码态的出错信息与辅佐器态关联起来，即

$$\hat{A}(\hat{E}_a |\varPhi_E\rangle |0\rangle_f) = \hat{E}_a |\varPhi_E\rangle |a\rangle_f \forall \hat{E}_a \in \varepsilon \tag{35}$$

$|a\rangle_f$ 是与 $\hat{E}_a$ 相关的辅佐器态，ε 是码能纠正的错误集合。当 $\hat{E}_a$ 全包含在 ε 中时，有

$$\hat{A}(\sum_a |e_a\rangle \hat{E}_a |\varPhi_E\rangle |0\rangle_f) = \sum_a |e_a\rangle \hat{E}_a |\varPhi_E\rangle |a\rangle_f \tag{36}$$

这是编码系统、辅佐器以及环境的纠缠态。现在测量辅佐器态，如果测得 $|a\rangle_f$，式（25）中的态将坍缩到由 a 标记的一个特殊态上：$|e_a\rangle \hat{E}_a |\varPhi_E\rangle |a\rangle_f$。现在编码系统只剩下出错态 $\hat{E}_a |\varPhi_E\rangle$ 需要纠正，以 $\hat{E}_a^{-1}$ 作用到系统 Q 上，就恢复了编码态 $|\varPhi_E\rangle$。

对于给定的码 C，可纠正的错误集合可能不涵盖所有可能的出错。通常假设各个量子位独立地与环境相互作用，多个量子位同时出错的概率比一个量子位出错的概率小得多。若码 C 可以从 t 位错误中恢复，则称 C 为可纠正 t 位错码。

1995 年，Shor 构造了第一个量子纠错码，即 Shor 9-位码，它用 9 个物理量子位编码一个逻辑量子位，既可纠位反转错，也可纠相位错；1995—1996 年间，Galderbank 和 Shor 以及 Steane 等用 7 个物理量子位编码一个逻辑量子位，即把经典纠错码 $C[7,4,3]$ 的码字看成量子计算机 Hilbert 空间中的量子态，用这些量子态的适当叠加编码量子逻辑态，当发生错误时，允许借助不破坏编码量子逻辑态的测量诊断出

错信息并予以纠正。文献中构造的一类纠错码为 CSS 量子纠错码。之后 Gottesman、Calderbank 等发现了量子纠错码的群结构，引进了码"稳定子"的概念，不仅发现了更多的量子纠错码，而且也使量子纠错码的理论更加系统和完善。进一步证明了用 5 个物理量子位编码一个逻辑量子位信息是可能的物理量子位最小数目。

（三）量子纠错码简单示例——三位重复码

取三个量子位的 Hilbert 空间一组基为

$$\{|000\rangle,|001\rangle,|010\rangle,|011\rangle,|100\rangle,|101\rangle,|110\rangle,|111\rangle\}$$

取由基 $\{|000\rangle,|111\rangle\}$ 张起的 2 维子空间为码空间，并编码 $0\rightarrow|000\rangle$，$1\rightarrow|111\rangle$，这个码可纠正的错误集合是

$$\varepsilon:\{I_1I_2I_3,X_1I_2I_3,I_1X_2I_3,I_1I_2X_3\}$$

为进行出错诊断，需引进 2 个量子位的辅助系统。假设辅助系统制备在 $|00\rangle$ 态，指错子是 $\hat{A}:|a_1,a_2,a_3,0,0\rangle\Rightarrow|a_1,a_2,a_3,a_2+a_3,a_1+a_3\rangle$，与这个码相应的不同错误的指错子和纠错操作如下表所示。

位反转错	指错子	纠错操作
0	$|00\rangle$	$I_1I_2I_3$
1 0 0	$|01\rangle$	$X_1I_2I_3$
0 1 1		
0 1 0	$|10\rangle$	$I_1X_2I_3$
1 0 1		
0 0 1	$|11\rangle$	$I_1I_2X_3$
1 1 0		

采用三位重复码编码态 $|\varphi\rangle=\alpha|0\rangle+\beta|1\rangle$ $(|\alpha|^2+|\beta|^2=1)$，编码操作是

$$C:|\varphi\rangle|00\rangle\rightarrow|\varphi_E\rangle=\alpha|000\rangle+\beta|111\rangle$$

假设出错：$\hat{E}_1=\sqrt{p_1}I_1X_2I_3$ $\hat{E}_2=\sqrt{p_2}I_1I_2X_3$，出错态可表示为

$$\sum_a \hat{E}_a \mid \varphi_E \rangle = (\sqrt{p_1} I_1 X_2 I_3 + \sqrt{p_2} I_1 I_2 X_3)(\alpha \mid 000 \rangle + \beta \mid 111 \rangle)$$

$$= \sqrt{p_1}(\alpha \mid 010 \rangle + \beta \mid 101 \rangle) + \sqrt{p_2}(\alpha \mid 001 \rangle + \beta \mid 110 \rangle)$$

(37)

为了诊断出错信息，使用指错子操作

$$\hat{A} \sum_a \hat{E}_a \mid \varphi_E \rangle \mid 00 \rangle_{辅} = \sqrt{p_1}(\alpha \mid 01010 \rangle + \beta \mid 10110 \rangle) + \sqrt{p_2}(\alpha \mid 00111 \rangle +$$

$$\beta \mid 11011 \rangle)$$

$$= \sqrt{p_1}(\alpha \mid 010 \rangle + \beta \mid 101 \rangle) \mid 10 \rangle_{辅} + \sqrt{p_2}(\alpha \mid 001 \rangle +$$

$$\beta \mid 110 \rangle) \mid 11 \rangle_{辅}$$

(38)

测量辅助器态，分别以概率 p_1，p_2 得到态 $\mid 10 \rangle_{辅}$，$\mid 11 \rangle_{辅}$，同时把 Q 系统投影到态 $\alpha \mid 010 \rangle + \beta \mid 101 \rangle$ 和 $\alpha \mid 001 \rangle + \beta \mid 110 \rangle$ 的其中之一。若测得 $\mid 10 \rangle_{辅}$，指示第 2 位错，相应的纠错操作是 $(I_1 X_2 I_3)^{-1} = (I_1 X_2 I_3)$；若测得 $\mid 11 \rangle_{辅}$，则指示第 3 位错，相应的纠错操作是 $(I_1 I_2 X_3)^{-1} = (I_1 I_2 X_3)$。

（四）关于量子容错计算

首先，使用量子纠错码还不足以保证进行可靠的量子计算，这是因为编码和纠错本身也是量子计算，我们不能保证完全正确地执行了需要的操作。其次，在对编码态进行逻辑运算时，需要两个或多个量子位间发生相互作用，以完成必要的逻辑操作。这种相互作用可能引起出错传播，使最初的一位错传播到更多的位上。这种错误传播一旦超过码的纠错能力，就会导致计算失败。

参考文献

[1]　Bennet C H, et al. Quntum information and computation. Nature, 2000(404):247 - 255.

（2004 年 12 月）

也谈孩子智力的早期开发[*]

——关于子女教育的几点体会

　　各位老师！关于子女教育，我不是这方面的专家，严格说我没有发言权。但根据学院领导指示，要我在这里谈谈教育子女问题。接到这个任务后，我重新整理、补充了过去在科大附小及其他地方的讲稿，接下来我将谈谈有关子女教育的体会，仅供参考，不当之处请批评指正。

　　我有两个孩子，老大李佳玉是个女孩，老二李宁辉是个男孩。李佳玉在 1985 年 12 岁时从国防科大附小以北区统考第一名的成绩毕业。由科大附小推荐，参加当年湖南师大附中举办的"红枫奖"邀请赛，获甲等奖。因成绩突出，被湖南师大附中录取，并以当年师大附中入学考试第一名的成绩，进入附中学习。初中读了两年，跳了一级进入高中。高中读两年毕业，1989 年 16 岁时考入中国科技大学。在当年中国科技大学新生入学考试中，又被选进中国科技大学特殊教育实验班（即少年班）。1994 年 7 月毕业之际，她又以托福考试 653 分、GRE 专项满分的好成绩，获得美国芝加哥大学全额奖学金资助，进入芝加哥大学统计学系攻读博士学位。1999 年获博士学位。

　　李宁辉，1985 年 11 岁的他，提前一年离开科大附小，也是在 1985

---

　　* 本篇是 2006 年春天，理学院领导为提高教师子女升学率，解决一些教师的后顾之忧，指示我在全院教师大会上谈教育子女体会的讲稿。收入本书时新加了一个主标题，个别地方稍做修改。

年湖南师大附中举办的"红枫奖"邀请赛中获奖，被湖南师大附中选中，并被录取到超前教育实验班。超前教育实验班计划学制是初中两年，高中两年。但这个孩子初中读了两年，高中仅读一年，1988年，14岁时考入中国科技大学少年班。1993年暑假大学毕业，并以中科院软件研究所考生总分第二的成绩录取为硕士研究生。1995年，读了两年研究生后，考托、考GRE，进而获得美国纽约大学计算机系全额奖学金资助，进入纽约大学计算机系攻读博士学位。2000年也获博士学位。

这两个孩子在小学、中学、大学的学习成绩一直在班上名列前茅，他们在学业上是顺利的，成绩也是优秀的，无论在家里还是在学校都十分听话。常有一些孩子的家长或同事问我，你的孩子在学业上如此成功的原因是什么？有什么好的教育孩子的方法吗？1989年"长沙晚报"社曾约我写一篇关于如何教育子女的稿件，参加他们举办的"如何教育好子女"的讨论，我当时没有写。我觉得孩子的成长，主要靠学校老师的教育和培养，靠孩子自己的努力。我们作为家长只是本能地、自发地做了一些应该做的事情，既没有什么系统的理论、理念指导，也没有什么成熟的经验可以总结推广，确实没什么可写的。后来科大附小的领导，也是教过我孩子的老师几次找我，要我谈谈如何教育子女的问题，我实在盛情难却。同时也觉得科大附小的领导和老师为孩子操了许多心，孩子的成长与她们的辛勤劳动分不开，我也有责任、有义务支持她们的工作。因此，我奉命讲了一下粗浅体会，谈到的仅是一些感想、体会，绝不是什么经验，仅供当时在座的家长们参考。希望所讲内容并没有浪费大家宝贵的时间，不正确的欢迎批评指正。

一、耐心解答孩子的问题，保护孩子思考的主动精神和求知欲望

今天，我们的许多孩子都是健康聪明的。当他们来到这个世界，他们会本能地想了解于他们来说这个陌生的、新鲜的世界。他们有旺

盛的求知欲望，有充沛的精力，有巨大的潜能，只要我们做父母的去引导、培养、开发，那么每个孩子都有成功的可能。

孩子们会从他们对周围的观察和思考中提出各种各样的问题。随着年龄增大，知识面变宽，问题会包括日常生活、天文、地理、历史等各个方面。不管孩子提出的问题多么幼稚可笑，多么难以回答，我和我爱人都坚持给他们耐心解答，从不敷衍了事。有些我们不清楚的，我们还要去翻翻书，力争给孩子一个满意的答复。有一次，我带他们从东北回河南老家，在火车上，经过一天的劳累，我已经疲惫不堪，非常想闭上眼睛休息一下。但是，我这个当时年仅 4 岁的儿子，大概第一次坐火车的缘故，却精神饱满，直到半夜一点，仍兴趣盎然地不断提出各种问题。比如，火车为什么会跑这么快？怎么会轰隆轰隆地响？……我清楚记得，车厢里已经一片鼾声，唯有我们父子还在不着边际地谈论各种各样的问题。

有时孩子的提问是难以回答的。有一次，我带儿子去校医院看病，孩子身上起荨麻疹，我想知道孩子病的起因，就对大夫说，这个病可能遗传吧，我小时候身上就常起这种东西。从医院出来后，儿子就问我："爸爸，我不是我妈生的吗？爸爸的这种病怎么会遗传给我？"一时我还真不知如何回答。我就告诉他，这个问题现在爸爸还不能给你讲清楚，以后你长大后自己就会明白的。遇到这样的问题，我们做家长的往往会采取不理睬，甚至训斥或责难的态度，我认为这都是不正确的。须知，孩子的态度是严肃的、认真的，他们问这样的问题不是调皮捣蛋、无理取闹，是希望得到满意的答案。训斥的结果只能扼杀孩子积极的、自由的思想，打击孩子求知的主动性和积极性。但是对于某些问题，我们不能解答得过于详细、过于具体，而应该启发孩子自己去找答案，告诉他们应该如何开动脑筋自己解决。

二、根据孩子的年龄、知识成长的不同阶段，给孩子买好书，培养孩子的学习兴趣

孩子的求知欲望，光靠家长或是靠学校老师是难以满足的。书籍是启迪孩子思想、培养孩子学习兴趣最有效的工具。

我的两个孩子都出生在20世纪70年代，当时我们生活很拮据，没给孩子们买过一个像样的玩具，但是买书我们从不吝惜。对孩子学习、成长有帮助的书，只要见到，必定要买。我认为，在孩子年龄、知识增长的不同时期，正是我们给孩子买了那些书，才丰富了他们的知识面，培养了他们的学习兴趣，也是后来孩子们在学习上主动、在学业上成功的一个重要原因。比如，在他们幼年时，我们买了许多小人书，在他们少年时期，我们家买了整套的《十万个为什么》《中国历史故事丛书》《上下五千年》《有趣的数学》《有趣的动物》《有趣的植物》等。其中，《红楼梦》《水浒传》《西游记》就有两个版本，其中有一个是少年版，另外还有《哪吒》《三国演义》等古典名著。还有许多孩子自己买的《雨果抒情散文选》《外国文学作品选》《唐诗鉴赏辞典》《莎士比亚》《世界散文随笔精品文库》等。至于数理化参考资料、各类竞赛指导书、复习资料等，凡是我认为比较好的都买了。其中尤其有几本书对孩子的学业起了关键作用。比如《有趣的数学》这本书包含155个有趣的数学问题，我的两个孩子都对数学有浓厚的兴趣，最初的逻辑思维能力的训练，之所以在小学升初中"红枫奖"邀请赛上取得好成绩，并得以进入师大附中，都得益于这本书。这本书都翻得很破了，但现在仍保存着，一直没舍得扔掉，因为它是立过功的。另一本书是从科学美国人翻译过来的，《从惊讶到思考——数学悖论奇景》，我的儿子曾津津有味地翻阅多遍（我本人从未仔细翻阅过，因为看这本书并不轻松，需要进行逻辑推理，需要动脑筋）。它对培养孩子数学兴趣和逻辑思维能力起了重要作用。其他一些书也大大丰富了他们的历史知识以及对生物、天文、地理的了解。其中，《格林童话选》是他

们爱看的书之一。一部《红楼梦》，两个孩子都读过多遍，特别是儿子，许多章节都能顺口背诵出来。这些书在丰富知识、培养学习兴趣、增强理解力方面起了重要作用。

在家长精力、知识有限的情况下，当学校不能完全满足他们的求知欲望时，多买些好书给他们读，是最省力、最有效的方法。

三、培养孩子的求知欲望和进取精神，对孩子的点滴进步要给予及时的表扬、鼓励

孩子的求知欲望和进取精神是可以培养的。当两个孩子还在幼儿园时，幼儿园老师教他们唱歌、表演、识字、数数，回到家里，我们鼓励他们把老师教的东西说一说，表演一下，他们会争先恐后地表演，谁也不愿落后。尤其当他们做得好、受到表扬时，他们就会很高兴、很得意。今天你表扬了他，明天他学习会更用心。

有一次，我让他们一起做算术题，儿子做得比较快也比较好，我表扬并奖励了他，他很高兴。第二天，我忙于做别的事情，把让他们做题的事忘了，儿子很主动地找到我说："爸爸说过，今天还要做算术题。"我想，如果你不及时对他们的成绩给予表扬，或者因为他做的你不满意而训斥了他，使他一听做题、学习就头痛，那自然就不会主动要求学习了。我们成年人尚需要鼓励和表扬，何况孩子呢！

在这方面，儿子表现更明显。小时候他没有耐心去埋头苦干，不愿做"无名英雄"，他希望面对挑战，希望在竞争中取胜。我常出一式两份数学或物理试题，让这两个孩子一起考试，儿子反应快，有时会超过他姐姐，这时候他就沾沾自喜，显得很得意。你如果让他自己看书、做题，他看一会儿就不想看了，常要我和他一起看，尤其愿意我们爷儿一起看。这时我常常只是念念题，看谁先做出来，一个先做出后，我就让他对另一个讲一讲，等他们都弄明白了、意见一致了，我就再念下一题。这种特殊的学习方法，在1985年暑假他们进入师大附中前一段时间频频使用，因而在师大附中举行的入学考试中收到了很

好的效果。

这个方法在他们进入大学后还曾继续使用过。在大学二年级的一个假期，儿子打算开学后免修"数理方法""离散数学""图论"等课程，假期中我不得不又拿出这个方法，我只管念，念一段就问问他们是否明白，或者还有什么问题，有时他们的理解比我还深。其实这时我根本就没去想，我的存在只是表明有人在关注着他们思考的结果。

四、鼓励孩子去参加竞争

只有在竞争中、在挑战面前、在适当的压力之下，智慧才能得到充分发挥，能力才能迸发出来，孩子更是这样。

作为家长，应不失时机地为孩子提出一些切实的目标，让孩子去努力争取。一旦他们看清了方向，认清了目标，积极性便调动起来，他们的潜能常常会超出我们的意料之外。我的儿子进入初中后，尽管课程进度快（两年内要读完初中三年课程），但仍没对他形成压力。在家里，常把邻居王姨送给他的一副水浒108将扑克牌摆满一床，自己玩。我后来从他的一篇作文中才知道，他是在按他的逻辑和部署，让这108将互相厮杀呢！

1987年12月，中国科大少年班来湖南网罗招生对象，在师大附中找了四个学生，拿出中国科大当年新生入学考试的一套数学试题让他们做，我的孩子居然取得八十几分的好成绩，是参考学生中分数最高的。他的成绩受到科大少年班在场老师的鼓励，要他们积极准备报考中国科大88级少年班。从学校回来后，我们帮他分析了形势，并帮他制订了一个比较切实可行的应考计划，给了孩子一些鼓励和信心。孩子明确了奋斗目标，此后几个月内刻苦学习，电视也不看了（他从来没有这么下过功夫）。几个月内，他不光自学补完了还没开始学的全部高中课程，而且还进行了较为充分的复习准备。1988年7月参加高考，五科（语文、数学、物理、外语、化学）共考446分，其中，数学118分，差2分满分（另两科政治、生物，只做参考，不计总分），被科大少年班录取。在复试时，又以名列前茅的成绩通过。孩子的这一成绩连我们也没有想到。

1987年暑假，湖南师大附中超前教育试点班面临困难。试办两年已过去，有些家长担心孩子学得不扎实，怕再念两年高中毕业后考不上大学，都纷纷要求恢复高中读三年。当这一要求落空后，有不少家长把孩子从这个班转出去。正是在这种情况下，我找到附中王楚松校长，告诉他我们愿意让我们的大孩子李佳玉也到这个试点班来做试点（老大李佳玉和老二李宁辉同时入初中，老大是小学六年级正常毕业，入学时因年龄大了一岁而没能进入超常教育班），支持学校的教改实验。我们的这一要求受到了王楚松校长的赞同和表扬。我们的大女儿就从正常班的初二，一下子跳进了相当于高一的超前班，缺一年的课需要补上。当时，我们帮孩子分析了优势和劣势，有利的一面和不利的一面。语文、政治是软指标，可以慢慢来；数学、物理这两科，因她数理基础好没问题；但外语、化学需要补课，因为初三开的化学没有学过，英语差了一年，这是硬指标，困难大些，但经过努力仍可以克服。并帮她制订了一个目标，第一学期期中考试时要跟上，期末考试要达到中等偏上水平，第二学期要走到前列，一年后要拔尖。后来，孩子进步很快，在第一学期末就已经到了前几名，这也是我们意料之外的。在高中毕业的统考中，获得了长沙地区第一名的好成绩。还放弃了保送，以自己的实力考入了中国科技大学，并在中国科技大学当年的入学考试中以优异的成绩选入中国科技大学00班（每年中国科技大学都从新生中选取20名优秀学生到当年的少年班，和少年班的学生一起竞争）。

孩子进入大学后面临着更严峻的挑战，竞争更为激烈。她们班上有各省高考状元，有参加国际奥林匹克数学、物理、化学比赛的选手和获奖者。在强手如林的环境中，我们担心的不是孩子的学习成绩是否保持在前，而是一旦落后，遇到暂时的失败，是否有足够的心理承受能力，也就是说担心的不是智力因素，而主要是心理素质。从高中毕业后到入大学前的那段时间里，我们抓紧时间重点对孩子进行心理素质方面的教育，主要教育孩子不要害怕挫折和失败，让她明白"失败乃成功之母""有志者事竟成"的道理。讲孙中山致力于中华革命，先后发动十一次武装起义，屡败屡战、愈挫愈奋的故事；讲伟人艰苦奋斗的经历和百折不回的精神，告诉他们只有在困难面前不屈不挠，不达目的决不罢休，成功才是合乎逻辑的结论。入大学后的一个月内，我们给孩子写了五封信，要求孩子丢掉包袱，树立信心，鼓励他们勇敢地去参与竞争。后来我们慢慢才知道，其实孩子的信心比我们更足。他们很快又走到了前列，而且俩人年年都获得奖学金。儿子还得了张忠植奖学金，在四年级时每人都拿到了华威奖学金，成绩都处于少年班的前几名。

五、注意培养孩子的自信心，教育孩子要依靠自己，不要造成他们的依赖心理

"信心，从自己成功的事实中建立起来的自信心"，是孩子继续取得成功的保证，不能让孩子有自卑感，必须启发孩子认识自己的潜能和价值，认识自己的能力，建立必胜的信心，这一点十分重要。我读过一篇关于美国肯尼迪家族的文章，其中谈到肯尼迪家族是美国一个十分显赫的家族，出过包括总统在内的许多政府高级官员，在他们的家族中就有一种互相鼓励的氛围，当他们中的一位摔倒了，他们看到的不是失败，而是他们摔倒的姿势是多么不同寻常的美，站起来又是多么快。我常听到一些家长（尤其是农村）骂自己的孩子笨、窝囊废、没出息，有些家长甚至误认为这样可以激励孩子奋发图强。实际这样无休止重复的谩骂，往往只会让孩子慢慢产生一种自卑感，也会觉得自己确实笨，渐渐失去了进取的勇气和争取成功的信心。如果一个成年人，周围的人对你的工作都不能给以积极的评价，很可能你也会放弃，何况孩子呢！

1989年，我们的老大李佳玉高中毕业，在师大附中毕业生毕业典

礼大会上，她代表应届毕业生讲话。由于她在湖南毕业会考中取得了长沙地区第一名的成绩，老师让她谈谈自己的经验和体会，她在讲话中说道："'自信'两个字很好地概括了我的主要经验和体会。只有坚信你能够胜利，你才能真正胜利。我们需要自信，自信是对自己潜能的充分认识，是对自己能力的正确、积极估价。自信可以是力量的源泉和前进的动力，自信能带给我们克服障碍的智慧，战胜困难的勇气。当然，自信不是盲目地自我迷信，自信是建立在对自己长处和优势客观认识的基础之上的。自信需要配合踏实的行动，以及为实现目标的切实可行的计划。"她就是凭着这种自信心，毅然放弃保送，决定自己参加高考，并考入中国科技大学。我们的儿子也在大学毕业时放弃了保送，决定自己参加考试，结果在报考中科院软件所的七十多名考生中，以总分第二的成绩被录取为软件所研究生。

要帮助、教育孩子摆脱对父母的依赖，要强调靠自己，靠自己的努力奋斗去达到自己的目的。我们常常和孩子讲：爸爸妈妈一没有权，二没有钱，不要指望爸爸妈妈能为你们去开后门、走捷径，你们的前途和未来要靠你们自己（这样讲，并不只是出于对孩子教育的目的，而是向孩子说明实际情况）。在孩子升学、选择学校、选择班级上，从没有走过后门。特别是在送孩子出国学习上，我相信这种教育是起了重要作用的。

1991年10月，老大李佳玉从学校往家里写信说："我也想三年退学出国读博……不出去的话，在国内的前景，我觉得并不光明，读研三年，在一个研究院干一辈子，慢慢地积资历，然后为家操一辈子心，不堪想象。爸妈，尽全力支持我吧，下定决心后，我什么苦都不怕。"她也想出国读博（她们宿舍五个女孩，已有四个在联系出国）。孩子的信使我们很受感动。我们了解她，她不愿过平平淡淡的日子，想走出去，闯一闯，拼搏一下。我们写信给她："爸爸妈妈支持你，但是一切都要靠你自己努力。"并鼓励她，只要她去努力争取，她一定会实现自己的目标。为此，她考托福、考GRE，联系学校，找人写推荐信，办护照，办签证等，所有准备工作全是她自己在办。办签证，她一个人第一次跑到大上海去，我们在家很不放心，担心她能不能找到住处，能不能找到美国领事馆。后来证明这些担心都是多余的。她在上海等待签证的七天中，花三天时间坐车几乎跑遍了全上海，另外又去南京找高中时的一个女同学玩了三天。

我看到从台湾去美国的旅美华裔作家于梨华写的一本书《美国来信》，其中写道：我们中国父母与美国父母就是不同。我们是希望为孩子造一个安乐窝，总想力争用自己艰辛努力把孩子层层包裹起来，保护起来，怕他们见到风雨，受到磨难。而在美国则有意让孩子去经受锻炼，在磨难中长才干。即使一些很富有的家庭，也会让孩子去做报纸推销等力所能及的事情，自己挣钱，自行准备念大学的学费。对他们来说，经济上的效益是完全次要的，重要的是培养孩子的自治、自立、责任感和本领。任何一个父母都不可能包办孩子一生中所遇到的所有事情。孩子的前途、未来，孩子的生活道路归根结底还是由他们自己来走。家长的责任是帮助孩子培养本领，增长才干，为今后走自己的路做好准备，而不是想着去代替他们走。

六、创造和谐、温暖、积极向上的家庭气氛，只有在爱的阳光沐浴下，孩子才能健康成长

大家都知道，许多走上歧途的少年大多是家庭原因造成的，而许多学习上优秀的少年则从他们和睦、健康向上的家庭中受益。家庭民主、家庭的鼓励对孩子智力的发展以及自信心、进取心的形成是十分重要的。

我和我爱人都很注重这一点，给了孩子满满的爱和鼓励。以慈善、爱护的心情去理解孩子，尊重他们的人格，不随意挖苦、蔑视、讽刺或责骂他们，我们认为对孩子也需平等对待。我们有些家长不允许孩子申辩，不允许孩子讲出自己的道理，用"再讲，再讲我就揍你"这种蛮不讲理的做法，对孩子是不会起到好作用的。我认为，我们应该

鼓励孩子讲出自己的心声。必须承认，我们做父母的并不总是正确的，有时候可能孩子才是对的。记得有一次我在讲到这两个孩子时，用了"这两个东西"的说法，立刻引起了他们的严正抗议，我的女儿就理直气壮地说"我们是人，不是东西"。我不得不承认他们是对的，他们的确是两个人，不是东西。我就曾鼓励我女儿和我辩论，和我讲道理，当我认为她确实是对的，就称赞她、鼓励她，我认为这对于培养她的大胆、勇敢和语言表达能力、思维的逻辑性以及自信心都起到了很好的作用。只有用温暖和爱开启孩子的心扉，让他们毫无保留地讲出自己的心里话、内心的疙瘩、苦恼和感受，我们才能更多地了解孩子，更有效地、更有针对性地去帮助他们。只有当孩子感受到我们是在认真地听取他们讲话，孩子才会产生信任感、亲切感，才能听从你的规劝，接受你的正确意见。

一个失败的例子是在儿子读高一时，有一次市里要举办高中物理竞赛，学校老师和我们都希望儿子去参加这次比赛。当时市一中正在办两个培训班，一个是数学，一个是物理，我们希望儿子把数学先放一放，集中精力复习物理，迎接物理竞赛。一个星期天，他妈要他去听物理课，而他当时正对数学老师讲的内容感兴趣，不愿意放弃听数学课，结果发生争执，他妈就下命令说，今天你必须去听物理课，要不你就别回来，孩子气呼呼地走了。我赶上去和他一起去汽车站，路上做他的工作，说"妈妈也是为你好……"后来他还是去听了物理课。后来我在他写的日记里看到，"要不是爸爸说了那么多好话，我才不去听物理课呢！"后来不巧在举行物理竞赛那个星期天，他发高烧感冒了，我们就没让他去考了。回到学校后，老师本来指望他去考试，争取好名次，结果他没参考，也不太满意。结果孩子迁怒于物理学，尽管物理成绩也不错（高考时还考了 92 分），但自此对物理的学习兴趣就不大了，即使我本人是教物理的。

要给孩子创造一个民主、宽松的家庭环境，使孩子在父母面前感受到亲切感、安全感，心情愉悦，能自由发表意见，自由做自己想做的事。孩子只有在父母爱的阳光沐浴下，孩子的智慧和潜能才可能迸发出来。如果一个家庭关系紧张，孩子对父母有畏惧感，整天战战兢兢，生怕说错话、做错事，每天谨小慎微，时常还会受到训斥和挨打，那样哪里还谈得上会有什么主动精神和创造性呢！我觉得即使孩子说错了、做错了，也要耐心讲道理，说服教育，使孩子能感受到你的关心和爱护，乐意接受你的意见。过分地训斥、谩骂和殴打只能适得其反。良好的家庭气氛对孩子成长至关重要。

正像我们每个人都会犯错一样，孩子同样会犯错误。我们做父母的，有责任对孩子的错误给以恰当的批评，实事求是地对其进行分析，帮助孩子改正错误。在批评教育孩子时，我们认为有两点是十分重要的。第一点就是父母应观点统一、立场一致，使孩子的错误找不到庇护场所，让孩子没有空子可钻，那样才能真正下决心改正。我们有些家庭，往往妈妈"唱红脸"，爸爸常"唱黑脸"，这时爸爸的批评教育努力就会被妈妈的保护罩屏蔽掉，吵吵闹闹一阵子，结果什么问题也没解决，根本就触及不到孩子。第二点就是对孩子的错误要找个适当的时间坐下来和孩子一起实事求是地分析，对其严肃、认真地指出，一次就打下烙印，留下教训，不可絮絮叨叨，无休止地重复批评。有些父母认为，不断重复批评是不断地给孩子敲警钟，这是错误的认识。絮叨，反复地批评，只能使孩子反感，产生逆反心理，不会起到敲警钟的作用。"忠言逆耳利于行"没错，但逆耳之言有谁又愿意天天听？

父母是孩子的第一任老师，身教重于言教，父母的思想和行为对孩子会产生潜移默化的影响。一般来说，如果父母尊师重道，热爱学习，孩子也会把学习当成一回事。如果父母勤奋工作，积极进取，孩子也会努力学习，积极进取。如果孩子总看你打麻将、玩扑克牌，他也很难耐心坐下来做他的功课作业。如果自己不思进取，就很难要求孩子上进，如果自己屈服于环境，整天情绪悲观，就很难鼓励孩子去勇敢地面对生活。总之，做家长的，你希望孩子怎么样，你应该先自己努力去做，要努力地为孩子做出榜样，当好孩子的老师。

结束语

最后，必须看到，那些在事业上获得成功的人，并不都是小学、初中、大学班上的尖子生，事业上的成功，并不完全取决于学业上的成功。所以，对于那些在学习成绩上暂时不很理想、不那么优秀的孩子，家长们绝不要悲观。孩子的才能是多方面的，在某些方面不那么突出，在其他方面可能很厉害。成功并不仅仅取决于智力方面的因素，还同进取精神，刻苦钻研、持之以恒、坚忍不拔的毅力，富有魅力的个性，对事业的强烈责任感，以及良好的人际关系等多种非智力因素息息相关。因此，我们需要重视孩子的智力因素，但更需要重视孩子的非智力因素的培养。

祝在座每位家长的孩子都能在今后的事业中取得成功！

（2006 年 3 月）

浅谈量子力学的自然观[*]

引　言

物理学以及人类关于物质世界的自然观，就是人类在日常生活、生产实践、科学研究中，通过感官直接感知或通过仪器设备间接获得的关于物质世界的知识的概括和总结。

首先，我们通过视觉、听觉感知外部世界。我们用眼睛观察对象的大小、形状、颜色，用耳朵接收对象发出的声音，辨别声音大小、音调的高低，但我们的眼睛、耳朵在自然界是受限制的。例如，眼睛不能看到太强、太弱的光，能接受光波长范围仅在 $0.35 \sim 0.77 \times 10^{-6}$ 米，耳朵能听到的声波频率是 $20 \sim 20\,000$ 赫兹，声强在 $10^{-12} \sim 1$ 瓦／米^2 之间。所以，人的认识首先直接受人感官的限制，只有当科学技术进步，制造出的仪器设备允许我们克服这些自然限制时，关于自然界的认识才能更深入、更全面。因此，我们关于物质世界的知识以及在此基础上形成的自然观，在任何阶段都只具有相对真理性。

人类关于物质世界的认识，首先是从我们感官能直接获得的宏观世界开始的，这些认识的积累就形成了我们关于经典物理学的知识和自然观。从 19 世纪末开始，随着云室、气泡室、探测器、计数器，以及粒子加速器和后来的光谱仪、质谱仪、X 射线衍射、电子隧道显微镜

＊　本篇是根据 2006 年春在物理系学术报告会上的演示文稿文件整理、补充而成。

等技术的进步，物理学研究开始深入原子、原子核、电子等微观领域，产生了量子物理学，利用更高能量的粒子加速器和量子物理理论，深入认识到更深层次的各种基本粒子。与此同时，借助望远镜、射电天文望远镜以及其他技术的进步，人类研究目标也从地球表面的山川、海洋、地球，扩大到日月、星辰、太阳系、银河系等宇观世界，并开始探讨宇宙的起源和演化等问题。在研究宇宙起源问题中，作为早期宇宙存在的基本粒子再次成为研究对象，量子物理学和相对论一样，也成为宇宙学研究的基本理论工具。

今天，量子力学不仅是我们理解分子、原子结构，原子发光过程、固体结构等的理论基础，而且在此基础上已经发展起激光技术、微电子技术，广泛应用于光通信、光存储、光信息处理、光测量、光加工、激光武器、激光制导以及大规模集成电路中。在量子力学基础上已衍生出众多新兴交叉学科，如量子化学、量子光学、量子电子学、量子生物学、量子信息学、量子宇宙学等。量子力学作为科学的物理理论已经不是问题，但量子物理揭示的新的自然观是什么以及它和经典物理学的自然观有什么不同，这些问题却没有完全被解决。此时我想谈谈我的一些粗浅看法，目的是抛砖引玉，希望能引起大家的关注和讨论。

一、量子物理学的物质观

在物理学中，物质不仅是独立于我们意识之外的客观实在，而且还具有质量、能量、动量的物理学属性。20世纪初，在量子力学出现以前，人们认为自然界存在两种物质形态，一种是可定域于空间一个小区域中的实物粒子，包括这些实物粒子的各种聚合（物）体。实物粒子在每个时刻总是要占据空间一个有限区域，一个粒子在同一时刻的占据总是排斥其他粒子的进入。实物粒子可以具有内部结构，可以划分为不同层次，在最基本层次上具有不可分割性。实物粒子的运动状态可以用坐标和动量描述，运动具有轨道，在原则上可以被追踪，运动状态的改变遵从牛顿运动定律等经典物理学规律（包括相对论力学方程）。另一种物质形态是场物质——引力场和电磁场。场物质可以弥散于整个空间，满足叠加性。电磁场的运动和变化遵从麦克斯韦方程组，而关于引力场，迄今普遍接受的理论是爱因斯坦的广义相对论。场物质在空间总是以弥散形式存在，以波动方式运动，因而有干涉、衍射等波动特征。在经典物理中，这两种物质形态、两种运动方式是不能互相转化的。这样的物质观我们可以称它为机械的、二元论的物质观。

在量子物理中，上述两种类型的物质的界限变得模糊了。首先在量子力学创建初期，人们就已注意到：过去一直被作为波描写的光（光的电磁场本质是麦克斯韦在 19 世纪 70 年代就已确定了的）具有粒子性，过去一直作为粒子描写的实物粒子（如电子）具有波性（场物质的一种属性）。最初我们还可以把实物粒子的波性仅仅理解为是描述实物粒子的运动，在高能量物理中，一对正负电子相遇可以湮灭成为 γ 光子（场物质），能量超过 1.02 MeV 的 γ 光子在原子核的库伦场中可以被吸收产生电子 – 正电子对，表示实物粒子和场物质是可以互相转化的。事实上，在高能量情况下，物质以量子场的形式存在，量子场系统的基态就是真空，量子场的激发表示粒子的产生，不同激发态代表处在不同状态下的基本粒子系统，量子场激发的消失代表粒子的湮灭。量子场论十分成功地描述了粒子及其相互作用，并逐步发展建立了现在称为标准模型的统一的物质结构理论。

在量子场论中，粒子之间的相互作用是通过交换另外的粒子进行的，粒子的概念和力的概念也变得难以区分，认为物质是由"基本粒子组成"的静态的观念就更难成立。量子场描绘的物质世界完全是一种动态的过程，粒子就是一份能量，也是一份质量，在碰撞过程中，能量可以互相交换，一种粒子可以转变为另一种粒子。所谓"基本粒子"的概念完全失去意义，呈现在我们面前的是一个统一的、变化的、动态的世界。经典物理中实物粒子和场物质两种形态的物质界限已经完全消失。物理学的进步和发展表明机械的、二元论的物质观必须被抛弃，且进一步证实了统一的、变化的辩证唯物主义的物质观。

二、我们观测到的客体永远是观测环境下的客体

我们强调"观测到的客体永远是在观测环境下的客体"，这看似是废话，但通过对其深入分析，却可以使我们区分经典物理中的测量和量子物理中的测量的根本不同，从而得出我们不曾有的许多新结论。

当我们的眼睛、耳朵不能直接接收观测对象发出的信号，带来关于观测对象的信息时，我们就需要借助各种观测仪器。一旦需要借助仪器观测客体，即需要观测仪器带来关于观测对象的某些信息时，必定要求观测仪器和客体发生过某种相互作用，从而使观测仪器与客体构成一个复合物理系统。这一测量模型无论是经典物理还是量子物理都是对的。

但在经典物理中，仪器和测量对象之间的相互作用相对于客体内部的相互作用来说常常是非常弱的，不足以对观测对象产生实质的、可以觉察出的影响。所以在经典物理中，我们可以假设我们观测的对象独立地存在于观测仪器之外，我们可以同时地、反复地、无限精细地观测其各个方面而不改变它的运动状态，并且原则上任何观测的影响都可通过适当的补救措施得到校正恢复。

对于量子力学，我们观测对象是各种微观粒子（如果研究对象是宏观的则不需要用量子物理），测量仪器和被观测客体之间的相互作用相对客体本身显得十分巨大和重要，这种作用常常能显著地改变客体的运动状态，测量仪器带来的已不是客体未被观测之前、独立具有的信息，而是在和测量仪器相互作用环境下的客体的信息。量子力学的创造者之一玻尔在1927年9月为纪念伏特逝世100周年所展开的"量子公设和原子论的最新进展"讲演中指出：微观粒子现象的任何观察都涉及一种不可忽略的和观测仪器之间的相互作用。因此，就不可能既赋予现象又赋予观察仪器一种通常物理意义下的独立实在性了，它

将不可避免地导致互补关系和因果关系的概率形式。所以，我们认识的自然界是观测条件下的自然界。注意到这一基本事实，就有可能理解量子测量的一系列新特点。

根据量子力学测量理论，测量力学量 F，只能得到表示力学量 F 的线性厄米算子 $\hat{F}$ 的本征值之一。若系统处在任一波函数 Ψ（假设已归一化）描述的状态，测得本征值 F_n 的概率是 $|c_n|^2$，其中，c_n 是 Ψ 按 $\hat{F}$ 的正交归一完备本征函数系 $\{\psi_n\}$ 展开的展开系数，即

$$|\Psi\rangle = \sum_n c_n |\psi_n\rangle \qquad c_n = \langle \psi_n | \Psi \rangle \qquad (1)$$

若测得的是本征值 F_n，则系统在刚测量完毕就处于由相应本征态 ψ_n 描述的状态中。

根据这一理论，量子测量具有以下几个特点：

（1）当系统处在一般态（不一定是 $\hat{F}$ 算子的本征态）时，测量力学量 F 一般不能得到确定值，而得到的是一系列可能值（厄米算子 $\hat{F}$ 本征值）之一。每个可能值出现的概率由描述系统状态的波函数预言。测量结果是概率决定的。

（2）测量引起系统由测量前的态 Ψ"坍缩"为测量后的态 ψ_n——测得的本征值 F_n 对应本征态。一般测量会对观测对象的运动状态产生不可逆的破坏。如果是在第一次测量完成后紧接着进行第二次测量，那么系统还没有来得及演化，必定仍得到态 ψ_n，因而必须认为在测量刚刚完成后系统就处在 ψ_n 描述的新态上。所以，一般的测量过程事实上就是新态的制备过程。由于一般测量破坏旧态，产生了新态，因此，量子力学测量排除了对系统一个运动状态进行多次重复测量的可能性。

由于量子测量的上述性质，量子力学使我们对一个具体的物理过程的认识受到某些原则性的限制。例如，电子（也可以是其他微观粒子）通过双缝在观测屏上产生双缝干涉实验（见下图），电子枪发射的电子经小孔 G 和屏 M 上的缝打在最右边的观测屏上，在观测屏上留下电子到达的痕迹。实验分以下三种情况：

第一种，关闭 S_2 缝，只开 S_1，结果电子在屏 N 上呈现出由曲线 P_1

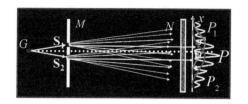

表示的分布；

第二种，关闭 S_1 缝，只开 S_2，结果电子在屏 N 上呈现出由曲线 P_2 表示的分布；

第三种，同时打开 S_1，S_2 两缝，实验表明电子在屏幕上的分布由曲线 P 描述。

实验还表明，曲线 P 的形状与大量电子是同时到达的还是通过控制电子发射使电子一个一个到达的没有关系。注意曲线 P 不是 P_1，P_2 两条曲线的简单相加，而是和光的杨氏双缝干涉实验相同，电子痕迹在屏上呈现出明暗相间的疏密分布，这种分布是电子具有和光类似的波动性的实验证据。

关于上述电子双缝干涉实验，人们自然会想，如果把电子看成是描述电子的物质波，波是可以同时从两个缝通过的，但作为电子，它是不可分割的粒子，那么它到底是从哪个缝过来的？

如果要知道电子从哪个缝通过，我们必须对正通过缝的电子进行测量。所谓测量，实际上是用某一种"仪器"使其与电子发生某种相互作用。一个容易想到的方法就是用一束光去照亮正通过缝的电子，靠我们眼睛或仪器接收的散射光来判定电子是从哪个缝过来的。事实上，如果我们能测量出打在屏上的每个电子各是从哪条缝过来的，屏上电子留下的径迹就必定是电子分别从两条缝过来所形成径迹的简单相加，干涉图样就会消失。这可解释为探测电子的光束对电子运动产生了干扰，电子改变了它的运动方式，所以观测不到干涉图样。

减少光对电子运动干扰的一个办法是减少照射光束强度，也就是减少光束中包含的光子数目。当光束减弱，只要还能探测出电子是从哪条缝过来的，情况就和前面没有什么变化，即我们能说出每个电子各是从哪条缝过来的，但观察不到干涉图样。但如果光束减弱到已经不能探测到电子是从哪条缝通过时（即光束中光子是如此稀少，以致没有光子能碰到正通过的电子），这时我们就能重新观测到电子的干涉图样。

减少光对电子运动干扰的另一种办法是减少光子的动量，这样即使撞上电子也不至于严重干扰电子的运动。但是根据德布洛意关系，减少光子动量意味着增大探测光的波长，当探测光波长足够大时，光的分辨本领就不足以区分出靠得很近的两条缝，也就不能告诉我们电子是从哪一条缝通过的了。

由此可知，在保持能观测屏上干涉图样条件下，就不可能决定电子是从哪条缝过来的；一旦能确定电子是从哪条缝过来的，就不可能再看到干涉图样。在存在干涉图样的条件下，自然界没有留下探测电子是从哪条缝过来的手段。因此，我们对某些物理过程的认识也是存在原则性限制的。

三、统计的因果关系

在经典物理中，牛顿力学和麦克斯韦电磁学都是决定论的，即如果给定物理系统初始状态，系统以后任何时刻的运动状态都能按运动规律唯一决定。数学家拉普拉斯在 1812 年的《概率解析理论》中曾这样表述过这一认识："我们必须把宇宙目前的状态看作是它以前状态的结果及其以后发展的原因。如果有一种智慧能了解在一定时刻支配着自然界的所有力，了解组成它的实体的各自位置，如果他还伟大到足以分析这些事物，它就能够用一个单独的公式概括出宇宙万物的运动，从最大的天体，到最小的原子，都毫无例外，而且对于未来，就相对于过去那样，都能一目了然。"今天我们把这种因果关系称为拉普拉斯决定论的因果关系。根据这种认识，假如知道某一时刻宇宙中的每个粒子的位置和运动情况，掌握了宇宙所有现在状态的必要信息，我们就可以唯一地决定宇宙的过去和将来。

　　这种认识在量子物理中还正确吗？根据量子力学，系统的运动状态用一个波函数（一个满足物理要求，即平方可积、单值有界、连续可微的时空坐标函数）描写，波函数随时间的演化（即系统运动状态的变化）满足薛定谔方程（在高能量情况下需要用克莱因－高登方程或狄拉克方程代替）。根据这些方程，一个不受外界扰动的物理系统的运动状态——波函数——是可以因果决定的。但是波函数不是物理量，物理量的取值是通过对系统进行测量决定的。根据上述量子力学的测量理论，对处在一定运动状态的物理系统，测量得到的物理量取值是概率的、非决定论的。量子力学的这种测量结果的非决定论、概率的因果联系与经典物理传统的信念格格不入，遭到传统的物理学家持久地、顽强地反对。爱因斯坦虽然在建立量子力学过程中发挥过重要作用，但爱因斯坦就是这种概率因果关系强有力的反对者。1924 年，在写给玻恩夫妇的信中，爱因斯坦说："我决不愿意被迫放弃严格的因果性，……在那种情况下我宁愿做一个补鞋匠，或做一个赌场里的雇员，也不愿做一个物理学家。"在 1926 年写给玻恩的信中说："量子力学固然是堂皇的，可是有一种内在的声音告诉我，它还不是那真实的东西。这个理论说得很多，但是一点也没有使我们接近这个'恶魔'的秘密。我无论如何深信上帝不是在掷骰子。"直到 1944 年，他仍在说："你相信上帝在掷骰子，而我相信世界上客观存在的完备法则和秩序，那才是我苦思冥想要去抓住的东西……即使量子论的初步成就是伟大的，那也不能让我相信这种原始的掷骰子游戏，尽管我知道，我的年轻的同事会说，那是我老化的结果。"

　　我没有足够的学识和能力对困惑爱因斯坦的问题做出裁决，但我仍感到接受这种在实验中、有意识参与（见本文第五节）的、概率决定的事件，也没什么了不起的，因为和无限庞大的宇宙相比，这样微不足道的物质运动状态变化过程并没有影响宇宙物质整体的运动，不应把它夸大到整个宇宙。事实上就是在经典物理学中，由于 20 世纪人们开始关注非线性问题，也已经知道存在非拉普拉斯决定论的大量例子，从逻辑上看，在现实生活中、在社会学中，我们已经习惯了接受概率的、统计的因果关系。例如，我们不能准确地说出某人未来的寿命，甚至对第二天局部地区的天气也不能做出完全精确的预言，也就是说，在日常生活和社会学中，我们对未来许多事情都只能做概率的预言。拉普拉斯决定论的因果关系很有些宿命论的味道。量子力学测量中意识的参与可能正体现了在物质演化中人的主观能动作用，应当更具有积极意义。

四、量子纠缠

在量子物理中最奇异、最不可思议的或许还是量子纠缠现象。根据量子力学理论，初始分别处在纯态 $|\varphi_S\rangle$ 和 $|0_B\rangle$ 的两个系统 S 和 B（譬如两个电子），在 $t=t_0$ 时刻使它们发生相互作用，构成一个复合系统，复合系么正演化到时刻 t 的态是

$$|\psi_{SB}(t)\rangle = \hat{U}(t,t_0)(|0_B\rangle \otimes |\varphi_S\rangle) \tag{2}$$

$\hat{U}(t,t_0)$ 是和包括两子系相互作用哈密顿量在内的系统总哈密顿量有关的时间演化算子。可以证明，这个态可以写作

$$|\psi_{SB}(t)\rangle = \sum_m \sqrt{\rho_m} |\varphi_S^m\rangle |\varphi_B^m\rangle \tag{3}$$

是复合系统纯态的 Schmidt 分解，其中，$|\varphi_S^m\rangle$，$|\psi_B^m\rangle$ 分别是子系 S 和子系 B 密度算子属于同一本征值 ρ_m 的本征态，称它们是对偶态。当密度算子有两个或两个以上非零本征值（即 Schmidt 展开式有两项或两项以上）时，$|\psi_{SB}(t)\rangle$ 就是复合系统的纠缠态。当两子系间存在相互作用时，复合系统的么正演化将导致初始子系的直积态演化为两子系的纠缠态。如果仅仅着眼于其中一个子系，子系将由初始纯态演化为混合态，就是所谓"消相干"过程。

为了讨论纠缠态的性质，我们不用上面的专业术语，改用更容易理解的语言。

一个电子有两个自旋态——自旋向上态和自旋向下态，可分别记

为$|0\rangle$和$|1\rangle$。根据量子力学态叠加原理，一般情况下电子的自旋态是这两个态的叠加，可以写作

$$|\psi\rangle = a|0\rangle + b|1\rangle \quad |a|^2 + |b|^2 = 1 \tag{4}$$

特别是可以取叠加系数$a = b = 1/\sqrt{2}$，表示这个电子处在自旋向上、向下的概率各有$1/2$。由上面的讨论可知，两个电子的系统可以有4个线性独立的态，即$|0\rangle|0\rangle$，$|0\rangle|1\rangle$，$|1\rangle|0\rangle$，$|1\rangle|1\rangle$。特别是可以制备两个电子系统处在叠加态为

$$|\psi^+\rangle = \frac{1}{\sqrt{2}}(|0\rangle|1\rangle + |1\rangle|0\rangle) \tag{5}$$

这个态就是两个电子系统的一个纠缠态。根据量子力学理论可知：

（1）在这个态中，无论是电子1还是电子2，自旋都没有确定取值；

（2）如果对这个态测量电子1的自旋，将以概率$1/2$得到自旋向上（向下）态，同时态坍缩到式（5）右边的第一（二）项上；

（3）在对第一个电子测量完成后，电子2立即处在自旋取确定值的态上，即处在和电子1相关的自旋向下（向上）态上；

（4）上述结论和两个电子空间分离开的距离无关。

这四点可以看作是两电子系统纠缠态的定义。与$|\psi^+\rangle$类似，两电子系统自旋纠缠态还有$|\psi^-\rangle = \frac{1}{\sqrt{2}}(|0\rangle|1\rangle - |1\rangle|0\rangle)$，$|\varphi^+\rangle = \frac{1}{\sqrt{2}}(|0\rangle|0\rangle + |1\rangle|1\rangle)$，$|\varphi^-\rangle = \frac{1}{\sqrt{2}}(|0\rangle|0\rangle - |1\rangle|1\rangle)$。这四个态在量子信息中常称为"贝尔态"。

有人曾试图举生活中的例子说明处在纠缠态中两个子系之间的关系，我认为在经典世界中绝对找不到恰当的例子，原因就因为纠缠态是个量子态。

1. 总系可以包含比各个子系综合更多的信息

在经典物理中，若干个子系构成一个复合系统，复合系统的运动

状态可以通过确定各子系的运动状态描述，各子系之间的相互关联信息总能以不同方式体现在各子系中。原则上可以通过对各子系精细的、全面的描述，获得总系的信息。例如，一个由大量粒子组成的热力学系统，原则上我们可以给出各个粒子的运动状态确定体系的状态（尽管没这种必要），在这种情况下，总系并不能给出比综合各子系更多的信息。所谓分析的方法，就是通过把总系分割成各个子系，通过对各子系的精细描述，获得总系的知识。上述经典物理的观念长期被认为是自然的、明显的、不需要说明和论证的。

在量子物理中，处在纠缠态的两个子系统，由于每个子系都没有确定态，原则上要指定每个子系的状态是不可能的（每个子系都没有确定的态）。固然，我们可以把每个子系看成一个独立的物理系统，给出它的运动状态，但是这样给出的两个子系的每个态必定是确定的，它们已经不是原来作为一个整体纠缠在一起时各自的态了。这就像在电子双缝干涉实验中，虽然我们可以给出电子通过一个缝的衍射图样，但是双缝都打开时的衍射图样却不是单独通过两缝衍射图样的合成。实际上，总系中有部分信息编码在它们的相关中，当纠缠被破坏掉时，这部分信息就丢失了，总系包含比子系更多的信息。因此，在微观世界中，存在纠缠情况下，我们熟悉的分析、综合研究方法——把总系分割成各个子系，综合各个子系获得总系的知识的研究方法，在量子物理中原则上是不可行的。

2. 量子物理是否允许超光速通信

看到处在纠缠态的两个光子，当测量光子1的自旋态时，会引起纠缠态坍缩，从而光子2立即获得确定的自旋态，而不管这两个光子分离的空间距离有多么远。这一现象很容易误导我们去利用这种现象实现超光速通信。通过仔细分析我们就可看出这是不可能的。

假设 Alice 和 Bob 分享处在纠缠态 $|\psi^+\rangle = \dfrac{1}{\sqrt{2}}(|0\rangle|1\rangle + |1\rangle|0\rangle)$ 的光子对，希望利用这个纠缠态和 Bob 通信。光子1在 Alice 实验室里，

她可以操控光子 1，而光子 2 在 Bob 那里。Alice 测量光子 1 的自旋态，她有概率 1/2 得到态自旋向上态 $|0\rangle$，也有 1/2 的概率得到自旋向下态。假设她测得的是 $|0\rangle$，也就是说 Alice 的测量坍缩 $|\psi^+\rangle$ 到叠加中的第一项上，根据量子力学测量会引起态瞬时坍缩，这时 Bob 测量他的光子必定得到其光子处在自旋向下态。但这里并没有任何信息传输，因为不管 Alice 是否测量了她的光子，Bob 测量他的光子都可能得到他的光子处在自旋向下态。只有当 Alice 告诉 Bob："我已测量过我的光子。"Bob 才会知道他测量自己的光子得到自旋向下将是唯一可能的结果，而不可能得到别的结果。而 Alice 告诉 Bob 则需要经典通信，当然不可能超光速做到。另外，我们看到 Alice 也不可能把任何信息编码在她的测量结果中，因为她测量得到什么结果也不是她能控制的，是完全随机的。所以，量子力学并没有提供任何超光速通信的可能性。

假设 Alice 和 Bob 分享的纠缠光子对不是仅一对，每个人都有一个光子串，且对应的光子对都是互相纠缠的。通过经典通信辅佐，的确可以在 Alice 和 Bob 之间分享一串光子态的知识（每个人都知道测量后对方的光子态），实际上，绝对安全的密钥分配就是用这种方法实现的。但是，光有密钥还不行，因为密钥是一串随机数，并不携带任何信息。而且用这样的密钥串编码的信息，和我们现在的光通信没有什么差别，也不能超光速进行。

3. 关于隐形传态

利用纠缠光子对，可以不发送任何光子，而把 Alice 处一个光子的未知态（如自旋态）传送到 Bob 处的一个光子上。假设 Alice 拥有处在纠缠态 $|\varphi^+\rangle = \dfrac{1}{\sqrt{2}}(|0\rangle|0\rangle + |1\rangle|1\rangle)$ 的光子 1，Bob 拥有光子 2，Alice 希望传给 Bob 的光子态是

$$|\alpha\rangle = a|\uparrow\rangle + b|\downarrow\rangle$$

其中，a，b 是满足 $|a|^2 + |b|^2 = 1$ 的任意数，但 a 和 b 的值是不知道的，如果 a 和 b 的值已知，$|\alpha\rangle$ 就是个已知的态，用经典通信就可以把

态的信息传送出去，就没必要用量子"隐形传态"了。

隐形传态可以分五步完成：（1）Alice 用要传出去的光子态作为控制态，她的另一个光子作为靶位，执行控制非操作；（2）Alice 对要传出的光子态执行一位 H 门操作；（3）Alice 对她的两个光子测量自旋态；（4）Alice 把测量结果通过经典通信告诉 Bob；（5）Bob 根据 Alice 测量结果的信息，对他的光子执行相应的操作，就可在 Bob 的光子上重现态$|\alpha\rangle$。

值得注意的是，由于上述传态过程中包含 Alice 和 Bob 各自需要对他们光子做的一些操作，特别是必须包含双方之间的经典通信，因而隐形传态过程不可能瞬间完成。

隐形传态的净结果是态$|\alpha\rangle$从 Alice 处的光子上消失，而在 Bob 处的那个光子上重现出来，这很像神话故事里的"借尸还魂"，借 Bob 处那个光子的"尸"还了 Alice 处$|\alpha\rangle$态光子的"魂"。不过，这个"魂"仅只是光子的一种运动状态，而且传态过程不是瞬间完成的。"隐形传态"是从量子理论得到的一个结果，而且已经在多个实验室被证实。

理论上看，上述传态过程所有操作都是线性的，原则上可以传送更复杂的线性叠加态。但是能真正实现把一个人的全部信息从一处传到另一处吗？我认为把这样一个非常初级的实验结果用在对生命现象知之甚少的情况下，做这样的推论实在是太夸张了。

某些考虑强烈地暗示，这很可能是个原则上不可能的事。人作为一个高度有组织的物质系统，如果用量子力学描述，则应处在高度复杂的纠缠态中，如果把这个态传输出去，需要的纠缠资源绝对不是像 Bell 态这样简单的纠缠资源所能胜任的。它需要考虑纠缠态资源的复杂程度，考虑到量子力学中还存在态消相干等因素，这样的纠缠资源可能永远都做不出来。大家可能会想，如果不能把人整体地作为未知态一次性传送出去，那我们就把它按线性叠加原理，分解成各个成分态的叠加，分别传送各个成分态，但既然总的态都是不知道的，这种分解显然也是无法做到的。另外一个想法可能是把人这个大系统分割成各个子系统传输。但一旦做这样的分割，即使能把各部分的态信息传出去，我们可能也没办法再由各部分的信息重构出原来的人，因为已经丢失了各部分相互关联的信息。上述困难很可能是我们不能逾越的障碍，因此从原则上排除隐形传送任何复杂的物或人的可能性。或许我们真正能隐形传送的也就是一些很简单的态。

五、再谈量子测量

前面讲到的测量包含有被测对象以及测量仪器，但仅仅这些还不能构成一个测量过程，因为不管被测对象是什么，测量仪器多么复杂，两者存在什么样的相互作用，它们放在一起仍然是一个物理系统，系统将按固有的规律演化，若没有获得系统任何信息，测量就没有完成。测量显然必须要有拥有意识的人参与，这在经典物理和量子物理中都是一样的。但在经典物理中，原则上测量不会改变客体本身，有意识的人并不参与被测对象的演化过程。物是物，意识是意识，互相在测量过程中并不发生直接的相互作用，所以意识要参与测量过程中并没有引起特别的关注。

在量子物理中，由于意识参与物理演化过程，那么，这与唯物主义的世界观矛盾吗？

唯物主义认为，物质是第一性的，意识是第二性的，意识不能脱离物质而存在。量子物理并没有改变这些基本观点。量子测量理论只是说意识参与了物质态的演化过程，引起物质态发生了不连续的改变（所谓坍缩），这其中既没有物质产生，也没发生物质被消灭，发生的仅是物质运动状态的改变，因而不能由此得出意识产生了物质的结论。事实上，在宏观世界，人们有意识地开山、挖河，培养新物种，不正是改变自然界的状态吗，从整个大自然看，并没有引起物质的创生或消灭，发生的也仅仅是局部的、非常有限的物质表现形态有了变化，而人并没有产生出自然界本来不存在的物质，更没有改变支配大自然的根本规律。

意识作为生命现象，作为高度发展、高度有组织的物质态的一种属性，是宇宙演化到一定阶段才出现的，意识不可能先于物质而存在，也不能脱离物质而存在。有人可能不承认这一点，认为在人类出现以前，就存在有精神，比如说上帝，但这是宗教，而不是科学。科学告诉我们，有意识的人是自然界经过漫长的演化才出现的。量子力学并不否认意识是高度有组织物质的一种属性，量子力学也没有为脱离物质的意识存在提供任何证据，量子力学也不承认在宇宙某个地方存在某种超物质的、与物质无关的精神或意识，也没有为脱离开人体的灵魂存在提供证明。在宇宙发展到一定阶段，在表现为物质聚合体的高等动物身上产生了意识，这种意识反过来参与某些实验中这又算什么呢？何况有意识参与、影响的实验毕竟是宇宙发展到一定阶段的事情，这些实验涉及的物质和整个自然界相比仍然是局部的、小范围的、暂时的物质状态演化过程，这除了表明意识对自然界还有一定的能动作用外，并不能改变整体的、大范围的物质演化过程，更不能得出意识是第一性物质是第二性，或者意识是物质世界基础的结论。我认为需要改变的仅仅只是经典物理中的机械唯物论，而这也恰恰证明了辩证唯物主义的自然观，即物质决定意识，意识影响物质。

最后，我想强调量子力学并不能为各种宗教提供科学根据。宗教是一种信仰，是有意识的人心中的某种信念。尽管有些宗教可能在人类社会中发挥着某种积极作用，但它毕竟不是科学，被信奉的东西也无法被科学实验检验、不能被实验重现。而量子力学是科学，它的基本原理可以被证实，并被不同的实验重现。所以，用量子力学去证明某种信仰、宗教的科学性必是徒劳的。

我认为，在量子生物学研究中，利用量子力学的概念、原理和方法，特别是量子纠缠等，有可能为解开高度有组织的物质是如何产生出意识的，以及在解开生命的奥秘的生命科学上做出贡献。

谢谢各位！

(2006 年 5 月)

关于如何当好教师的几点体会*

我从事教学工作已近 40 年，来到国防科技大学也快 30 年了。30 年来，我先后为本科生和研究生开出"电动力学""量子力学""物理学中的群论""量子通信和量子计算"等十多门课程。总结参加教学改革的经验和体会，先后出版了《电动力学教程》《大学物理学》《量子通信和量子计算》《基础物理学》等多部较高水平的教材和学术著作，并获国防科技大学自编教材一等奖、湖南省优秀自编教材奖、解放军第四届图书奖，其中，《大学物理学》是"十一五"国家规划教材，曾获国防科工委优秀教学成果一等奖、国防科技大学优秀教学成果一等奖、军队优秀教学成果一等奖等。我本人也获得国防科技大学首届优秀主讲教师、全军优秀教师，今年又获得国家级教学名师等荣誉称号。根据学校训练部指示，要我谈谈作为教师的经验和体会，希望能对大家有所帮助和启发。以下内容不可避免地会有不当或错误之处，也诚恳地欢迎大家批评指正。

一、要热爱教师这个职业

我认为要当好教师，首先要热爱教师这个职业。

教师是做什么的？唐代大文豪韩愈的《师说》，对教师做了最精

---

　* 本篇是在国防科技大学 2007 和 2008 年两期青年教师培训班，以及应邀在桂林空军学院教师大会上所做的报告讲稿，收入本书时个别地方有改动。

辟、最完美的解释："师者，所以传道受业解惑也。"按现代语言说，教师就是传承知识和社会文明，教给学生做人、济世之道，使其获得专业技能和成家立业本领的人。

我们有理由为作为一名教师而感到自豪。教师历来就是一个受人尊敬的职业，我国自古就有尊师重道的传统。中国第一位教育家孔子被人尊为"至圣先师""万世师表"，几千年来一直受到后人的尊重。"教师"是书面语言，平时人们称教师为"老师"，"老"在古代主要用于对学识渊博、道德高尚的人的尊称。我小时候生活在农村，上小学时，还称教我的老师为"先生"。传统上，"先生"用于称呼资深、德高望重的人。毛泽东为徐特立贺寿时说："你是我二十年前的先生，你现在仍然是我的先生，你将来必定还是我的先生……"

今天，人们把许多美丽的文字和褒扬的语言同教师联系在一起。"人类灵魂的工程师"，据说最初是斯大林对作家的称呼；"辛勤的园丁"，意指辛勤栽培别人的人；"蜡烛"，默默地燃烧自己，照亮别人；"人梯"，表示无私奉献，不图回报。现在为了弘扬尊师重道的优良传统，彰显"尊重知识，尊重人才"，国家专门法定每年 9 月 10 日为"教师节"。

我热爱教师这个职业不仅仅是因为上面这些，而更多的是从教师生涯中萌发出的、发自内心的对教师的热爱。当我走进教室准备上课时，当我看到学生带着问题向我走来时，看着他们一双双渴望求知的眼睛，我就会意识到自己职责的神圣。当我解答完他们的问题，看到他们满意而归的身影，当我成功地上完一堂课，我都会感到莫名的高兴。我深深体会到教师虽没有使人敬畏的权势，没有诱人的钱财，但教师付出的是诚实的劳动，对国家和社会做出的是具体、实在的贡献；教师是个"诠释宇宙之妙，指点世间风云"，平凡而伟大的职业！作为一名教师，我们理所应当具有充实的精神世界，理所应当充满自豪感！

从我们选择教师这个职业踏上三尺讲台起，就应该努力去承担向学生传授科学文化知识、社会文明和道德精神的责任。就要准备在这个岗位上耐得住寂寞、耐得住清贫，经得起各种各样的诱惑。通过自己的修身立德，严谨治学，敬业爱生，为人师表，尽力完成作为一名教师应尽的责任。

二、要热爱自己的专业

不同教师有不同的专业分工，不同专业的教师都要向学生传授自己的专业知识。教师要以教授专业知识为载体，教育学生，培养学生，使学生获得专业技能。要很好地完成这一任务，我认为教师本人还要热爱自己教授的专业。爱自己的专业，才能产生兴趣和爱好，才能孜孜不倦地去探索、去学习，才能拥有丰富的专业知识；爱自己的专业，在讲课时才能有激情、有感染力，引起学生的共鸣。俗话说，"己所不欲，勿施于人"，你自己都不喜欢的东西，你也不大可能理直气壮地教给别人。

对专业的热爱不应只是口头的，而应当是发自内心的，不应当是盲目的，而应是理性的，是需要建立在对所从事专业深入理解的基础上的。我是教物理的，我觉得我对物理学的热爱就是这样，我常说"物理专业"是我无憾的选择。

物理学，给了我们理解、探索大自然无穷奥妙的语言、方法、工具，我觉得物理学已经融入我的思想、观念中，当我遇到一些自然现象时，自觉或不自觉地都会用物理学概念、方法，以及物理学工具去思考它、理解它。

物理学，给了我们判断是非、真伪的标准和依据；是我们抵御一切伪科学、邪教的强大思想武器；当看到一些"特异功能"、听到一些"奇闻怪想"时，我总是从是否违背物理原理去识别它的真伪，判别其是否可能存在。

物理学是高新技术的主要源泉，像核技术、新能源、激光、微电子学和信息技术，这些都深刻影响着现代社会生产和生活，无不与物理学有着密切关系。

物理学本身就充满魅力，物理理论不仅具有简洁、对称、和谐、赏心悦目的形式美，而且具有反映本质、普适性、逻辑严谨、玄妙精深的内在美。物理学之优美无与伦比。

物理学把表面毫不相干的现象归结为相同的数学方程。例如，电动力学，一组形式优美、简单的麦克斯韦方程组，却具有高度概括性，淋漓尽致地揭示了电磁场的性质和运动规律。这组方程式的高度对称性，反映了自然界的对称美；从这组简单的方程出发，可以得出脱离场源的电磁场可以以电磁波的形式存在，并推断出光本质上是电磁波。自然界各种各样、纷繁复杂的电磁现象都可以从这组方程出发，仅仅靠数学和逻辑就能得到理解。

爱因斯坦建立的相对论是显示物理学魅力和神奇的另一个例子。运动物体沿运动方向长度会发生收缩，运动时钟走时变慢；时间和空间是统一的，是物质存在的方式，都和物质运动状态有关。这些不管听起来多么神奇，多么不可思议，甚至违背我们从亲身体验中积累起来的常识，但它们都是建立在两条基本原理基础上的狭义相对论的逻辑结果，并且还被精巧设计的不同实验所证实。这个理论还揭示了电磁的统一性、物质和运动的联系，成为我们研究物质高速运动、设计高能量加速器的理论基础。

量子力学是另一个引人入胜的领域。量子力学理论是以六条基本假设为基础而构建起来的物理理论大厦。利用这个理论，我们可以解释所有的物理学实验事实，迄今还未发现有不成功的例子。量子论提供了描述、探索自然界的方法和工具，是原子物理、原子核物理、粒子物理、固体物理等的理论基础。用量子力学理论计算出原子基态的壳层结构以及各个壳层可容纳的电子数目，决定最外层电子排列，可以解释原子的物理、化学性质所表现出的周期性重复；从量子力学理论出发，可以给历经数年、从艰辛实验中总结出的元素周期律一个美妙的解释；量子理论可以解释原子光谱的规律性、光的发射和吸收，是现代激光技术和激光应用的基础；它还可以解释固体电子结构，是微电子学、现代通信、计算技术的物质基础。此外，量子力学还是正在发展的量子信息技术、量子计算机技术的基础。

根据量子力学理论，我们可以预见经典世界从未见过的、神奇的"纠缠现象"。这种现象不仅已经被许多实验所证实，而且现在正被开发用于量子信息技术，创造出所谓"绝对安全的密钥分配""隐形传态""超密编码"以及"大规模并行计算"等经典信息所没有的新功能。

我相信对物理学的这种感情不是我独有的，我曾经和许多同行深谈过物理问题，发现他们对物理学的热爱溢于言表。余瑞璜，吉林大学教授，中国第一代物理学家，最早的中国科学院院士之一。在"文化大革命"中多次被批斗。"文化大革命"初他就被关进牛棚，接受批斗。一天晚上，几个负责看管他的学生在旁边闲话，一个学生说，"学物理真没意思，我后悔报考物理系"，这时被斗了一整天正躺在旁边休息的余先生，突然跳起来大声喊："谁说学物理没意思？"进而和这几个学生开始辩论起来，完全忘记了他此时正是被批斗的对象。余先生在逆境中、高压下，仍能忘我地、顽强地捍卫自己所选的专业尊严！

我虽然此刻讲的是物理学专业，但我相信每个专业都有其独特的魅力，只要你深入地钻研它、理解它，都会发现它的可爱之处，希望大家都能热爱自己的专业。

三、上好课的关键是刻苦努力

教师的基本职责是"传道、授业、解惑"，如今传道、授业、解惑的一个主要途径则是上课，因而上好课就是教师的基本功。在座的各位有些已经有丰富的上课经验，有些正准备接受上课任务，我想谈谈我上课的经历和体会，供大家参考。

讲到上课，在接受教学任务时，常听人说道："这个课我没学过，我不能教。"的确，如果在学校没学过这个课，开始上课时肯定会遇到更多困难，也会要付出更大的努力，但这绝不意味着不能教。我个人认为，如果过去没学过，那现在就开始学，只要你付出努力，完全是可以上好这门课的，并且由于你掌握了一门新课程，你的教学水平、学术水平相比你讲一门熟悉的课会提升更快。

我从研究生毕业来到国防科技大学，接受的第一门授课任务就是"电动力学"，"电动力学"是理论物理中公认的较难的课程。由于正处"文化大革命"时期，我虽然在大学呆了6年，但实际上课学习时间只有不到2年，连"普通物理学"都没学完。后来回校读研究生，所学专业"原子核理论"也几乎没涉及"电动力学"。我当时在学校确实是没学过"电动力学"的，当教研室主任安排我教"电动力学"时，我并没勇气，但也不好意思说我没学过我不能教，最后还是硬着头皮把任务接了下来。

接受任务后，立即就着手准备，我把紧接着的一个寒假中大部分时间都花在准备前两章的教案上。在后来做辅导教员的一年里，我一节不落地听老教员上课，同时作为辅导教员批改作业，辅导答疑。我用心补学电动力学知识，也学习教学方法，把我认为好的方面记下来，琢磨着如果自己讲该如何讲。碰到我解答不了或解答我不太满意的问题，就和老教员讨论，翻参考书，直到得到满意的结果为止。在这一年时间里，我几乎翻遍了从当时校图书馆能找到的全部有关电动力学的教材和参考书（当时"文化大革命"刚结束不久，图书馆图书不像现在那么多），把当时找到的两本习题集，几乎一题不落地做了一遍，使我慢慢地补齐了电动力学方面的知识。

1983年春，我第一次担任"电动力学"课的主讲教师，虽然做了充分的准备，但在讲课时仍然需要偶尔去翻教案（当时认为上课的最佳状态是不看教案），也遇到过学生提出的问题一时不知道如何回答，或者回答得连我自己也不满意的时候，这时我就说："我回去再看看，下次我再给你解答。"随着年复一年地教学，这种情况自然也出现得越来越少。通过不断的探索和思考，让我不仅对电动力学的内容更加熟悉，课堂上能完全脱稿，而且还对电动力学的内在逻辑和体系结构也有了一些新的、更深入的理解，完成了从必然到自由的过渡，在课堂上也可以做到得心应手。另外，在和学生交流中，我也变得更为积极和主动，对学生的提问，往往学生问题还没讲完，我就已经明白他的问题是什么，常常还能给出让自己和学生都满意的解答。

从 1983 年到 1994 年，我曾 11 次主讲"电动力学"，我对传统的电动力学的体系结构和教学内容进行过多方面的改革和探索。基于我在教学中积累的认识和体会，逐渐形成了"主线条清晰、结构严谨、内在逻辑性强"的内容体系，并在 1994 年编写出版了《电动力学教程》一书。之后 1997 年又出版了《电动力学教程》修订版，其中结合了我当时从事的隐身材料科研项目研究，在修订版中强调理论和实际的联系，增加了一般电动力学教材少见的导行电磁波、谐振腔、多层介质中波分析、天线分析等内容，使教学内容更加贴近工程实际和学科前沿。这本教材曾被一些院校选为教材或参考书。在网上曾看到过十分好的评价，特别认为书中"第 0 章"的内容很精彩。2001 年，《电动力学教程》一书获国防科技大学自编教材一等奖。该教材在我校沿用至今。

教"电动力学"不是我教"没学过的课"的唯一例外，后来我还遇到了更困难的情况。1997 年 4 月，时任国防科工委副主任的前校长郭桂荣带回来著名科学家钱学森的建议：鉴于量子信息对国防科技可能会带来重大影响，希望我们学校开展这方面的研究。学校随即把这个任务交给了物理系，当时系主任曾淳就把钱学森的建议以及新闻报道的几篇小文章交给了我们教研室。我当时作为教研室主任，责无旁贷地接受了这一任务。最初，我们没人能说出什么是量子信息，也不知信息怎么能和量子联系起来。经过几个月紧锣密鼓的调研才逐渐有了深入的了解，并于 7 月写了一份论证报告，建议学校开展这一方面的研究。

开展量子信息研究，首先需要一批有好奇心、进取心的年轻人，他们需要有理论物理、计算机科学、经典信息论等知识，而这样的人则急需培养。培养人就得开课，此时我又一次遇到了需要去教而过去没学过的课程。而且情况比教"电动力学"更糟，连做辅导的机会都没有，而且国内、国外都没有现成的教材（至少我们没看到过），我们只能靠自己去钻研和学习。

在无教学大纲、无教材的情况下，我们从大量的国外文献资料中组织材料，在国内率先为研究生、本科生开出"量子通信和量子计算"课程。量子信息是由量子物理、经典信息论和计算机科学融合的典型的交叉学科。经典信息论、计算机科学我们过去没学过，也很少接触。为了开这个课，我曾花一个多月时间去钻研"信息论"，也曾从最简单的计算机开始学起，认真钻研过计算机科学。之后通过在"量子通信和量子计算"课程教学实践中逐渐摸索，创建了"把经典信息论和量子信息论融为一体"的教学内容体系，制定了教学大纲，编写了教材，并于2000年5月出版了国内最早的有关量子信息的著作《量子通信和量子计算》。该书获解放军第四届图书奖，成为当时国内许多研究生研究量子信息的入门书。

近30年来，我先后为本科生、研究生开出的十几门课程中，除了"物理学中的群论基础"在读研期间学过，"量子力学"因和核理论专业有关，在读研期间补学过，其他课程均未在学校学过。所以，教自己在学校没学过的课程应当是很普遍的现象。随着科学技术的进步，作为一名教师，需要在工作中不断更新知识，学习新东西，开拓新领域，教自己当时不熟悉的东西是很自然的事。在实际工作中，你会感受到在学校学过的知识远远不能满足工作需要。当然，我们也不应该苛求学校，学校教育所能给我们的就是良好的学习习惯、继续学习的基础、更新知识的能力和开拓新领域的方法。

与教学有关，还常听人说"这个课我学过，我能教"。学过就一定能教吗？我也不赞成这种说法。教，不是照本宣科，教师不应该是人云亦云的传声筒。"教"是消化、理解、知识再加工，是用自己的语言、根据教学对象情况不同、用自己创造的方式重新表述的过程。要教好，需要对教学内容有更深、更全面的理解；需要有丰富的学识，需要站得更高、看得更远，除刻苦钻研、时时留心学习、努力提高自己的学术水平之外，别无他法。

还应当看到，教学并不仅仅是单方面的付出，而是既教又学的过程。在教学过程中，善于学习、刻苦钻研是提高教学水平的根本途径。

四、参加科研是提高学术水平的重要途径

要上好课，最根本的还是需要教师本身具有较高的学术水平。而要提高学术水平，除了从教学实践中学习提高外，还要积极参加科学研究，在科学研究中，你会遇到教材以外的新内容，需解决教材中没有的新问题，通过参阅文献资料，开阔眼界。我刚来国防科技大学时，物理系科研任务并不是很多，有不少教师几乎一辈子都在教书，很少参加科研工作，虽然有些教员教学工作做得也不错，但很难有进一步提高，时间长了，一辈子就教一两门课程，变成一种惰性，连自己都不满意。老师都是硕士、博士毕业的，有高的学历，我相信是不会只满足于走这样一条路的。所以，老师们应当努力在教学之余积极开展科研工作，做到教学、科研互相促进。

大学期间，尤其是研究生阶段，学生学习的目的不仅仅是收获知识，获得某种专业技能，更重要的还是要学会创造知识。作为老师，不仅要教课，将来还要指导研究生，因而更需要教授教科书里学不到的知识。要当导师，给学生以学术、科研上的指导即可，但要做一名合格的导师，就应实际上做着推动学科发展的科学研究工作。

教师，尤其是研究生导师，不仅要向学生传授知识，更重要的是要培养学生的科学思想、科学研究方法，以及悟性和灵感。任何一个学科都在不断发展，即使过去有很好基础、做过很多研究工作的老师，要做到这一点，也应不断更新知识、学习新文献、钻研新问题。

我在教"电动力学"的同时，曾参加陈健华老师领导的原子多体理论研究。我后来带博士研究生，为他们开出"原子结构和原子光谱"

这门课程就和这一段的原子多体研究有关。1987 年到 1996 年，我又同航天工业部 703 所合作做了隐身材料方面的研究，这些研究不仅开拓我的知识面，对我上"电动力学"课，以及对电磁波在多层介质中传播、电磁波吸收机制以及阻抗匹配概念的理解也大有帮助。我在《电动力学教程》第二版的修订中，为了突出电动力学理论的实际应用，增加了"分层介质中的电磁场和多层介质电磁波的反射和透射系数"就与这一段隐身材料研究有关。而且有关优化设计、线性规划，特别是非线性规划的各种计算方法，包括生物遗传算法也是在这段科研中才熟悉的。后来我还专门为硕士研究生开了"电磁波的传播和吸收"这一门课程。

1997 年开始的量子信息研究，是我退休前最主要的科研工作，之后的教学工作也都是围绕着量子信息进行的。量子信息学是一门以量子物理为基础，融入计算机科学、经典信息论而形成的新兴交叉学科，在进行量子信息研究时，我花了很长一段时间去钻研经典信息论、计算机科学等。通过钻研国内外大量的文献资料，最后才得以为研究生开出"量子通信和量子计算"这一课程，并于 2000 年 5 月出版了上面提及的国内最早的有关量子信息的著作《量子通信和量子计算》。

只有坚持做科研工作，才能站在本学科前沿，把握学科发展方向，只有对学科发展趋势有深刻的了解，才能拥有必要的学识和经验，给学生以切实的指导。

参加科学研究对我后来作为各种名目的专家，以及参加教学科研项目评估、科研成果评审都起了非常大的作用，因为要做这些，就需要有跨专业甚至跨行业的知识，仅仅靠教授专业课，而不参加覆盖面更宽的科研工作，知识结构就不大可能胜任这些工作。

五、要不断进行教学改革，不断追求完美

由于教课不是照本宣科，而是需要用你理解的方式和你创造的方法去讲授，那么，不断进行教学改革、不断提高教学水平就是很自然

的事情。我教"电动力学"的情况前面已经讲过，而我所教的其他课程有些根本就没有教材，甚至是一片空白，因此，需要改革、创新是必然的。接下来我最想讲的仍是教大学物理所做的改革。

1995 年，由于工作需要，我开始教授全校本科生专业基础课"大学物理"。那时人们普遍认为大学物理教学的目的就是为后续学习专业课打基础，在教学方法上，教员课堂上讲定理、讲公式、讲例题、做练习，学生在期末考试中普遍都能得到很好的分数，这是比较典型的应试教学模式。教材内容基本上都是 19 世纪以前的经典物理，20 世纪的新物理，如相对论，仅几个学时，量子物理，学时也不多，内容也仅限于介绍反映量子现象的几个典型例子，给学生"开开窗户"。20 世纪 90 年代，国内外掀起了大学物理教学改革的热潮。我教"大学物理"课，自然也卷入了这个浪潮中。可能是我原来教过理论物理课程的缘故，在教学过程中很快就意识到"大学物理"无论教学内容还是教学方法都需要改革。

在教学内容上，尽管大学物理教材前言都会提道：物理学研究的是自然界"最基本""最普遍"的物质运动规律，但大学物理作为工科各专业唯一一门物理课程却并没做到这些，在教学内容上存在缺陷，最突出的就是：

（1）物理学认为世界本质上是量子的，对世界的经典描写只在一定条件下近似正确，而传统的大学物理只着力于经典描写，只是"开开窗户"，介绍几个典型的量子现象，并没有涉及量子力学的基本原理，也没有比较系统地介绍量子力学的概念、原理和方法。

（2）"狭义相对论"作为基本的物理理论，应使学生知晓从物质—运动—时空密切相关，从时空对称、时空观的高度去把握、理解时空，不能简单地作为"运动尺度收缩""运动时钟延缓"等知识进行教学。

（3）在自然科学和社会科学中，严格来说所涉及的系统都是非线性系统，爱因斯坦说："真正的物理规律不可能是线性的。"基础物理学不能只讲理想化的线性问题，应当适当介绍非线性现象，使学生知道他所学到的简化了的、理想化的东西是存在原则局限性的。

（4）经典物理学中拉普拉斯决定论的因果关系是存在严重局限性的，这种局限性容易导致思想方法上的宿命论。因此，还应介绍量子力学、非线性物理中的物质运动统计的、概率的因果关系。

（5）传统的大学物理教材仅从各种相互作用出发研究物理系统运动规律，而完全没有涉及支配这些相互作用的更深层次的规律。应把对称性作为一种物理学方法，从对称性角度可以更深刻理解物质世界。

（6）热力学熵——是一个远远超出物理学的概念，它决定自然演化的动力，决定时间之箭的方向，在热学中应当作为教学重点，传统的大学物理却以相对容易的以能量守恒为基础的热力学第一定律为主要内容。

我们应当在近代物理基础上给学生构筑一个"合理的、开放的知识结构"，适应当代科学技术发展。在教学方法上，应强化物理图像、物理思想、物理方法教学，开发物理教学中蕴含的高品位文化功能，服务于素质教育的要求。要实现这一目标，必须对大学物理教学进行改革。

教学改革，首先就要创新教学理念，改革教学指导思想。我们认为，大学物理教学新理念不仅需要为学员学习其他专业课打下坚实的物理基础，还应该通过物理教学帮助学员建立科学的物质观、世界观，培养学员的科学精神、科学思想方法，提高其科学文化素质。要贯彻这一教学新理念，就必须改革大学物理的教学内容和教学方法，即进行教学内容的现代化改革；要充分发掘、开发物理教学的高品位文化功能，为提高学员科学、文化素质服务。

正当我思索该如何进行教学内容改革时，我在新华书店看到一本新书《系统科学精要》，使我隐约地感觉到大学物理教学改革其实也是个系统工程。我们必须对大学物理教材这个系统进行分析，为了在有限教学时间内实现上述教学理念，我们必须把大学物理教学作为一个系统工程，进行优化设计。在分析大学物理教学内容的基础上，我们总结出"三个层次""一个统一""两个突出"教学内容改革的新思路，"三个层次"就是将传统的大学物理教学内容分为三个不同层次，可分别比喻为一个人的灵魂、骨架、血肉，共同构成了大学物理教学系统，分别服务于不同的教学目的，采用不同的处理方式。

其中，第一层次属于认识论、方法论和科学世界观方面的内容，包括现代物理思想，有助于学生获得完整的物质世界图像，建立科学思想方法和辩证唯物主义世界观，这是大学物理教学的灵魂；第二层次的内容描述不同物质层次（机械运动、热运动、辐射场、微观粒子）运动基本规律，正是这一层次构成了大学物理内容的主体，是教学内容的骨架；第三层次是运用第二层次得到的基本规律，或研究一定范围内不同现象局部的、具体的规律，或解释一些自然现象，说明物理学在生产实际、科学技术中的具体应用。作为一个系统，不能只有骨架，适当处理第三层次的内容，可以使教学内容丰满、有活力，把这部分看作是大学物理内容的血和肉也是有道理的。我们提出对不同层次内容要采用不同的处理方法。把第二层次作为教学内容的主体和重点。通过第二层次内容的教学，"画龙点睛"地引申、升华到第一层次。适当地、有选择地、灵活地处理第三层次，可以丰富教学内容，在素质教育、能力培养方面发挥作用。

"一个统一"，是从传统的大学物理教学内容的几个部分分析中总结出的一个共同点，是优化教学内容，构建内容新体系的一个方法。我们注意到在任何情况下，我们研究的对象都必定是一个"物理系统"，研究的问题都可归为：在一定（运动）状态下系统的性质；系统运动变化的规律。前者是状态的函数，后者是状态随时间演化的规律，这两者都和"运动状态"有关，都可以通过状态参量和适当的状态参量函数描述。所谓"一个统一"，就是突出"运动状态"的概念，用"独立状态参量描述运动状态，通过状态参量、状态函数的演化表示运动规律"，通过这一理论框架，统一地处理力、热、电及量子物理。这样做的好处是使教学内容主线条清晰，主干和枝节明确，有助于重点突出，达到优化经典物理教学内容的目的。另外，若采取上述体系，还可以把量子力学看作是经典物理发展的一个逻辑结果，一定程度上降低了学习量子物理的难度。

"两个突出"。一是突出军事应用特色。对当代国防高技术涉及的物理原理，都在教材相应的部分和章节中给以适当的讲解，以讲清物理原理为主，淡化具体技术细节。二是突出实验教学。在教学中坚持"从现象引出概念，由实验总结规律"的普物风格。在教学内容中新增描绘作为物理学基石的一些典型实验，通过这些实验内容教学，说明物理学中实验研究方法，可以认识理论和实践的关系，培养学员实事求是的科学态度以及创新意识和创新能力。

在上述教学改革探索和实践基础上，我们于 2004 年编写出版了《基础物理学》（上、中、下）教材，该教材获湖南省优秀自编教材奖。

2006 年，针对"军队指挥军官学历教育合训"类人才培养的需要，我提出了编写合训类大学物理教材的新构想，新编《大学物理学》列入"十一五"国家级规划教材建设计划。该教材继承了上述《基础物理学》特点，更着重突出军事应用特色，充实了实验教学内容，增加补充了充满哲理的科学家故事和启发睿智的物理学家生平轶事，进一步体现教材的人性化和趣味性。"十一五"国家级规划教材《大学物理学》也即将由科学出版社出版。

六、教师要为人师表 以自己的人格魅力感染学生、教育学生

学校一切工作都是为了培养人，教书的目的也是育人。教师的职责不仅仅是教好书，更重要的是育好人。

教师要关爱学生。教师要主动地了解学生成长过程中的烦恼、生活中的不愉快，帮助他们排忧解难。要和学生建立良好的师生关系，这里讲的师生关系应当是健康的、积极向上的，不能庸俗化，不能帮学生掩盖错误、逃避惩罚，不能在学生考试不及格时帮助说情，更不能接受小恩小惠、请客送礼。要做到对学生一视同仁。

教师要实事求是、堂堂正正，用自己的实际行动在学生中建立威信。教师要为人师表，要努力做学生的典范。教师教育学生不是靠说教，也不是靠教师拥有的某些特权、占有的某些资源去命令、强迫学生，教师必须也只能靠自身的德行与人格魅力去建立威信，以实际行动感染学生。必须承认，教师固然比学生站得高、看得远，多数情况下，教师是对的，但是仍有犯错误的时候，在某些问题上，甚至某些学术问题上，学生对了，教师错了，那就要承认错误。科学的本质是求真求实，来不得半点的虚伪。尤其是在学术上，没有谁能说什么都懂，永远都不会犯错的。我也同样遇到过有些学生提出的问题我一时不知道如何回答的，或者我回答了但自觉不够满意的，这时我就会告诉他，我回去再考虑一下，下次再给你解答。在这种情况下，如果不懂装懂，一通狡辩，那才真正失掉了威信。如果施用语言暴力，以势压人，那简直就是"恶霸"了。

以自己的人格魅力感染学生，身教重于言教。教师要严谨治学、精益求精；要有科学求实的精神和严谨细致的作风，要给学生做出榜样。教师本人的严谨学风、宽广扎实的专业基础理论和专业知识，身体力行地进行科学研究，扎扎实实地做学问，在客观上就是对学生一种道德上的约束力，这就是身教重于言教。

教师要尊重学生人格，保护学生自信心。自信是人成功的基本要素。信心，不是盲目地自信，而是从自己成功的事实中建立起来的自信心，是学生继续取得成功的保证。不能让学生有自卑感，必须启发学生认识自己的潜能和价值，认识自己的能力，建立必胜的信心。我认为，建立自信心甚至比学业上一时的成功更重要。

即使一个正常工作的人，如果上级领导没有肯定你的工作，周围的人对你的工作也不能给以积极的评价，这时的你很可能也会放弃，都说你不行，你也很可能会真的不行，何况学生呢！一个事情都有两面性，我们作为老师，应该更多地发现学生身上积极的一面，给以恰如其分的鼓励；对学生的进步和成功要及时地给以肯定，帮助他们建立起成功的信心。

严肃地、恰如其分地指出学生的缺点和不足是必要的，但不要过多地批评学生，更不要利用自己学术上的优势，"滥用话语权"，无端地乱加指责。过多地批评学生会使他们心理屡屡受挫，感到无所适从，丧失自信心，导致创新意识的泯灭，甚至还会引起学生的逆反心理，造成师生关系紧张。

以上就是我当教师的粗浅体会，供各位在未来的教师工作中以参考，不当之处，欢迎批评指正。最后我想送大家一副对联："书山有路勤为径，学海无边韧作舟"，横批是"天道酬勤"。这自然不是我的创造，是从老祖宗那学来的，虽然显得不那么时尚，但道出的却是真理。这里我把"苦作舟"改为"韧作舟"，我认为，刻苦学习未必意味着"苦"，但渡越学海却需要坚韧不拔的努力！

望大家在未来教师生涯中，都能发掘出学习的乐趣！

(2008 年 10 月)

关于如何当好研究生导师的思考[*]

一、情况简介

我是国防科技大学物理系原子分子物理学科点的博士生指导教师，研究方向是量子信息技术。国防科技大学物理系原子分子物理学科点于 1981 年开始招收硕士研究生，1983 年获硕士学位授予权，2000 年获博士学位授予权，2005 年获得物理学一级学科博士授予权，2001 年被评为湖南省重点学科，2007 年被评为国家重点学科。

自 2001 年以来，本学科点对研究生培养观念、培养模式进行了深入的探索，在研究生教育的课程体系、教学内容、教材建设等方面坚持改革与创新，注重研究生创新意识和创新能力的培养，努力出高水平的科研成果。经过几年的实践和努力，取得了突出的成绩。近年来，先后毕业博士研究生 8 人、硕士研究生 35 人，博士和硕士研究生学位论文水平均较高，受到广泛好评。其中，1 人获全国百篇优秀博士学位论文奖，1 人获全国百篇优秀博士学位论文提名奖，3 人获湖南省优秀博士学位论文奖，1 人获全军优秀博士学位论文奖，4 人获校优秀博士学位论文奖，5 人分别获全军、湖南省优秀硕士学位论文奖，原子与分

---

* 本篇是应石家庄高级军械学院邀请在全校大会上发言的讲稿，其中"抓住'学位论文'这个主要环节"一节应《高等教育研究》编辑部约稿，于 2007 年 1 月发表在《高等教育研究》杂志上，其他部分内容则于 2009 年收入中国研究生院院长联系会编的《我看研究生教育 30 年——纪念中国恢复研究生招生培养 30 年征文选》一书中。

子物理导师组获国防科技大学研究生教学优秀集体奖，学科导师组1人获国防科技大学优秀导师一等奖，6人获校优秀研究生导师二等奖，1人获全军优秀教师称号，2人获军队院校教书育人金奖。编写出版了8部教材和学术专著。其中，《量子通信和量子计算》获解放军第四届图书奖，量子信息研究获国防科技大学"十五重大科技进展"奖。

虽然我们在研究生培养和学科建设方面取得了较好的成绩，但这并不意味着有什么成功的、可以普遍适用的经验。相反，我们觉得虽然在硕士研究生培养方面有较长的历史，但培养博士生历史不长，规模也不够大，经验还十分不足，还有许多需要向其他学科点学习、进一步改进的地方。

这次来讲如何当好研究生导师，对我来说确实是个难题。一方面本人虽然在研究生培养中做了一些工作，但绝不认为就是一个完全合格的、好的研究生导师；另一方面，我认为研究生培养本身就不可能有一个固定的、普遍适用的模式或培养方法，不同的学科、不同的专业方向，差别很大。文科和理工科不同，理科和工科也有差别；不同的导师有不同的风格、不同的教法，同一个导师对不同的学生、不同的研究课题也有不同的做法，很难说哪种做法就一定好，哪种做法就一定不好。每一个模式和方法只要适合具体的条件和情况，都有可能取得成功。当然，这不是说研究生培养没有一般规律可循，只是强调必须把普遍原则、规律性的东西和自己实际情况结合，绝不能把别人的经验、做法当成金科玉律，生搬硬套。此外，我接受这个任务时间很紧，又遇上两天停电，即使有一些体会也没有来得及很好地总结、准备。接下来我就"如何当好研究生导师"谈点粗浅看法，仅供各位导师参考，不正确的地方请大家批评指正。

二、当好研究生导师的两个必要条件

毫无疑问，导师在提高研究生培养质量方面发挥关键性作用。研究生阶段是学生在人生成长中一个承上启下的重要阶段，由基本上被动地接受知识到系统地整理、总结、创造知识，由知识积累到开始形成系统的自然观、科学观。在这个阶段，不仅要学习、掌握科学知识，还要学习、掌握科学思想、科学方法。这个阶段还是学生由学校学习生活到参加社会工作的过渡阶段，在这个过渡和转变时期，学生需要接受导师的教育和指导，不仅其学术思想、科研方法会受到导师的影响，而且学生的学风、文风、为人处世也会不同程度地受到导师的影响，有时候导师的一句话就可能使学生记一辈子，影响学生的一生。

我的导师是吴式枢院士。在我读研究生时，有一次我拿着一篇文章去问他，我说这篇文章我看了两遍了，还不大懂，他回答我说，"那你就看第三遍"。我就立即明白了，如果第三遍还不懂，就要看第四遍。还有一次，我写了一个东西给他看，他说你这样写不对，我很不服气，当时就指出有篇文献中也是这样讲的。他说："文献上的东西就一定对吗？"这话留给我印象极深，我后来明白了，不要盲从文献资料，需要经过自己的思索，批判地学习吸收。

近年来，人们逐渐认识到，一所高水平的大学，不在于大楼多么高，不在于实验仪器多么先进，关键在于有没有学术大师，有没有一批高水平的教师队伍。这充分表明了，导师在学生培养中的重要地位和作用。

当一个合格的、好的导师，我认为下面两点是基本的。

第一，导师首先是一名教师，要当好导师，首先要做一个好教师。教师就要有好的师德，对学生身教重于言教。

首先，要爱岗敬业，要有高尚的道德情操和崇高的社会责任感，愿意为学生服务，这是基本的。其次，教师要为人师表，要努力做学生的典范，要和学生建立起良好的师生关系。教师要堂堂正正做人，用自己的实际行动在学生中建立威信。教师教育学生不是靠说教，也不是靠教师拥有的某些特权和占有的某些的资源去命令、强迫学生，教师必须也只能靠自身的德行与人格魅力去感染学生。

导师要严谨治学、精益求精，要有科学求实的精神和严谨细致的作风。本人严谨的学风，宽广扎实的专业基础理论和专业知识，身体力行地进行科学研究，扎扎实实地做学问，这些在客观上就是对学生的一种道德上的约束力。

20世纪70年代末80年代初，我读研之时，学生都称导师为老师；在美国，同学之间提到导师都称"boss"；时下国内研究生经常称呼自己的导师为"老板"。"老板"这个称呼可以有两种理解，一种是爱称，导师给学生提供科研资助，指导研究方向，在领导他们进行一种事业；也可能是学生讨厌老师，觉得导师让自己做各种他认为不应该做的事情。但是，导师自己不应以"老板"自居。导师指导研究生的过程并不完全是一个"我教你学"的过程，研究生做科研应该有创新，其中的创新点有些是学生自己悟出来的，有些是在导师指导下悟出来的。但是不管怎样，学术面前人人平等，导师和学生应该是互相探讨、互相促进的关系，不单纯是教和学、管理和被管理的关系。

我们许多人都是一家之长，都明白家长对子女的教育，身教重于言教，父母的思想和行为对孩子会产生潜移默化的影响。一般来说，如果父母尊师重道，热爱学习，孩子也会把学习当回事。如果父母勤奋工作，积极上进，孩子也会努力学习，积极进取。如果孩子看你打麻将，玩扑克牌，他也很难耐心坐下来做他的功课。如果自己不思进取，就很难要求孩子上进，如果自己屈服于环境，整天情绪悲观，就很难鼓励孩子去勇敢地面对生活。总之，做家长的，你希望孩子怎么样，你就应该首先自己努力去做，为孩子做出榜样，当好孩子的老师。作为担负着培养研究生责任的导师，虽然学生已是成年人，导师的影响可能不如家长对子女影响那么大，但我认为大抵也是这样。

清华大学对导师为人情况向学生做过一次调查，调查结果显示认为导师"为人"方面偏差的居然占导师数的27.9%。如果学生对导师学问、为人不赞同，导师还有什么权威可言，你说的话他又怎么会去相信呢？因而教导就会大打折扣。

第二，导师应能站在本学科前沿，把握学科发展方向，对学科发展趋势有深入的了解，在学术上能给学生以切实的指导。

导师不同于一般意义上的教师，在研究生阶段，学生学习的重点已从过去的学习知识到创造知识的阶段，导师不仅要教授书本上的知识，还要教授教科书里学不到的东西。要给学生学术、科研上以指导，培养学生的科学思想、科学研究方法以及悟性与灵感，这对导师提出比一般教师更高的要求。要做一名合格的导师，就应实际上做着推动学科发展的工作，最好是现在还在开展相关学科的科学研究；要当个好的教练员，首先你必须是一个优秀的运动员，只有这样你才能站在本学科前沿，把握学科发展方向，才能对学科发展趋势有深刻的了解，才能拥有必要的学识和经验，给学生以切实的指导。很难设想，自己不会游泳却能培养出游泳健将，自己不做前沿的工作却能把学生带到学科前沿。

教授课程，要以自己理解的方式与自己创造的想法去讲授。只有讲授自己理解深刻的东西才会讲出激情，才会感染学生，才会使学生有茅塞顿开、如饮清泉的感觉。任何一个学科都在不断发展，即使过去有很好基础、做过很多研究工作的人，要做到这一点，也应不断更新知识，查阅新文献、钻研新问题。

三、抓住"学位论文"这个主要环节

无论硕士研究生还是博士研究生，按现行学制，入学后第一年都以课程学习为主，第二年则要进入学位论文研究阶段。学位论文是培养研究生科学思想、创新能力，掌握科研方法，撰写学术论文等科学素质的主要过程和途径，是贯彻研究生培养理念、实现研究生培养目标的载体，是研究生学习和研究成果的结晶，也是衡量研究生培养质量和水平的主要标志。要培养高质量的研究生，必须牢牢抓着这个环节。关于如何提高研究生论文水平，我谈以下五点看法。

（一）富有创新性的论文选题是出高水平论文的关键

无论博士论文还是硕士论文，都不是资料、数据和科学观点的简单罗列和堆积，而是作者在独立进行科学研究和探索基础上，提出新观点，创造新知识，并对某一领域的科学发展做出独创的贡献。创新是学位论文的灵魂，是高质量学位论文的关键要素。硕士论文和博士论文在这一点上是相同的，其区别只是要求程度不同而已。

博士论文选题是出高水平博士论文的关键。为了创新，博士论文的研究方向和工作领域，应当是相对富有更多创新机会的领域。一般来说，每个发展中的学科，都有本学科的前沿，每个学科都有和本学科相近或相关的交叉学科，学科前沿以及相关的交叉学科就是这样的领域。在这些领域中，前人涉足较少。生活常识告诉我们，只有在那些人迹罕至、尚未被很好开发的"处女地"，才容易找到"宝石"。当今科学发展的总趋势是不同学科的相互渗透，而处在不同学科边缘的新兴交叉学科，往往就是这样尚未被很好开发的"处女地"。我们量子信息学科的博士生之所以发表了比较多的、水平较高的学术论文，固然与他们本人的努力有关，但很大程度上也是因为他们研究的量子信息学正是这样一个新兴的交叉学科。

量子信息学是 20 世纪 80 年代以量子物理为基础，融入经典信息论和计算机科学而发展起来的一个新兴交叉学科。量子信息学利用特征量子现象（量子力学非局域性、量子态的相干叠加、量子纠缠等），使量子信息具有经典信息不可能有的新功能，具有巨大的潜在应用价值。另外，作为量子物理发展的前沿和新兴交叉学科，这里的确存在大量的未解决的学术问题。20 世纪 90 年代，我们就看准量子信息领域充满了创新的机会，明确提出这个领域"正是那些有好奇心、有进取心的年轻人的事业，是他们驰骋、拼搏、施展才华的好场地"。

任何学科的前沿或相关交叉学科领域都会有大量的、各种各样的问题可以研究，那么，应当如何选题呢？我认为博士论文选题可以有以下三个原则：一是应当优先选择那些对推进学科发展和知识进步具有重要学术意义的选题；二是优先选择在实际应用和技术进步中有重要应用价值的选题。三是选题还要有前瞻性、可扩展性、研究可持续性。所谓可扩展性是指问题涉及的面不宜过窄，应当是可逐渐扩展的；所谓可持续性是指论文研究内容不是做完即可，而是应步步深入，使学生在攻读博士学位期间所阅读的文献资料以及积累起来的知识和经验能受益终生，成为毕业后可长期乃至终生研究的基础。对论文希望达到的目标、要求不宜过死，应具有一定弹性，给学生一个自由、宽松的创造空间和环境。

论文选题很像地质勘测、开发矿藏。要建矿山开矿，首先要弄清楚当地地质结构、矿藏储量，有没有开发价值，开发条件是否具备，并最好在建好后，还能够长期开采，不断出效益。如果勘测不好，选择的是一个没多大开采潜力的矿藏，就会投资巨大，建设费力，最后得不偿失；或虽然矿藏丰富，但不具备开采条件，设备投资太大、现有技术条件不够，几年内也不见效，这也不行。总之，要避免那种"从杂志缝中找题目"或把一个单纯的"设计或实验任务"或自己承担的一个具体的"科研课题"作为学位论文选题。

论文选题难易程度要适当。题目太难，难以完成，会挫伤学生的积极性，打击其自信力。研究生院关于学位论文开题时间有要求，开完题后基本上要按开题研究内容、时间节点做论文，如果开题前对难度估计不足，要求不适当，学生不能按时完成，还需要打报告、审批，就会很被动；还有些开题两三年了，学生做不下去，需要改变题目，学生前功尽弃，则更被动。相反，题目容易，要求过低，不仅会降低论文的学术水平，也会限制学生创造的积极性，甚至造成一种假象，科研也不过如此，可轻而易举、轻轻松松地完成，没有达到应有的教育和训练目的。论文选题必须根据具体条件和学生的实际情况确定。

控制论文难易的程度，就像是在木板上打孔，难易程度适当的标准是钉子刚好穿透木板。学生能力就像钉子的长度，论文选题难度就像木板的厚度，论文选题难易程度就是"钉子长度"刚好"穿透木板厚度"。这就要求要正确估计学生基础知识和基础理论掌握情况、个人科研能力、创新灵感等形成"钉子长度"的诸要素，还要正确判断所选题目、前人已做的工作情况、参考文献的获取、关键实验的设备和技术等决定"木板厚度"的要素。一般出题目不是难事，难就难在出的题目能不能符合实际，在特定条件下能不能按时得到解决。恰当地把握难易程度是重要的学问，要求导师有较多的科研成果积累和一定科研经验，既要对所涉及的学科领域有全面的了解，又要对涉及的研究方向有深入的理解。

（二）宽厚、扎实的理论基础是高质量论文的保证

盖高楼大厦，必须打牢地基，这是再普通不过的道理了。同样，要培养高质量的研究生，希望他们有更大的创造和学术成就，也必须打牢坚实的专业基础。只有通过课程学习，学生才能掌握宽广、系统的理论基础；同时只有通过专门的、与本专业研究方向有密切关系的课程学习，才能迅速引导学生到达学科前沿、把握学科前沿动态、掌握学科发展方向，才能有更充分的时间进行创造性的研究。据说美国大学研究生院根据各系各专业情况，规定博士生修习课程数量通常为12～15门，课程内容除包括主攻方向的专业课程外，还包括相关领域的选修课程。博士生课程要点是培养学生建立在一定知识背景基础上的理解能力以及认识、评价、批判地评估本专业领域学术成果的能力。

相比之下，我校的博士生课程数量较少，课程广度、深度、质量都不能完全满足要求。虽然我们有一些数理基础较好的博士生，但近年来博士生的专业基础普遍都有所下降，尤其是在交叉学科领域，往往涉及的基础就不仅仅只是学生原来已有的专业知识，而是还需有相关其他学科的基础。在这种情况下，就必须有选择地补充其他专业的知识。例如，在量子信息这个方向上，就需要经典信息论的知识，需要对计算机科学和计算机软、硬件技术都有基本的了解，而我们的学

生基本都是来自物理专业，这些知识是他们在过去的学习阶段未曾接触过的。因此，我们必须通过开课、讲座等方式鼓励他们选修相关专业课程，以及通过自学等多种方式补上这些必要的基础知识。此外，我们还可以通过专题讲座介绍学科前沿的最新进展。现在的理工科学生的口头表达能力、文字表达能力往往都不是很强，适当注意平时口头表达能力训练以及文字表述能力培养也是必要的基础课程。

（三）创造浓厚的学术氛围，激发创新灵感

科学研究不但需要有坚实的理论基础，还需要有创新的灵感。为了激发创造灵感，我们课题组一直努力营造浓厚的学术氛围，坚持每周一次的学术活动。每次活动由一人主讲，其他人参与讨论，主讲人可以是老师，也可以是学生。讲的内容可以是自己研究工作的阶段总结、阅读文献资料的心得体会或文献资料介绍，也可以是某一专题的系列讲座（通常由老师进行）。这样的学术报告会常常气氛活跃，讨论热烈，在不同观点的争论、碰撞中激起创新的火花，起到集思广益、启发思考、激发创新灵感的作用。另外，通过这样的报告会，不仅能补充新知识，扩大知识面，还能锻炼学生语言表达能力。据我所知，各个课题组定期开展这样的学术报告会是十分普遍的做法，只是要求和形式有所不同。

据介绍，美国博士生教学就十分重视发挥学生的积极性和主动性，鼓励学生自由探索、自由表达自己的观点。研讨班就是富有特色的教授方式。在研讨班上，教师注重启发思维，引导讨论，对学生掌握知识和发展想象力、创造力有重要作用。我们的学术活动也具有这种研讨班的性质。

我们还积极进行国内外学术交流。利用科研项目论证、博士生答辩、参加会议等机会，请相关专家、学者来校做学术报告，在经费紧张的情况下，尽可能创造条件派学生参加国内外学术会议，从而起到增长见识、开阔眼界、活跃思想的作用。

（四）把好学位论文关

博士学位论文的好坏、水平的高低，是博士培养质量的一个重要标志。提高研究生培养质量，就得抓住学位论文这个环节，尤其得抓住最后写论文这个环节。当然，若博士期间研究工作做得不好，绝不可能写出高水平的博士论文，但是即使平时工作做得还不错，如果不认真总结、提炼，其工作成绩和水平在论文中也可能得不到充分反映，达不到应有的效果。设想，如果一篇论文没有内在逻辑和适当的组织，颠三倒四，前言不搭后语，或语句不通，词不达意，错别字连篇，或图表、引文不规范，错误百出，是会使人极为反感的。即使做出了有意义的工作，也未必能得到满意的成绩。我们的博士论文在这些方面也是严格把关的，要求学生反复修改，从学生到老师，从老师到学生，往往要经过多次反复才能完成。

（五）努力构建出高水平博士论文的实验环境和条件

提出一个好的理论方案，学术价值可能只有 5 分，如果再进行数值计算、计算机模拟，学术价值可以增加到 7 分，如果能实验实现，学术价值就是 10 分。要提高学位论文的学术水平和应用价值，对于理工科研究生来说，开展实验研究是一个重要途径。量子信息研究有可能产生出新一代的信息技术，目前普遍认为，量子通信特别是量子保密通信是正走向实用化的技术；而量子计算，除了在具体实现上存在巨大的技术挑战外，在物理原理上已没有原则性的困难。若要在量子信息研究上，特别是在实用技术上有较大的突破和创新，进一步提高博士论文水平和质量，则需要开展高水平的实验研究。而要做出世界水平的成果，非有强大的实验条件和实验技术支撑不可。

在"十五"期间，我们在学校"十五"基础研究条件建设项目资助下，克服重重困难，创建了集教学、科研于一体的"量子通信技术实验室""太赫兹技术和应用实验室""新概念计算实验室"，发表了

10 多篇实验研究论文（其中包括国际一流刊物《物理评论 A》《物理评论 B》等）。这一系列成果在帮助学生毕业设计、提高硕士和博士学位论文水平、培养学生实验动手能力方面发挥了重要作用，项目建设获国防科技大学"十五"重大科技进展奖，为进一步提高研究生培养质量打下了坚实的基础。

四、避免两个极端和一个值得重视的问题

根据本人指导研究生的经验和体会，我认为指导研究生要避免两个极端，重视一个问题。

（一）极端一：漠不关心，指导不够

对自己指导的研究生漠不关心或关心不够，放任自流，让学生自我成长，这是近年来一个相当普遍的现象，突出表现为对学生学术指导不够。清华大学做过一个对教师学术指导满意度的调查，分为"好""较好""偏差"，学生认为导师"偏差"的占 42.9%。

造成这种情况的客观原因首先是导师本人忙，特别是一些年轻导师，自己科研任务重，其他事情多。一般学术上有成就的青年人，都被提拔到领导岗位，社会活动多，很多时间花在行政事务上，花在飞机、火车上，花在看别人的文章、材料上，顾不上自己的研究生。其次是学生多导师相对少。现在全国高校每个导师所指导的在校生平均是 8 人左右，这个数字在全世界都算是高的。在美国，每个导师所指导学生的平均数为 2~3 人，欧洲更少。导师人均指导研究生的数量增加，容易导致导师精力分散，无法时刻关注到每个研究生。

目前存在一种比较普遍的情况，就是导师下面有教师团队：博士后下面有博士生，博士生带硕士生，形成一个梯队结构。这种结构有好处，博士后、博士生可以从中得到锻炼，调动了多方面的积极性，从而可以招收更多学生。但是这种情况也有负面效果，就是导师和学生之间真正的指导关系容易疏远，使学生不能得到导师的直接指导，有

的导师在答辩时甚至都不认识自己的学生，这就失去了导师的指导作用。

上述所有情况都是造成对学生关注不够的原因，无论如何，导师都应尽到导师的职责，给学生学习、学术以切实的指导。

（二）极端二：过分关心，包办代替

有些导师，责任心很强，工作热情高，容易出现另一种极端，就好像中学班主任一样，对学生学习管控过细，对学习活动干预过多。

消化、理解、感悟需要过程，学习研究需要时间，创新需要空间，所以，导师需要留给学生必要的时间和空间。学生需要锻炼、体会的机会。我们希望培养的学生具有多样性——造就品格、促进创新，就好像在某些体育项目中除了要有一些规定动作外，还要有一些自选动作。对研究生来说，规定动作是基本的方法、学识，自选动作是学生的发挥。导师必须给学生完成自选动作的时间。

过度关注的另一种表现是包办代替。有些导师觉得有时候得到一个计算结果、读一篇参考文献或写一篇文章，交给学生去做还不如自己做更省事。在这种情况下，会出现包办代替的情况。其实，培养研究生的目的并不是为了完成某篇论文或者某个项目，而是为了培养他的研究能力，所以，"呵护过紧"对培养能力不利。为此，需要在"呵护过紧"和"漠不关心"之间找一个平衡点，这也是做导师的艺术。

不能代替，这就像走道，在别人指挥下跟着走，走几遍也记不住，但自己走一遍，边走边摸索、边琢磨，就容易掌握。在这个问题上有些类似家长培养孩子。许多人作为父母，总是希望为孩子造一个安乐窝，力争用自己艰辛努力把孩子层层包裹起来、保护起来，害怕他们见到风雨，受到磨难。任何一个父母都不可能包办孩子一生需要面对的所有事情。孩子的前途、未来、生活道路，归根结底仍由他们自己来走。家长的责任是培养孩子的自治、自立、责任感，帮孩子学习本领，增长才干，为孩子今后走自己的路做好准备。另外，还要帮助、教育孩子摆脱对父母的依赖，强调靠自己的努力奋斗去达到自己的目的。这同样也适用于研究生培养，尤其对于一些责任心很强的年轻导师，要尽量避免出现这种情况。

（三）一个值得重视的问题

鉴于有些导师和学生关系十分紧张，我认为正确处理导师和学生的关系也是一个值得重视的问题。毫无疑问，导师和学生是平等的关系。导师教育学生、关心学生是导师应尽的职责。学生不是导师的雇员，和导师更没有人身依附关系。不能让社会上某些腐朽庸俗的人际关系污染了纯洁的师生关系。导师不能恣意指使学生，随意把本应自己承担的任务、需要做的事情甚至个人私事找学生去做；学生帮助了老师，导师不应理所当然接受，也应诚恳地表示感谢。前文已经指出，教师不能靠特权和占有的某些资源去命令、强迫学生，教师必须也只能靠自身的德行与人格魅力去感染学生。

导师要尊重学生人格，保护学生自信心。自信是人成功的基本要素，"信心，不是盲目的自信，而是从自己成功的事实中建立起来的自信心"，是学生继续取得成功的保证。有自信，才能有勇气、力量和毅力，克服困难，实现自己的目标。不能让学生有自卑感，必须启发学生认识自己的潜能和价值，认识自己的能力，建立必胜的信心，这一点甚至比学业上一时的成功更重要。我们作为老师，应该更多地发现学生身上积极的一面，给以恰如其分的鼓励，对学生的进步和成功要及时地给以肯定，帮助他们建立成功的信心。

上面这些有关培养研究生的体会和感受，希望在今后研究生培养工作中能给各位导师以启发，不当之处请批评指正。

最后祝愿每个导师都能在指导自己研究生的工作中取得理想的成绩！

谢谢各位！

（2008 年 10 月）

学习物理学——是你无悔的选择！*

　　各位同学，受院领导指示，我在这里谈谈我对物理学专业的认识。

　　物理学研究对象是物质世界最基本、最普遍的运动规律。物理学是各门自然科学的基础，是当代许多高新技术的源泉。物理学是人类探索物质世界奥秘知识和经验的科学总结，是人类智慧的结晶。历史上，物理学历来就是人类物质文明进步的推动力。物理学还是科学世界观的基础，是科学方法论的宝库。你选择了物理专业，将是你无悔的选择！下面来谈谈我的理由和根据。

一、物理学无处不在，作为一个现代人，作为一名技术军官或指挥军官，你不能没有物理学知识

　　由于科技进步和物质生活的高度文明，在现代生活中，衣食住行以及平时接触到的一切，几乎都直接或间接与物理学有关，物理学无处不在。在家里，我们使用各种家用电器，如微波炉、电磁灶、空调、电冰箱、磁卡、声、光控开关等；休闲娱乐使用的各种设备，如收音机、电视机、卡拉 OK 机、光盘、照相机、摄像机；通信时，需要手机、微波通信、光通信、因特网等；在医院，我们会遇到 X 光照相、CT 扫描、B 超、核磁共振、多普勒心电图、脑电图、心磁图等；在办公室，我们离不开电脑、显示屏、存储器；出外旅游，我们会关心刮

_____

　　* 本篇是根据理学院领导指示，对新生进行专业教育报告的演示文稿整理而成。

风下雨、冰雹、地震、海啸；出行时，会使用各种交通工具，如自行车、电动车、汽车、飞机、轮船等；当你带你的孩子玩耍时，还会遇到各种花样翻新的玩具，当你和孩子交流时，或许孩子会问你有关太阳、月亮、星星等问题，偶尔还会问到日食、月食等自然现象；和朋友聊天时，还可能谈到宇宙、银河系、黑洞、天体运动、宇宙起源等。对于上述所有这些，有关技术细节、详细情况你可以不懂，但基本原理你不可以不知道，而这些都和物理学有关。作为一个现代人，随着新技术层出不穷，今天比过去任何时候都更需要物理学知识。

在座的各位都是军人，都是未来的技术军官或指挥军官。现代国防高新技术、现代武器装备几乎都以物理学为基础，如：侦察监视、电子对抗、雷达和隐身；激光通信和激光雷达；激光制导和激光武器；航空、航天、卫星、火箭技术；热核武器和防护；各种生物、化学武器和防护。作为一名军人，一名现代化、信息战条件下的技术军官或指挥军官，有关所有这些新武器、新装备，你即使不是某一方面的专家，其基本原理你也应当了解，而要了解这些，也需要以物理学知识为基础。

二、物理学给我们描绘出完整的物质世界图像，是科学世界观的基础

作为一名职业技术军官或指挥军官，我们希望通过物理学学到的绝不仅仅只是上面这些，因为上面所说还仅仅只是作为一个现代人需要了解的一般生活、军事技术常识。我们还需要有一个科学的物质观、世界观，作为思考、判断问题的依据和行动的指导。物理学告诉我们怎样描述物质世界，怎样研究、认识物质世界；能提供给我们一套系统的、完整的概念、理论、方法和工具，从而帮助我们解决现在还不懂的问题。它能告诉我们什么物理现象可能发生，什么样的现象不可能发生，一旦发生了某些现象，能帮助我们解释它发生的原因以及现象的物理机制是什么。我们需要一个科学的自然观、世界观，去辨别

是非、真伪。对所谓的"特异功能",如"法轮功"等,物理学就可以给我们一双识别一切假科学、伪科学的"火眼金睛"。

物理学的品格具有彻底的唯物主义,坚持"实践是检验真理的唯一标准",坚持"实事求是"的科学态度。作为物理学的理论和物理学的规律,都是经过实验证明,并被无数次实践检验是正确的。所有违背物理学规律的东西都是不可能发生的。所以,物理学给了我们判断是非、识别真伪的标准和依据,是我们抵御一切伪科学的强大思想武器。

过去许多造成迷信的现象,如今已经有了科学的解释;过去被认为是"神话"的事情,今天已用科学变成现实,已不再神秘。诚然,今天的物理学还没有对一切自然现象都给出令人信服的解释,但重要的是物理学使我们确信,一切自然现象,包括生命现象在内,似乎都不需要某种超自然的力量介入才能得到解释,所谓"上帝",只存在于宗教中。

三、物理学是科学思想方法的宝库

物理学在长达数千年的发展过程中,汇集了一代又一代人的创造和智慧,不仅丰富和发展了物理学本身,而且也锤炼、升华出一套普遍适用的科学思想和科学研究方法,使物理学成为蕴藏科学思想方法的宝库。这些科学方法应用已远远超出物理学,不仅适用于其他自然科学,而且在社会科学中也可以找到它的应用。

首先,实验的研究方法。在物理学历史上,伽利略开创物理学实验研究的先河,把物理学从经院哲学研究的羁绊中解放出来,开创了物理学研究的新纪元,从而使物理学研究获得长足的进展。如今我们花大价钱买设备、建各种各样的实验室,就是靠实验推动物理学进步,进而推动科技进步。在社会科学中,我们的改革开放也是先局部实验,然后普遍推广。

其次,理想化模型的研究方法。在力学中引进质点、刚体;在热学中引进理想气体、可逆过程、卡诺循环；在电磁学中引进点电荷等理想化模型。这种理想化模型的研究方法就是先忽略对象的次要的、非本质的方面，简化研究的对象，找出对象本质的、基本的规律，然后再考虑对象的实际，对主要的基本规律做必要的修正和补充。用哲学语言说，就是抓主要矛盾和主要矛盾的主要方面。

再次，逻辑推理、归纳演绎的研究方法。即由已知的、被实验证明的事实作为根据，用数学和逻辑得到新的结果。这种研究方法贯穿于整个物理学中。

最后，统计的研究方法。在物理热学部分，要研究热力学系统性质和状态变化的规律，由于系统包含大量的微观粒子，我们既不可能也没必要跟踪其中每个粒子，这时我们就从单个微粒子运动出发，应用统计方法，研究宏观系统状态（参变量）变化规律。统计的方法还广泛用于社会学研究。如今我们已大量使用统计数字反映的情况来指导宏观国民经济发展。

此外，在物理学中还广泛使用比较和对称性分析的研究方法等。

科学的思想方法是解决许多问题的关键。掌握科学思想方法能使你更聪明、更能干。学习物理，能时常经受这些科学方法的熏陶和训练。

四、物理学是科学技术进步的源泉和推动力

前文我们从个人需要方面阐述了学习物理学的用处，接下来我们还可以从物理学发展对人类社会进步和物质文明的推动作用方面说明学习物理学的重要性。

虽然历史上许多物理学家研究物理学都有不同的动机和目的，但作为物理学本身，其目标却是把人类从自然界中解放出来，致力于利用自然界服务于人类，客观效果是使人类的物质文化生活趋于文明和高尚。在历史长河中，物理学在社会生产力提高、人类物质生活进步中做出了巨大贡献，建立了不朽的功勋。

18世纪，物理学家瓦特发明蒸汽机，卡诺循环的研究找到了提高热机效率的途径，焦耳热功当量实验奠定了热机理论基础，引起人类历史上第一次技术革命，大大提高了劳动生产率。

19世纪30年代，奥斯特发现电流磁效应（1820年），接着，法拉第发现电磁感应现象（1831年），麦克斯韦集大成把电磁现象的基本规律概括为麦克斯韦方程组（1865年），并预言存在电磁波，1887年，赫兹用实验证实了电磁波的存在。这些发现开始了以电力广泛应用、电磁波应用于通信技术为标志的电器化时代，把人类生产力提高到新的水平。

20世纪中叶，人类历史上开始了第三次技术革命。首先，电子和原子放射性的发现，打开了原子世界的大门；20世纪初，相对论的建立、质能关系的发现，使利用、开发原子能成为可能；30年代，量子论的建立，使我们可以理解原子、原子核、固体结构、晶体电子结构，为微电子学、激光技术打下理论基础。并以此为基础产生了一大批现代技术群，即信息技术、激光技术、计算机技术、自动化技术、空间技术、新能源技术、新材料技术、分子生物技术等。直到今天，以量子物理为基础的量子信息技术，又在人们面前展现出更为美好的通信、计算前景。

五、物理学是大自然的美学，具有无穷的魅力

学习物理学不仅可以使你更好地适应现代社会生活、工作需要，对社会进步产生推动作用，而且物理学还有美的一面，它本身充满魅力，你深入了解它，就一定会产生学习的兴趣。

接下来我们说说何为美。人们一般喜欢秩序，厌恶混乱；喜欢和谐，厌恶冲突；喜欢简洁，厌恶繁杂；喜欢深刻，讨厌肤浅，人的这些喜恶的概括就给出了美的标准。美包括外表美（形式美）和灵魂美（内在美）两个方面。形式美标准应当是简洁、明快、对称、和谐、赏心悦目；内在美标准应当是反映本质、具有普适性、逻辑严谨、玄妙

精深。爱因斯坦说"大自然是按美学原则设计的"。研究大自然的物理
学也具有上述美学特征。历史上追求物理学美，而现在也仍然是物理
学发展的驱动力。

物理学规律具有普适性、统一性，其表现形式具有简单性；物理
学理论具有完整性、系统性、逻辑性，所以物理学具有无与伦比的美。
我们认为物理学既是科学，同时又是高品位的文化，具有艺术品的
特质。

接下来我将从大家需要学习的物理学的几个主要部分来说明这种
看法。

1. 牛顿力学

牛顿力学原理概括在牛顿的名著《自然哲学的数学原理》中，该
书洋洋洒洒数十万言，但其逻辑结构与表述方式处处显示出简单性之
美。牛顿力学三大定律和万有引力公式，把地球上的力学和天体力学
统一起来，建立了一个完整、统一的力学体系，不仅适用于地球上的
物体，也适用于宇宙间所有天体。法国著名天文学家、数学家拉普拉
斯曾评价说：《自然哲学的数学原理》将成为一座永垂不朽的深邃智慧
的纪念碑，它向我们揭示了最伟大的宇宙定律……这个简单而普遍定
律的发现，它囊括对象之巨大和多样性，给人类智慧以光荣。"这些发
现的重要性和普遍性，以及大量创造性和深邃的观点，已经成为本世
纪（指 18 世纪）哲学家们及其辉煌的理论根据。"

2. 电动力学

追求自然界的和谐、统一是物理学家不变的主题。继牛顿之后，
麦克斯韦又完成了电、磁、光现象的统一。把包括光在内的各种各样
的电磁现象规律概括在以下四个微分方程

$$\nabla \times E = -\frac{\partial B}{\partial t} \qquad \nabla \times H = j + \frac{\partial D}{\partial t}$$

$$\nabla \cdot D = \rho_0 \qquad \nabla \cdot B = 0$$

构成的方程组中。这四个方程简单、对称、明快、完整，淋漓尽致地

揭示了包含光在内的电磁场的性质和运动规律。其中，第一个方程说明变化的磁场可以激发电场的横向分量；第二个方程表示磁场的横向分量可以由电流和变化的电场激发；第三个方程则告诉我们电场的纵向分量由电荷激发；最后一个方程则明白地表示磁场没有纵场分量，因此自然界不存在类似电荷的磁荷作为纵磁场的源。也就是一般情况下电场有两个分量，其纵场分量为电荷激发，横场分量为变化磁场激发；而磁场只有横向分量，但激发它的源却有电流和变化的电场两种。电磁现象的对称性由这组方程式明确地反映出来，自然界中不存在对应电荷的磁荷，因而也没有对应电流的磁流。

由这组方程式出发还可以看出，在脱离开场源区域（其中 $j=0$，$\rho=0$），这组方程式可以呈现出波动方程形式，表示变化的电场可以激发变化的磁场，而变化的磁场可以激发变化的电场，电场和磁场的交替激发可以形成在空间运动的电磁波。由这组方程出发，可以进一步导出电磁波的传播速度等于光速，电磁波和光波有相同的性质，从而由麦克斯韦得出结论，光波就是电磁波。所以，电现象、磁现象以及光，可统一由这组方程式描述。从这组方程式出发，运用物理学普遍存在的能量、动量守恒定律，可以进一步证明电磁场具有动量和能量，因而电磁场也是物质存在的一种形式。

麦克斯韦把那些看来毫不相干的物理现象，用简单的数学方程将它们联系起来，完成了物理学史上又一次革命。爱因斯坦曾说："在我的学生时代，最迷人的主题就是麦克斯韦的理论。"

3. 热学和统计物理学

物理学的高度概括性和普遍适用性在热学中表现也很突出。自然界中关于冷和热的现象纷繁复杂、千差万别，但物理学仍可以把它归结为四条基本规律。

特别是热力学第二定律，即孤立系统自发进行的热力学过程总是朝着熵增大的方向进行。而熵是系统无序性或混乱程度的度量。著名奥地利物理学家玻尔兹曼给出熵函数 S 的统计解释，热力学系统的熵

可以用

$$S = k\ln\Omega$$

这样简单、优美的形式表达。其中，k 是玻尔兹曼常数，Ω 是系统的热力学概率，表示系统包含微观状态数，是系统无序性大小的度量。利用熵可以把热力学第二定律定量地表达出来。这个公式内容极为丰富，第一次把演化的概念、历史的概念引进物理学，第一次给出时间箭头方向的物理学定义（注意，所有力学规律、电磁学规律在时间上都是可逆的），可以和达尔文生物进化论相媲美。根据热力学第二定律，孤立系统总是自发地朝着均匀、无序、趋向平衡态方向发展，这似乎与生物进化论，即生物界朝着从无序到有序，从简单到复杂，由低级向高级，由无功能、无组织到有功能、多功能、有组织方向发展相矛盾。20 世纪 70 年代普里高津"耗散结构"理论指出，远离平衡态的开放系统是非线性系统，而非线性系统会对合适的涨落放大而出现自组织结构——耗散结构。生物体就是一种耗散结构，是一个远离平衡态的开放系统，它通过不断地和外界交换物质和能量，维持在低熵（有组织）的状态。利用这种理论我们甚至可以给生物的生长期、衰老期、生病和治疗等过程一个物理学解释。这不是很神奇吗？

4. 量子力学

量子力学更是一个充满神奇的迷人的领域。首先，量子力学理论是以六条基本假设为基础构建起来的物理理论大厦，是迄今物理理论之集大成。它揭示了我们迄今还无法用经验、传统观点理解的奇怪现象，它能解释我们所有的实验事实，迄今还没有发现其失败的地方。量子论提供了描述、探索自然界新的方法和工具。揭示了物质世界（微观世界）物质运动的基本规律，为原子物理学、原子核物理学、粒子物理、固体物理奠定了理论基础。它能很好地解释原子结构、原子核结构、固体电子结构，解释原子光谱的规律性、光的吸收和辐射、元素的化学性质等。事实上，它已经是现代微电子学技术、激光技术，以及正在发展的量子信息技术、量子计算机技术的基础。

利用量子理论，我们可以画出原子内部电子处在不同运动状态分布所形成美丽的图案（如下图），可以给元素周期律一个美妙的解释。

元素的物理、化学性质由元素原子基态最外层电子数目和排列决定。而我们可以用量子力学理论计算出原子基态的壳层结构以及各个壳层可容纳的电子数目，决定最外层电子排列，从而解释为什么原子的物理、化学性质会表现出周期性的重复，如下表所示。

N \ l	0	1	2	3	4	5	容纳
n	s	p	d	l	g	h	电子总数
K 1	2						2
L 2	2	6					8
M 3	2	6	10				18
N 4	2	6	10	14			32
O 5	2	6	10	14	18		50

根据量子力学理论，我们作为粒子描述的电子、原子甚至一个小球，既是粒子，也是波，它本身就具有粒子和波二重性。你也可以说它既不是经典意义上的粒子，也不是经典意义上的波。我们让电子一个一个通过单缝、双缝或多缝，当电子数目足够多时，电子打在观察屏上的痕迹形成如同光一样的干涉图样（见下图）。根据量子力学理论，我们可以预见物质世界还存在经典世界从未见过的所谓"纠缠现象"。如果我们用"0"表示电子自旋向上态，用"1"表示电子自旋

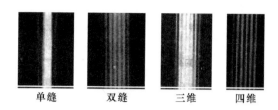

| 单缝 | 双缝 | 三维 | 四维 |

向下态，那么两个电子可以处在四个态 $\{|00\rangle, |01\rangle, |10\rangle, |11\rangle\}$ 中的每一个态上，而量子力学则使两个电子还可以处在这四个态的叠加态上，例如，可以处在 $|\psi\rangle = \dfrac{1}{\sqrt{2}}(|01\rangle + |10\rangle)$ 态上。这意味着：

（1）在这个态中，无论是电子 1 或电子 2，自旋都没有确定值。因为在相叠加的第一项表示电子 1 自旋向上，电子 2 自旋向下；而第二项则表示电子 1 自旋向下，电子 2 自旋向上。

（2）根据量子力学测量理论，如果对这个态测量电子 1 的自旋，将以二分之一的概率得到自旋向上（向下）态，同时态坍缩到第一（二）项上。

（3）在测量完成后，电子 2 立即处在自旋取确定值的态，并处在和电子 1 相关的自旋向下（向上）态上。

（4）上述结果与两个电子空间分离多远并没有关系。

以上所述就是量子纠缠现象。这种现象不仅已经被许多实验所证实，而且现在正在发展的量子信息技术也把它作为新的信息物理资源进行开发应用。"绝对安全的密钥分配""隐形传态""超密编码"以及"大规模并行计算"等几乎都和这一现象有关。

5. 相对论

在中学课本中大家就已知晓，爱因斯坦创立了相对论。狭义相对论建立在以下两条基本原理基础上：一是物理学相对性原理。在实验室进行的任何物理实验（力学、热学、电磁学、光学等）都不能确定实验室是处在静止状态还是匀速直线运动状态。二是光速不变原理。真空中光在一切惯性系中的速度都是 c，与光源或观测参考系运动无关。

相对论理论告诉我们，时间不像我们所感觉的那样，所有时间都以同一速度均匀流逝着，宇宙中可以有一个统一的时钟，告诉我们每个事件发生的绝对时间；空间也不是一个巨大的容器，可以确定你现在位置的绝对坐标；空间和时间也不是唯心主义者康德所说的"时间、空间不是客观存在的，只是'感性'的直观形式"。相对论揭示：时间是物质运动持续性、顺序性的表现；空间是物质运动广延性的表现；时间和空间都和物质运动有关，反映物质运动的基本属性，具有完全的客观性。时间、空间和物质运动是不可分割的，"物质分布决定时空几何，时空几何影响物质运动"。没有脱离物质运动的时间和空间，也没有不在时间和空间中运动的物质。恩格斯指出：一切存在的基本形式是空间和时间，时间以外的存在和空间以外的存在，同样是非常荒唐的事情。

质能关系式 $E = mc^2$ 的发现是相对论最重要的成就之一，它表明描述物质运动的两个量——质量（物质惯性的度量）和能量（物质运动量的尺度）存在联系。显示了物质和运动不可分割的联系，没有不运动的物质，也不存在没有物质的运动。高能量物理中发生的正、负电子对湮灭反应，并不像唯心主义者解释的，物质消灭了，能量就产生了，而是恰恰证明物质和运动不可分割的辩证唯物主义观点，发生的只是作为电子形态的物质，转化为电磁场形态的物质，而原来电子内部的能量已外化为光子场的能量。

最后还要指出的是，相对论作为物理理论，不仅加深了我们对空间、时间、物质世界的统一性和对称性的理解，而且随着相对论在工程技术方面的应用，它也进一步成为我们设计高能量电子、质子加速器的理论基础。此外，质能关系已成为开发利用原子能的基础；广义相对论理论正成为我们研究宇宙起源、宇宙演化的理论工具。

爱物理学吧！愿同学们都能爱物理学，学好物理学，用物理科学知识为我国国防现代化做出贡献！

热爱才能产生兴趣，才能孜孜不倦地去追求、去探索，才能产生激情，为其献身。学好物理——是你无憾的选择！

谢谢大家！

（2008 年 11 月）

物理学和计算机[*]

一、计算机的物理本质

什么是计算机？我们说"计算机是执行计算任务的机器"，这句话大家不会有异议，但如果我继续说"计算机是个物理系统，计算本身是个物理过程"，其说法就不那么受大家一致赞同了。接下来我们详细阐述这一看法。

按照计算的抽象概念，计算被描述成符号串的变换过程。"计算，是根据给定的输入，按照某种要求的方式，产生输出的一个过程"[1]。或者说"从已知符号串开始，按预先规定的符号串变换规则，经有限步骤得到最后符号串的过程"[2]。由于抽象的符号串在机器内部是不存在的，在机器内具体、真实存在的只是按一定（编码）规则对应这些符号串的物理（运动）状态，所以，变换符号串实际变换的是计算机物理系统的状态。D. Deutsch 在 1989 年指出"计算的输入和输出的抽象的符号，可以表示也可以不表示任何具体的东西……但是在任何实际执行的计算过程中，它们本身都必定是具体的物理对象的态，而计算本身是个物理过程。一个计算机是个物理对象，它的运动（指内部演化过程）可以认为是在执行计算。输入可以看作是机器在计算前以可能的方式制备的态，输出则是计算后执行的固定测量得到的可能结

* 本篇是作者在国防科技大学计算机学院量子计算机高级研讨班上所做的"量子计算机系列讲座"的第一讲，是根据讲座演示文稿整理而来。

果"[1]。所以"计算过程本质是被称为计算机的物理系统内发生的物理过程"[3]。

E. Fredkin 和 T. Toffoli 关于计算的物理本质曾有十分精彩的描述："计算——不管是人计算或机器计算，都是一种物理行为，最终被物理原理支配。"而关于什么是计算的数学理论以及计算的数学理论和计算物理过程之间的关系，他们指出："计算的数学理论的重要作用是把计算过程最终物理实现的基本事实，以程式化的方法浓缩在数学公理中。从而，计算理论的使用者可以把注意力集中在复杂计算过程的抽象模型上，而不必去校验模型物理实现的每一步。"[4]

就物理本质而言，任何一个物理系统，撇开它可能的计算功能，它和我们通常所说的计算机似乎也无本质的差别。"的确，给出一套把物理态解释为符号的规则，任意物理过程都可以看作是某种计算过程。"[3]

"计算不可避免地要用服从物理规律的真实物理系统的自由度来做，实际上使用了我们真实物理世界的一部分。"[5] K. Ruse 和 E. Fredkin 更进一步指出："世界本身就是一个计算机。"

事实上，现代电子计算机一旦输入算法或程序（算法和程序输入也是通过物理过程进行的），在机器执行计算任务过程中都不会有另外的、其他非自然的因素起作用，机器完全按物理规律演化，计算机作为物质世界的一部分，正是作为一个物理系统在运转。

关于计算机是个物理系统，计算过程就是在被称为计算机的这个物理系统中进行的物理过程，这种表面上明显，但思想上又极为深刻的认识，在计算机科学和计算机技术进步中发挥着重要作用。虽然计算机先驱者 Turing、Church、Post 和 Gödel 等依靠思辨和逻辑，凭借灵感和直觉建立了计算机科学的基础理论，但经典计算机科学理论是不言而喻地、不自觉地以对计算机这个物理系统的经典理解为基础的。从根本上说，计算的逻辑绝不是人脑创造的，而是物质世界运动规律或所遵循的逻辑在人头脑中的反映，是自然规律的正确抽象。

由于计算过程是个物理过程，其计算过程必定受物理规律的支配，所以过去从未涉足计算机科学的物理学家，今天也登上了计算机科学讲坛，堂而皇之地谈论计算机，其依据就在于此。

我们强调计算机是个物理系统的意义就在于说明我们可以从物理学角度去研究计算机。首先，我们可以根据实现计算机物理系统的性质，对计算机进行分类；其次，考察计算机技术如何随着我们关于物理规律认识的深化而趋于进步和完善，看出量子计算机是经典计算机发展的一个逻辑结果；最后，研究物理规律如何制约着计算机性能的提高，探讨在不违背物理规律的前提下，提高计算机性能的途径和方法。

二、计算机分类和实现计算机的物理条件

我们强调计算机是个物理系统、计算是个物理过程的实际意义有以下三个方面。

（一）我们可以根据计算机的物理性质，对计算机进行分类

如果一个计算机（特别是机器中负责计算的运算器）是用经典物理态编码信息（如电子计算机中用半导体管的导通和截止、电压高低等经典物理概念和方法描述内部状态），按照经典物理规律演化编码态，用经典测量提取计算结果的信息，这样的计算机就是经典计算机。虽然经典计算机作为一个物理系统，其执行计算任务的各部件在最基础水平上也是由分子、原子、电子构成，这些分子、原子、电子本身的运动也服从量子力学规律，但经典计算机的编码态与系统宏观的、大量分子、原子、电子集体的自由度有关，这些编码态的性质是经典物理的，态变换遵从经典物理规律，因而其工作原理并非建立在系统的量子力学性质上。

如果作为运算器的物理系统是个量子力学系统，用这个系统的量子态编码信息，计算过程是根据量子力学规律进行的，而且最后通过

量子测量获得计算结果的信息，这样的计算机才是量子计算机。

在各种新概念计算机中，我们就是根据在其中实现计算的物理系统、用来编码的系统态的性质以及操作编码态的方式不同，来区分超导计算机、光计算机、生物计算机等的。

（二）可以用物理语言描述计算过程

数字计算机进行数据处理的基础是数据表示，专业术语称为"编码"。所谓编码，即用计算机（主要指存储器、运算器）这个物理系统内的某一自由度的不同物理状态表示数据。用更专门的语言说，就是在具体的数据与计算机内（某一个或几个自由度取确定值的）物理状态之间建立映射（对应）关系。这些用来表示数据（信息）的物理状态称为数据态或编码态。计算过程如下所示。（1）输入数据。在现代计算机中，既包括输入描述算法的程序数据，也包括数字数据；这一过程在物理上描述为在计算机内制备表示计算输入数据的初始态。（2）计算。按算法的指令要求，执行计算。用物理学语言描述就是按执行"算法"指令的要求，操作、演化或变换这些编码有数据的物理态。（3）输出计算结果。在物理上就是"测量"作为计算结果的物理态，并输出测量结果的信息。

（三）实现有价值计算机的物理条件

我们强调计算机是个物理系统，但显然不是任意一个物理系统都能充当有实用价值的计算机。根据上面的分析，我们还可总结出物理系统能实现计算机必须满足的条件[6]。

（1）系统内要有足够多的、离散的、不同的物理状态，用于编码要处理的信息。

（2）能按照不同计算任务需要向系统输入信息（包括数据信息和控制计算过程的指令信息），即能够在系统内制备表示输入信息的初始态。

（3）能对初始数据态按算法指令要求进行变换或演化，完成算法规定的计算过程。

（4）最后在计算结束时可以通过适当的测量读出编码态的信息，输出计算结果。

在计算过程中测量还可用于出错诊断，有些算法还需要测量作为算法的部分。

根据以上这些条件，可以充分判断一个物理系统是否能充当有使用价值的计算机，这些条件对探索新概念计算机起指导作用。例如，关于量子计算机，Divincenzo 根据量子系统的特殊物理性质，把一个物理系统能实现量子计算概括为以下七个基本条件[7]：（1）能完好地定义量子位，并可规模化；（2）系统能初始化到某个被称为初始态的某个标准态上；（3）系统的相干叠加态保持时间远大于一个量子逻辑门操作时间；（4）可以对这个系统实现通用逻辑门操作；（5）可以通过对系统的测量方便地提取态的信息；（6）能在固定量子位和飞行量子位间实现态的相互转换；（7）能在特定局部区域中忠实传输飞行量子位。Divincenzo 条件（1）、（2）分别就是上面条件（1）、（2）；这里条件（3）、（4）、（6）、（7）就是针对量子计算机特殊情况，为满足上述条件（3）所必需的；这里条件（5）就对应上面条件（4）。Divincenzo条件在量子计算机的研究中起指导作用。

三、物理学基本规律对计算机性能的限制

计算机是个物理系统，计算是个物理过程，计算机性能和计算能力就必定受基本物理规律的制约。实际上，在计算的 Turing 机理论中就已经捕捉到实际物理系统对具体计算过程的一些限制[4]，其中包含信息通过物体接触相互作用、以有限速度传输，编码在有限物理系统态上的信息是有限的等。我们可以在物理规律允许下，利用物理规律提高计算机性能，但物理规律不能违背。实际上计算机技术的进步，就是在物理规律指导下，利用物理规律，提高计算机性能的过程。

（一）物理规律对计算速度的限制

限制计算速度有两个要素：信号传播速度和元器件开关时间。在计算机中，计算体现为对输入信号一系列的处理过程，当一个元件处理完后，必须把处理结果交给下一个元件处理，信号从一个元件传递给下一个元件的速度以及每个元件对传输过来的信号响应和处理时间就成为制约计算机计算速度的两个基本要素。

1. 信号在两个元器件间的传播速度

在现代电子计算机中，信号是通过电磁波传输的。有人可能认为电子计算机中信号是通过电流传播的，这是误解，我们可以通过一个简单的例子澄清。铜导体的单位体积中自由电子数目为 $n = 8.5 \times 10^{28}/m^3$，一个电子电荷量是 $1.6 \times 10^{-19}C$（库伦），导体内电流密度矢量大小为 $j = nev$，若导体内电流密度为每平方毫米 2 个安培（这个电流已经很大了，接入 220V 电路中，功率 100W 灯泡，电路中总电流强度也只有 0.45 安培），电子定向移动速度

$$\bar{v} = \frac{j}{ne} = \frac{2 \times 10^6}{8.5 \times 10^{28} \times 1.6 \times 10^{-19}} = 1.5 \times 10^{-4}(m/s)$$

也只有十分之一毫米。这就表明导线中电子移动速度是很小的。实际情况是，载流导体通过导体表面电荷和电源激发出的电磁场的相互作用，牵引电磁场沿导体表面运动，在前进过程中，不断有电磁场透入导体内，正是透入导体内的电场驱动导体内的电子运动。在高频情况下，电场只能透入靠近导体表面的薄层中，导体电流有所谓的"集肤效应"，就是这种传输机制的表现。

在真空中，电磁波的速度是 $c = 299\ 792\ 458m/s$。即 $v = 300\ m/\mu s = 0.3m/ns$，也就是每纳秒（$10^{-9}$秒）传输 30 厘米。在一般介质中电磁波传播速度大约等于真空中的十分之一（取决于介质介电常数大小），即每纳秒传输 3 厘米。早期的开关器件是继电器，开关时间很长，信号在两器件间传输所需时间相对继电器开关可以略去，此时继电器的开

关速度是制约计算速度的决定因素。但在现代计算机中，半导体管开关时间达到 ns 量级或更小，如果元件与元件间距远，信号传输在计算过程中所占时间就无法忽略。

2. 元器件开关时间

电子计算机元器件都工作在脉冲体制下，在一个脉冲到来时，元器件上的电压和其中的电流都有从零逐渐增大的过程，元器件要等输入信号到达稳定状态才开始动作。左图是接收信号时元器件电荷（电压）随时间变化的曲线，同样脉冲退去也不是瞬时完成的。右图是信号消失时电流（电压）随时间变化的曲线。其中，$\tau = RC$，称为电路时间常数，这里 R 和 C 分别是元器件的有效阻抗和容抗。实际上，在大规模集成电路中，受 RC 常数限制，即使能提高信号传播速度，其实际意义也不大，因为元器件开关时间比信号在两元器件间传输所需时间要大得多。而且一个元器件通常有多个输入，必须在所有输入信号全都到达后才能动作。所以，元器件开关时间是限制现代计算机速度的重要因素。

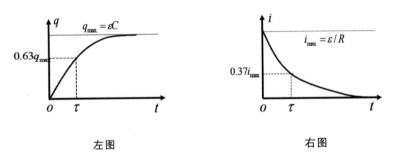

左图   右图

3. 对元器件小型化的限制

在一定的元器件开关速度下，一个提高计算速度可行的措施就是缩小元器件间距，减小信号传输时间，从而导致大规模集成电路。所谓"摩尔定律"已经预言，集成在一块芯片上的晶体管数量大约每一年半翻一番，如下图[8]。这个趋势持续下去的结果将使芯片上的特征线宽逼近纳米量级，打开或关闭一个元器件需要电子数目从目前几十个下降到几个或一个，根据物理学原理，这时必须使用量子力学电子

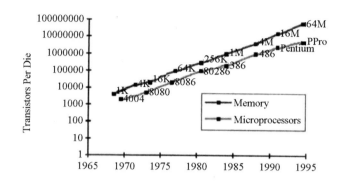

波函数描述电子的运动，可能还需要考虑电子波重叠引起的干涉效应，甚至还要考虑极小区域强电场的非线性效应，以及热耗引起的散热等问题。总之，这种小型化趋势是存在物理极限的。

4. 发热问题

根据热物理学，在绝对温度为 T 的热平衡状态下，分配到系统每个自由度的热运动能量为 kT 量级（$k = 1.38 \times 10^{-23}$ J/K，是玻尔兹曼常数）。为了使逻辑操作不至于受热涨落影响而发生误动作，"开关"或读写操作消耗能量至少应比 kT 大几倍。由于集成电路芯片上电子元器件密度提高，整个主机集中在空间小区域中，发热将成为一个严重的问题。

5. 可逆计算研究

根据物理上的热力学理论，如果计算机在进行计算中执行可逆操作，计算过程可以不消耗能量，也不伴随热产生。计算中物理过程的可逆性，要求计算上逻辑的可逆性——每个门操作的输入和输出可以唯一的互相恢复。Bennett 等证明[9]，任意一个函数都可以通过保留输入信息的拷贝

$$f : (x) \rightarrow (x, f(x))$$

做成输出和输入 1 对 1，从而保持逻辑上是可逆的。考虑一个 n 位输入、n 位输出的函数 $f : \{0,1\}^n \rightarrow \{0,1\}^n$，在本质上计算这个函数执行的是 n 位串之间的一个置换，在原则上可以可逆地实现。而对于一个 n 位输入 m 位输出的函数（$m \neq n$），总可以构造一个新函数，使 f:

$\{0,1\}^{n+m} \rightarrow \{0,1\}^{n+m}$，从而

$$\bar{f}:(x,0^m) \rightarrow (x,f(x))$$

即可以通过补充输入位，使输入位和输出位数相等，同时通过拷贝输入信息在输出中保留输入信息，从而把一个逻辑上不可逆函数改变成逻辑上可逆函数。

为了使计算机执行可逆计算，还必须把经典通用逻辑门组改造成可逆逻辑门组。Toffloli 证明[10]下图中的 3 – 位逻辑门就是一个通用可逆逻辑门

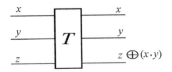

它可以根据不同的输入执行几种不同的基本逻辑门运算

$$Z \oplus x \cdot y = \begin{cases} x \cdot y & z=0 & \text{执行 } x \cdot y \text{ 的 AND} \\ x & z=0,y=1 & \text{执行 copy}(x) \\ \text{NOT}(z) & x=y=1 & \text{执行 NOT}(z) \\ z \oplus x & y=1 & \text{执行 } x,z \text{ 的 CNOT} \end{cases}$$

其次，它是可逆的，其逆操作就是这个门自身。因为对任意的输入，连续施用这个门两次

$$x \rightarrow x \rightarrow x \qquad y \rightarrow y \rightarrow y$$
$$z \rightarrow (z \oplus (x \cdot y)) \rightarrow (z \oplus (x \cdot y)) \oplus (x \cdot y) = z$$

就恢复了原来的输入，所以在逻辑上是可逆的。如果一个实际的物理装置能以可逆的方式执行逻辑操作，那么热力学第二定律利用这样的装置，就可以不耗散能量进行计算。在热力学中，一个可逆过程定义为：系统由某一状态 A 出发，经过某一过程到达状态 B。如果存在另一个过程，它能使系统从 B 回到 A，同时消除原来过程（即从 A 到 B 的过程）在外界产生的一切影响，原来的过程就是一个可逆过程。

6. Landauer 原理

Landauer 尝试把物理上的热力学理论应用到计算机这个物理系统

中，从而证明称为 Landauer 原理的结果[11]："擦除 1 比特的信息至少要耗散 $kT\ln2$ 的热量。"

在物理上，熵 S 描述系统的混乱度，系统在某一宏观态下的熵 $S = k\ln\Omega$，这里 k 是玻尔兹曼常数，Ω 是系统这一宏观态包含的微观状态数目。根据信息的负熵原理，信息可以按一定比例转化为负熵。换句话说，一个系统的信息丢失意味着该系统熵增加，也就是说虽然执行可逆计算可以避免热产生，但是系统中不可避免的信息擦除又要导致热损耗。因此，一个机器即使执行可逆计算，由于不可避免要执行信息擦除，耗散能量也是不可避免的。

四、几种新概念经典计算机简介

认识到物理学对计算机的限制后，人们开始在不违背物理规律前提下，寻找新的物理系统，有目的地改进计算技术，产生了我们称之为的"新概念计算机"。

（一）超导计算机

在 20 个世纪初，人们就已发现某些金属、合金或化合物在某个特定的低温度下，可以处在超导态，处在超导态的物体称为超导体。超导体电阻率比正常导体低 $10^{-\alpha}$（$\alpha > 10$）倍，称为零电阻效应。显然，使用超导体传输线可以大大降低热耗。利用超导态和正常态的相互转换，或者电流从一个通道到另一个通道的转换，可以实现逻辑开关元件；利用处在超导态的无阻恒定电流，可制作存储元件。这些似乎是可行的，但直到 1962 年，Josephson 从理论上预言了超导隧道效应，此后又很快得到实验证实，超导电子器件才有了真正的实际意义。一个 Josephson 结是由"超导体—绝缘层—超导体"组成的夹层结构（如下图），Josephson 研究了包含 Josephson 结的超导回路，从理论上预言了 Josephson 结超导电路的性质。一年后，Anderson 就从实验上证实了这些预言。据此开发研制的超导器件涵盖了常规器件的各种功能。

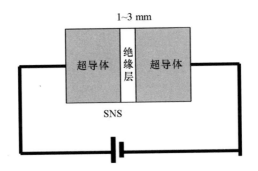

用作逻辑器件的超导元件，通常是由两个或多个 Josephson 结组成的"超导量子干涉"器件（SQUID），用一个 SQUID 中由超导态转入电阻态时的电流变化，控制另一个 SQUID 中的电流状态，构成各种逻辑组合。利用超导态无阻持久电流制作储存元件，利用 Josephson 结的伏安特性制作开关元件等。

超导计算机存在的问题是缺乏高温超导材料，长期保持极低的温度费用昂贵。此外，除了会带来低的功率损耗外，在开关时间上相对半导体器件改进也不明显。由于存在上述原因，所以虽然超导计算机概念提出较早，但至今进展仍不大。

（二）光计算机

以前提出的光计算机是利用光束（光子流）进行数字运算、逻辑操作的新概念计算机。它由激光器、光学反射镜、透镜、光学滤波器等光学元器件和设备组成。光计算机分为模拟光计算和数字光计算两类，前者信号编码在光束强度、频率或偏振态上，后者则编码在光开关的"开、关"状态或光脉冲的"有、无"上。用光学逻辑元器件取代电子元器件组成的光计算机，不同于电子计算机的只是用光子流代替电子流工作。光计算机相对电子计算机所具有的优势是：

（1）光子不带电荷，光束间不存在相互作用，可以交叉传播，不存在互相干扰，千万条光速可以同时穿越一只光学器件而基本上不发生相互影响，光信号传输有很好的并行性。

（2）光信息处理可以实现本质上的高度并行处理，简单的线性光学系统就可以实现特定的模拟计算，完成微分方程求解或一些积分变换。对于某类型的问题有特殊的优势。

（3）光子可以在真空中传输，不需要导线。在光计算机无导线传输的平行通道截面上，通过的信息密度实际上不受限制，特别适合于二维光学图像的分析处理。

（4）光子开关器件不受电路 $\tau = LC$ 常数限制，开关速度可进一步提高。

（5）光在介质中传输信号畸变和失真极小，光传输、转换时能量损耗小，散发热量低，便于小型化。

历史上电子计算机出现后，人们就产生了制造光计算机的设想。特别是激光出现以后，高质量的相干光源已能方便地产生，光信息处理在光学模拟计算中展现出广阔的应用前景。但依靠光学逻辑元件实现数值计算方面却进展缓慢，根本原因是两光束之间不存在相互作用，不能方便地制造出类似电子计算机的"三极管"的光学三极管。目前，制造光学三极管需要类似克尔效应的非线性作用，光信号在这样的介质中损耗太大，难以进入实用阶段。

（三）生物（DNA）计算机

一个生物体不管多么复杂，从物理学角度看也是一个物理系统，因此其也可能用作计算机。关键点是如何输入数据，如何按算法要求控制它的演化，如何输出计算结果。

生物学研究表明，生物体是由两类生物大分子——蛋白质和核酸（DNA 和 RNA）等有机物组成，它们是生命的标志。DNA 能构建生命体的全部信息，是生命的"立法机构"；蛋白质是生命功能的执行者，是"执法机构"。有些有机物种的蛋白质分子，具有"开""关"功能。技术上可以利用遗传工程技术，仿制出这种蛋白质分子，用作元件制成计算机。

生物计算机有许多不同种类，其中一类比较明确的就是 DNA 计算机。DNA 是脱氧核糖核酸的简称，由 4 种核苷酸组成，生物遗传信息就编码存储在这些核苷酸的不同排列顺序之中。有巨大的信息存储功能，有材料说，1 毫克 DNA 的存储量可以相当于 1 万片光碟，而且还具有同时处理数兆个运算指令的并行计算能力。在 DNA 计算机中，信息编码在 DNA 的不同排列中，使用特定的"酶"反应操控这些信息进行计算。

1994 年，艾德曼在美国《科学》周刊上发表了用生物大分子 DNA 计算的设想。他选择了一个 NP 复杂度的"货郎担"问题演示其计算思想。DNA 双螺旋由高分子链配对组成，每个高分子由 4 种单体（核苷酸）A，C，G，T 聚合而成，配对规则是 $A \leftrightarrow T$，$C \leftrightarrow G$，他用 6 个字符的串编码一个村名，两村间的一条路用一段局部双链表示，这样的路共有 $n(n-1)/2$ 条。如果能用生物学方法，生成所有"路"的短链，剔除重复的链，剩下的所有 DNA 链就代表正确答案。据说，艾德曼用 7 天时间，用这种方法解决了 7 村庄的 Hamilton 问题[12]。

这里编码态是不同的 DNA 链，如何制造出 DNA 链，如何挑选出需要的 DNA 链，特别是如何提高效率用于通用计算，目前还看不到清晰的发展方向。

生物计算机操作方法是利用化学或生物工程手段把不同 DNA 链说成不同物理态，既然现在越来越多的科学家正用物理学原理解释生物学大分子的结构问题，那么把生物工程方法解释成物理方法，似乎也没什么不妥，因此，我们仍然可以把生物计算机看成一个物理系统，把计算过程看作是物理过程。

五、量子计算机的起源和发展

前面提到的几种新概念计算机虽然原理不同，但都可以用经典物理学概念和原理描述，而量子计算机则应用了量子干涉现象和量子力学原理。从前面的讨论中我们可以看出，为提高计算机性能，产生了

"摩尔定律"描述的发展趋势，说明量子计算概念产生的必然性，同时，经典可逆计算的研究也为量子计算机出现准备了条件。量子计算机是本系列讲座的主题，其详细思想和物理原理我们以后会陆续介绍，这里我想列出量子计算机发展历程中的一些重要事件，勾画出量子计算机发展的大致脉络。

1982 年，Richard Feynman 最早提出量子计算的概念[13-14]："……我对只用经典理论做的分析不满意，因为自然界不是经典的……如果你想模拟自然，你最好让你的模拟符合量子力学。""你们能不能做出一种新的（模拟量子力学）计算机——量子计算机？……这不是一台图灵机，是另外一种类型的计算机。""似乎物理规律并没有在减小计算机直到一个位只有原子大小，并且按量子力学原理操作设置障碍。"

1985 年，D. Deutsch 提出量子 Turing 机概念[15]；1989 年，进一步描述了现在研究量子计算机所广泛采用的线路网络模型，并预言量子计算机的潜在计算能力可以超过经典计算机。

1994 年，P. Shor 发现分解大数质因子、具有多项式时间复杂度的量子算法[16]。

1995 年，J. I. Cirac 和 P. Zoller 提出离子阱量子计算机方案[17]，这一方案需要的基本量子逻辑门操作很快在实验室得到实现[18-21]。

1996 年，Grover 发现随机数据库搜索的量子算法[22-23]。

1995—1996 年，P. Shor 和 A. Steane 提出量子纠错和容错计算方法[24-28]；接着证明了量子计算的精确阈限定理：若量子计算机硬件基本出错率低于某个有限的精确度阈限值，任意长度的量子计算都可以高精度的进行[29-31]。

至此，量子计算机已不存在理论上原则性的困难！建造量子计算机已经是一个工程问题，而不再是一个基础科学问题。

参考文献

[1]　DEUTSCH D. Quantum computational networks. Proceedings of the Royal Society A, 1989

(425):73 - 90.

[2] 郭平,朱亚州,王艳霞.计算机科学与技术概论.北京:清华大学出版社,2008.

[3] EKERT A,JOZSA R. Quantum computation and Shor's factoring algorithm. Rev. Mod. Phys, 1996(68):733 - 753.

[4] FREDKIN E,et al. Conservative logic. Internal Journal of Theoretical Physics,1982(21): 219 - 253.

[5] Landauer R. Information is physical. Physics Today,1991:23.

[6] 李承祖,陈平形,梁林梅,等,量子计算机研究:上册.北京:科学出版社,2011.

[7] DIVINCENZO D P. The physical implementation of quantum computation. Fortschritte der Physik,2000,(48): 771. arXiv:quant-ph/0002077v3.

[8] 赵凯华.20 世纪物理学对科学、技术的影响,物理学照亮世界.北京:北京大学出版社, 2005:1.

[9] BENNETT C H. Logical reversibility of computation. IBM Journal of Research and Development,1973,(17): 525 - 523.

[10] TOFFOLI T. Revesible Computing. in Automata Languages and Programming. New York: Spring-Verlag,1980.

[11] LANDAUER R. Irreversibility and Heat Generation in the Computation. IBM J. Res. Develop,1951,(5):183.

[12] 郝柏林,张淑玉.数字文明 物理学和计算机.北京:科学出版社,2005.

[13] FEYNMAN R. Simulating physics with computers. INT. J. THEOR,1982.

[14] FEYNMAN R. Quantum mechanical computer. OPT. NEWS,1985.

[15] DEUTSCH D. Quantum theory, the church-turing principle and universal quantum computer. PROC. R. SOC. LONDON,1985,400:97.

[16] SHOR P W. Algorithms for quantum computation: Discrete logarithms and factoring. Proceedings of the 35th Annual Symposium on Foundations of Computer Science, IEEE Computer Society,Washington,DC,USA,1994:124 - 134.

[17] CIRAC J I ,et al. Quantum computations with cold trapped ions. Phys. Rev. Lett. ,1995,74 (20):4091 - 4094.

[18] MONROE C,et al. Demonstration of a fundamental quantum logic gate. Phys. Rev. Lett. , 1995,75(25):4714 - 4717.

[19] MONROE C,et al. Simplified quantum logic with trapped ions. Phys. Rev. A,1997(55): R2489 - R2491.

[20] SCHMIDT-Kaler F, et al. Realization of the Cirac-Zoller controlled-NOT quantum gate. Nature,2003,(422):408 - 411.

[21] LEIBFRIED D, et al. Experimental demonstration of a robust, high-fidelity geometric two ion-qubit phase gate. Nature,2003,(422):412 - 415.

[22] GROVER L. A fast quantum mechanical algorithm for database search. In Proceedings of the 28th Annual ACM Symposium on the Theory of Computing. New York: ACM Press, 1996:212 - 219.

[23] GROVER L. Quantum mechanics helps in searching for a needle in a haystack. Phys. Rev. Lett. ,1997,79(2):325 - 328.

[24] STEANE A M. Error correcting codes in quantum theory. Phys. Rev. Lett. ,1996(77):793 - 797.

[25] STEANE A M. Simple quantum error-correcting codes. Phys. Rev. A, 1996 (54): 4741 - 4751.

[26] STEANE A M. Multiple particle interference and quantum error correction. Proceedings of the Royal Society A,1996(452):2551 - 2577.

[27] GALDERBANK A R, et al. Good quantum error-correcting codes exist. Phys. Rev. A,1996 (54):1098 - 1105.

[28] GGOTTESMAN D. Stabilizer codes and quantum error correction. Ph. D. Thesis, California Institute of Technology,1997,quant - ph/97050502.

[29] ZALLKA C. Threshold estimate for fault tolerant quantum computing. quant-ph/9612028,1996.

[30] KNILL E, et al. Accuracy threshold for quantum computation. quant-ph/ 9610011,1996.

[31] ALIFERIS P, et al. Quantum accuracy threshold for concatenated distance-3 codes. quant-ph/ 05404218 ,2005.

（2012 年 1 月）

我是怎样努力上好课的 *

引　言

教师最基本的任务是向学生传授科学文化知识，培养学生的科学思想方法、科学态度和创新能力，这一任务常常是通过授课方式完成的，所以上好课就是对教师最基本的要求。

我先后为本科生开设"电动力学""量子力学""大学物理"，为硕士生、博士生开设"物理学中的群论基础""原子结构和原子光谱""量子通信与量子计算"等13门课程。总结参加教学改革的经验和体会，先后出版了《电动力学教程》《基础物理学》《大学物理学》《量子通信和量子计算》《量子计算机研究》等多部较高水平的教材和学术著作。曾获得国防科技大学首届优秀主讲教师、全军优秀教师、国家级教学名师等荣誉称号。

接下来我就"我是怎样努力上好课的"这一话题，来谈谈我上课的经验体会，以供各位参考，不当之处敬请批评指教。

一、用心学习、刻苦钻研，在教中提高

我到国防科技大学主讲的第一门课程就是"电动力学"。由于历史原因，我在大学不光没学过电动力学、量子力学这些理论物理的主要

---

* 本篇是根据理学院领导指示，在理学院2016"红烛文化节"闭幕式上的报告稿。

课程，甚至连普通物理也没学完（普通物理学中的原子物理和核物理就没学）。在读研期间曾补学了量子力学，但电动力学却从来涉及过。

　　1981 年 12 月底，我来到国防科技大学，报到后教研室安排我的第一项工作就是教授"电动力学"。当时我并没有说也没勇气说我没学过电动力学，于是硬着头皮把任务接了下来。时值学校即将放寒假，我就带着教材和能找到的几本参考书匆匆忙忙回了河南老家。我把这个假期大部分时间都用在准备课程上，首先通读了教材，并认真准备了前两章的教案。回校后才知道，我上半年的任务是辅导"电动力学"课程教授，下半年辅导"大学物理"课程教授，第二年才正式教授"电动力学"课，这才松了一口气。在做辅导教员的一年时间里，我一边听老教员上课，一边做辅导，一边补学电动力学。在听老教员上课时，我一方面作为一个学员，用心学习知识，琢磨他哪些地方讲得好，哪些地方还可以改进；一方面用心学习他的教学方法，把我认为好的方面记下来，并琢磨着如何改进我认为不好的地方。在和同学交流时，碰到我解答不了或解答得我也不太满意的问题，就和老教员讨论，去翻参考书，直到得到满意的结果。在这一年时间里，我翻阅了从当时校图书馆能找到的几乎全部有关电动力学的教材和参考书（当时出版物少，图书馆的书也很少），把当时找到的两本习题集几乎一题不落地做了一遍。就是用这种看着很笨的方法，使我逐渐深入了解了电动力学。

　　1983 年第一次主讲"电动力学"，尽管我自认为已经做了充分的准备，但在讲课时仍然偶尔会卡壳（当时认为上课的最佳状态是不看教案），需要去翻教案，也遇到过学生提出的问题一时不知道如何回答的情况，或有时回答得连我自己也不满意，这时我就会说："我回去再看看，下次我再给你解答。"随着年复一年地教，这种情况自然出现得越来越少，到后来甚至学生问题还没讲完，我就已经明白他的问题是什么了，而且回答自然中肯、明确。

　　从 1983 年到 1994 年，我先后 11 次主讲本科生"电动力学"课程

（其中 1989 年是其他教员上的）。通过不断地探索和思考，我对"电动力学"内容本身、电动力学的内在逻辑和体系结构也有了一些新的、更深入的理解。其间多次参加国内电动力学研讨会，向同行学习，也多次做过学术交流报告。我认为电磁学或电动力学（两者的差别是电磁学是从电磁实验引出概念，总结出规律；而电动力学则是以这些实验规律为基础，运用数学和逻辑，演绎得出各种特定条件下电磁现象的具体规律）和其他学科不一样，它的体系结构基本上由其研究对象——电磁场——的性质本身以及教学规律决定，很少受个人喜好而人为地随意改动。

基于上述认识，我在教学过程中对传统的电动力学的体系和教学内容进行过多方面的改革和探索，逐渐形成了"主线条清晰、结构严谨、内在逻辑性强"的内容体系，并在 1994 年编写出版了《电动力学教程》一书。其中，把电动力学必要的数学工具，包括散度、旋度、矢量场的几个基本定理等集中放在第 0 章——"数学准备"；第一章是从静电场库仑定律、稳恒电流激发磁场的 Biot – Savart 定律、法拉第电磁感应定律等实验规律出发，总结出麦克斯韦方程组、电荷守恒定律以及洛伦兹力公式。其后各章则以此为基础，分别处理静电场、稳恒磁场、电磁波的传播、电磁波的激发、电磁场的物质性等问题。

1997 年又出版了《电动力学教程》修订版，其中结合我当时从事的电磁隐身材料项目研究，在修订版中更强调理论与实际的联系，增加了一般电动力学教材少见的导行电磁波、谐振腔、多层介质中波分析、天线分析等内容，使教学内容更加贴近工程实际和学科前沿。这本教材还被某些院校选为教材或参考书。在网上曾看到过很好的评价，特别认为我们"第 0 章"的内容很精彩。2001 年，本书获得国防科技大学自编教材一等奖。该教材在我校沿用至今，第 2 版也已多次印刷。

在教"电动力学"同时，我还主讲本科生的"量子力学"，"矢量分析和场论"，以及研究生的"群论基础"等多门课程，在深入钻研教学内容基础上，对每门课程也形成了我自己独有的教学内容体系结构。

数年后，我之所以教"大学物理"会感觉有信心、比较自由，也与我早年教过这些课程不无关系。除了出版《电动力学教程》外，还出版了一本内印教材《矢量分析和场论》，其主要内容编入了后来出版的《大学物理学》"附录"中。研究生课程《群论基础》的主要内容，也作为二十年后出版的《量子计算机研究》中的"附录"而随之公开出版。量子力学相关内容则为后来做量子信息研究打下了坚实的基础。

在教学过程中经过不断探索和实践，逐渐形成了我自己的一套教学方法，也有了自己的经验和体会。

我认为，要上好课，首先要备好课。

备课，写好教案是一个关键环节。教案中要通过大标题、小标题、图表等，条理清楚地表达教学内容；教案中应包括定理、公式推导的关键环节以及定理、结论的严格、准确表述等；此外，教案中还要明确体现重点、难点，以及教学方法。

我教过的所有课程都有完整的教案，不光开新课是这样，就算讲过多遍的课程也是这样。"电动力学"这门课程我主讲不下十次，写的教案也有厚厚一大摞。我认为写教案的过程就是整理讲课思路，深入理解教学内容的过程，每次写新的教案，都会在理解、内容组织、公式推导、举例上有不同的改进。进入 21 世纪，教学指导思想、教学手段都有了新的进步，多媒体教学带来了课堂教学诸多新变化，教案表现为课件形式，但坚持备好每一节课始终没有变化。每次我都重新修改课件，使它作为一种工具，能更准确、更好地反映我对教学内容的理解，帮助我上好课。

作为备好课的一个重要环节，多年养成了一种习惯，就是每当上课的前一天晚上，我总是坐下来花二十分钟或半个小时时间，不看写好的教案，也不看教材，而是闭上眼睛，想想第二天要讲的内容，像放电影一样在脑中过一遍。一些在写教案时疏忽、遗漏、自以为不是问题的问题，常常在这样的回顾中被找了出来，一些更准确的表述语言、更形象生动的例子也会在这种情况下自动冒出来。

有人说，上课是一门艺术，我赞成这种说法。

我认为上课语言要精炼，避免啰嗦，要尽量剔除语言中的"啊""吗""这个，那个"等冗余且无意义的设问；讲课要条理清晰，要富有层次感、内在逻辑性；讲课要详略得当、突出重点，学生已掌握的、容易的，可以不讲或少讲，重点难点要一步一个脚印，一次讲清，一遍解决问题，避免第一遍没讲清楚，然后回头不断重复；讲课不能照本宣科，死记硬背，要以自己理解的方式与自己创造的想法去讲；讲课要面对学生，不仅需要语言互动，还要有眼神和情感上的交流；要讲出自己的态度和情感，讲出激情，有激情才能有吸引力，才能感染学生；一般每节新课开始时都要简要回顾前面所讲内容，为讲新课做好铺垫，同时用合乎逻辑的、恰当的方式导入新课；讲完一节课后要适当做总结。

关于上课，我既不赞成"过去学过，谁都能教"的说法，也不赞成"我没学过，我不能教"的说法。"教"当然需要一定的基础，但这个基础如果过去没有，现在通过"用心学习、刻苦钻研"重新建立基础就是。"教"本身就是学习的过程，"教"是消化、理解、知识再加工、重新表述的过程。我相信能上好课绝不是与生俱来的本领，必定是一个不断进取、不断更新知识、不断提高的过程。实际上"教学"并不仅仅是单方面的付出，教学是个既教又学、边教边学、不断提高的过程。教学中遇到的问题，学生提出的各种问题，都需要我们去解决，只有本着认真负责的精神，以实事求是的态度去解决问题，随着解决的问题越来越多，我们的学术水平、教学水平才能得到提高。

我认为，"在教中学"是治学的基本途径。

二、深化改革、大胆创新，不断追求完美

上好课，除了要对教学内容有深入地了解并具有丰富的学识外，还要积极进行教学研究，改革教学理念，探索新的教学方法，不断提高教学质量。

　　我原来是教理论物理的，1994年，我任基础物理教研室主任，系领导给我的一个任务就是把原分别属于理论物理教研室和大学物理教研室的两帮人马合并，意欲使两教研室相互取长补短，目的是要特别强化影响全校的大学物理教学。当时情况是大学物理教师一个人教两个大班，年教学工作量近300学时，而理论物理教员即使一年上下学期都上课，学时总量也就120学时左右。当时教学补贴也很少，教大学物理的老师叫苦不迭。合并后的教研室矛盾突出，由于工作需要，我从1995年开始教大学物理。

　　由于我原来教的是理论物理，特别教过理论物理中的"电动力学"和"量子力学"两门主要课程，使我能从新的高度审视大学物理教学内容和教学方法。我教大学物理的过程，可以说就是深化大学物理教学内容改革、大胆创新、不断追求完美的过程。

　　20世纪80年代，人们普遍认为大学物理教学目的就是为学习后续专业课打基础，在教学方法上，教员课堂上讲定理、讲公式，然后就是讲例题、做练习，应付期末考试。教材内容基本上也都是19世纪以前的经典物理，20世纪新物理，如相对论，仅几个学时，教师也只是轻描淡写地应付一下就过去了，量子物理学时也不多，内容也仅限于介绍反映量子现象的几个典型例子，按当时提法，是给学生"开开窗户"。90年代，国内外都掀起了大学物理教学改革的热潮。我也被卷入这个浪潮中，同时我在教学过程中也深深体会到，大学物理无论教学内容还是教学方法都需要改革。

1. 关于大学物理教学内容改革

　　一般大学物理教材的前言都会提到：物理学研究的是自然界最基本、最普遍物质运动规律。大学物理作为工科各专业的唯一一门物理课程，显然应当把自然界最基本、最普遍的物质运动规律包括在教学内容中，但过去的工科大学物理教材并没有做到。

　　线性和非线性。严格来说，在自然科学和社会科学中所涉及的系统基本都是非线性系统，爱因斯坦说："真正的物理规律不可能是线性的。"而在过去的大学物理教材中仅讨论了理想化的线性问题，完全没涉及非线性问题，学生根本不知道他学到的只是简化了的、理想化的东西，是存在局限性的。这种线性化的实际问题，如果不指出其局限性，在认识上可能导致简单化、直线化的思想方法。

经典和量子。物理学认为世界本质上是量子的，对世界的经典描写只在一定条件下近似正确，而传统的大学物理只着力于经典描写，只是把一些典型的量子现象和结果"开开窗户"展示一下，并没有介绍描述物质世界本质的量子力学的基本原理和方法。从整个物理学看，这是很片面的。

拉普拉斯决定论和统计的因果关系。世界物质运动的因果联系本质上是统计的、概率的。由于在经典物理中只处理了理想化的线性问题，在量子物理中也没有仔细介绍量子测量理论，实际大学物理教给学生的仍然是拉普拉斯决定论的因果关系。对事物发展因果关系的这种理解，不仅与大量的非决定论的实际问题矛盾，而且可能导致宿命论的思想方法和人生观。

对称性问题。对称性决定相互作用，传统的大学物理教学仅从各种相互作用出发研究物理系统运动规律，而完全没有涉及支配这些相互作用的深层次的对称性问题。大学物理忽略了对称性分析的研究方法，不利于从更深层次理解物质世界，特别是那些还没有很好认识的微观世界。

时空理论。伽利略-牛顿时空观仍然根深蒂固，过去的"狭义相对论"教学仅停留在知识教学层面，学生仅知道运动尺度收缩、运动时钟延缓等相对论效应结果，并没有上升为思想观念，即物质-运动-时空密切相关，"物质决定时空几何，时空几何影响物质运动"。

热力学第一定律和第二定律。熵——是一个极为重要、深刻的概念，其应用远远超出物理学，它决定自然演化的动力，决定时间之箭的方向。传统的大学物理是以能量守恒为基础的热力学第一定律为主要内容，并没有深入阐述熵的概念和意义，也没有把第二定律作为重点。

上述分析表明，传统的大学物理教学内容并没有像它所声称的那样，给出物质世界运动最基本、最普遍的规律，它是存在片面性的。

从时间上看，当时大学物理教学内容——力、热、电——主要是19世纪以前的物理学，关于20世纪的新物理学——相对论，量子物理的处理远远没有令人满意。从实用角度看，对当代科技新概念、新技术、新文献资料，大量涉及相对论、量子物理等近代物理的内容，大学物理教学并没能给学生一个必要的、合理的、开放的知识结构去适应这种情况。

由于上述种种原因，我们认为大学物理教学内容必须改革。那么，改革该从何着手呢？

2. 创新大学物理教学理念，改革教学指导思想

首先，大学物理教学理念需要创新。我和我们课程组，经多年学习、探索，逐渐形成了大学物理教学新理念。我们认为：（1）为学员学习其他专业课程打下坚实的物理基础，这是必要的；（2）大学物理教学应当使学员掌握基本物理学语言、概念和物理学的基本原理和方法，对物理学历史、现状和前沿在整体上有比较全面的了解，使学生具有自我（物理）知识更新的基础和能力；（3）使学员认识物质世界运动、变化的基本规律，获得完整物质世界图像，并以此为基础，建立科学的物质观、世界观；（4）培养学员的科学精神、科学思想方法、创新意识，提高其科学素质，即开发大学物理教学在科学文化教育方面的功能。

为了贯彻上述教学理念，大学物理教学改革方向应包括以下两方面：

（1）教学内容的现代化改革；

（2）充分发掘、开发物理教学的高品位文化功能，为提高学员科学、文化素质服务。

3. 改革的具体方法和思路

为了在有限教学时间内实现上述教学理念，我们必须把大学物理教学作为一个系统工程，进行优化设计。我们探索总结出"三个层次""一个统一""两个突出"教学新思路。

"三个层次"就是将传统的大学物理教学内容分为三个不同层次，对不同层次赋予不同的教学目的，采用不同方式处理。

第一层次属于认识论、方法论和科学世界观方面的内容。这一层次应体现现代物理思想，有助于学生获得完整的物质世界图像，建立科学思想方法和辩证唯物主义世界观。

第二层次的内容描述不同物质层次（机械运动、热运动、辐射场、微观粒子）运动的基本规律。这部分内容是大学物理教材的主体，其教学目的是培养学生掌握基本物理学语言、概念、理论和方法，掌握物质世界各层次运动的基本规律。

第三层次是运用第二层次得到的基本规律，研究一定范围内不同现象局部的、具体的规律，或解释一些自然现象，或说明物理学在生产实际、科学技术中的具体应用。这一层次内容的教学要体现分析问题、解决问题的能力训练和素质培养的要求。

我们提出对不同层次采用不同的处理方法。第二层次是教学内容的主体和"骨干"，传统的大学物理教学内容很多都属于这一层次，但需要补充量子物理、相对论的"骨架"，就像一个人一样，仅有骨架是不行的，第三层次的内容就像人体的"血肉"，使教材内容显得丰满。一个体格健全、血肉丰满的人，更需要健康的"灵魂"，第一层次的内容就是大学物理教学的灵魂。灵魂不能脱离躯体存在，因而在教学中需要通过第二层次内容引申、升华到第一层次，并适当地、有选择地、灵活地处理第三层次。

"一个统一"。我们注意到在任何情况下，我们研究的对象都必定是一个"物理系统"，研究的问题分以下两类：（1）在一定（运动）状态下系统的性质；（2）系统运动变化的规律。前者是状态的函数，后者是状态随时间演化的规律，这两者都和"运动状态"有关，都可以通过状态参量和适当的状态函数描述。所谓"一个统一"，就是突出"运动状态"的概念，用"独立状态参量描述运动状态，通过状态参量、适当的状态函数的演化表示运动规律"这一理论框架，统一地处理力、热、电及量子物理。这样做的好处是理论主线条清晰，主干和枝节明确，便于突出重点，达到优化经典物理教学内容的目的。由于采取上述体系，把量子力学看作是经典物理发展的一个逻辑结果，因而可一定程度降低学习量子物理难度。

"两个突出"。一是突出军事应用特色，这是由我们学校性质以及培养对象未来专业需要决定的，对当代国防高技术涉及的物理原理，都将在教材相应的部分和章节中给以适当的讲解。例如，GPS定位、惯性导航、卫星、火箭技术、电磁波的发射和传播、地球的电磁环境、雷达、激光、半导体、超导体、核武器原理和防护、量子保密通信技术、纳米材料等，但上述内容主要以讲清物理原理为主，淡化具体技术细节。二是突出实验教学，应体现"从现象引出概念，由实验总结规律"的普物风格。在教学中适当介绍一些以物理学为基石的典型实验，如伽利略落体实验、焦耳热功当量实验、麦克斯韦速率分布律验证实验、库仑定律验证实验、法拉第电磁感应实验、赫兹实验、迈克尔孙－莫雷实验、米立根实验、卢瑟福实验、黑体辐射实验、光电效应实验、康普顿散射实验、物质波实验、量子密钥分配实验等。通过这些实验内容教学，一是说明物理学中实验的研究方法，正确认识理论和实践的关系，培养学员实事求是的科学态度；二是加强创新意识和创新能力的培养，训练物理建模、实验设计以及实验动手能力。

4. 编写出版新教材

教材是教学理念和教学内容改革的载体。在上述教学改革探索和实践基础上，我们编写出版了《基础物理学》（上、中、下）教材，该教材获湖南省优秀自编教材奖。2006年，针对"军队指挥军官学历教育合训"类人才培养的需要，提出了编写合训类大学物理教材的新构想，新编"大学物理学"列入"十一五"国家级规划教材建设计划。该教材继承了上述《基础物理学》特点，更着重突出军事应用特色，充实了实验教学内容，更好地体现了"从现象引出概念，由实验总结规律"的特色，并增加补充了充满哲理的科学故事和启发睿智的物理学家生平轶事，体现了教材的人性化和趣味性，形成了教材的新风格。这一思路获得有关专家和同行的高度肯定。"十一五"国家级规划教材《大学物理学》由科学出版社于 2009 年出版，分上、下两册，现在我校非物理专业本科生使用的就是这本教材。

这种新的教学理念和新的教学思路，在大学物理教学内容改革、教材建设、教学方法改革等方面已形成明显的特色和经验。2007 年 8 月，"大学物理"被评为军队院校优质课程和国家级精品课程。2008 年，我们的教学团队被评为国家级优秀教学团队。

三、教学和科研结合，提高教学水平

要上好课，最根本的还是教师本身要有较高的学术水平，而要提高学术水平，除了从教学实践中学习提高外，还要积极参加科学研究。

大学期间，尤其是研究生期间，学生学习的目的不仅是学习知识，获得技能，而且还要学会创造知识；老师不仅要教授书本上的知识，还要教授教科书里学不到的知识。教师要在学术、科研上给学生以指导，培养学生的科学思想、科学研究方法以及悟性与灵感。任何一个学科都在不断发展，教师要做到这一点，就应当不断更新知识，查阅新文献、钻研新问题。

要做一个合格的老师，还要身体力行地做着实际的科学研究工作。只有这样，才能站在本学科前沿，把握学科发展方向，对学科发展趋势有深刻的了解，才能拥有必要的学识和经验，给学生以切实的指导。很难想象，自己不会游泳，却能培养出游泳健将；郎平如果过去不是出色的排球运动员，也未必能作为教练，带领中国排球队创造出今天的辉煌。

　　我在教学的同时，始终坚持做一些科研工作。前文已经提到，我刚到学校教"电动力学"时，还在陈建华老师领导下做过原子多体理论和计算的研究；从1987年到1996年，又和航天工业部703所合作做了隐身材料方面的研究。这些研究不仅开拓了我的知识面，对我上好相关课程大有帮助，而且还对后来我作为各种名目的专家，参加教学、科研项目评估、科研成果评审都起了巨大作用。例如，我对隐身材料的研究不仅巩固了我关于电磁学的知识，了解到波阻以及阻抗匹配概念在隐身材料设计中的重要性，而且还了解了优化设计、线性规划，特别是非线性规划的各种计算方法，包括生物遗传算法，也是那时做隐身材料优化设计计算时所学的。特别是1997年开始的量子信息研究，是我退休前最主要的科研工作，1997年后的教学工作也都是围绕着量子信息进行的。

　　量子信息学作为一门以量子物理为基础，融入计算机科学、经典信息论所形成的新兴交叉学科，产生于20个世纪80年代。1997年4月，当时已升任国防科工委副主任的前校长郭桂荣，从国防科工委带来了几份关于国外量子信息研究的新闻报道，以及著名科学家钱学森的建议："量子信息对国防科技可能会带来重大影响，你们学校是搞国防科技的，是不是应当研究研究。"量子信息与物理学有关，郭校长回校后就把这个任务交给了物理系，当时系主任曾淳就把钱学森的建议以及那几篇小文章交给了我们教研室。

　　什么是量子信息？信息怎么是量子的？教研室没人能说清楚，大家都感到迷惑不解。我当时作为教研室主任，学校、系既然把这个任务交给我们教研室，我就责无旁贷要去解答这些问题。我仔细阅读了那几篇新闻稿，从各方面找材料，当时互联网刚起步，搜集材料远不如今天这么方便。我请当时在北京读博的黄明球帮我收集材料，并让当时在美国读书的儿子也帮我收集资料。1997年暑假，我儿子从美国回来，给我带回一大摞从网上下载的材料。我抓紧时间认真钻研这些资料，很快就理出了头绪，8月就写出一份调研报告，作为系里给钱学森所写的信的附件发送给他。9 月初就接到钱老的回信，不久学校便成立了"量子通信与量子计算"研究中心。自此，量子信息课题的研究工作在我们学校正式开始。

开展量子信息研究，需要一批有好奇心、进取心的年轻人，他们需要有理论物理、计算机科学、经典信息论等知识储备。在当时系、科研部的支持和帮助下，我们马上开展了组织人、培养人的工作。当时国内、国外都没有现成的教材（至少我们没看到过），在无教学大纲、无教材的情况下，我们从大量的国外文献资料中组织材料，在国内率先为本科生、研究生开出了"量子通信和量子计算"课程。

量子信息是由量子物理、经典信息论和计算机科学融合的典型的交叉学科。经典信息论、计算机科学我们过去没学过，也很少接触。为了开这个课，我曾花一个多月时间去钻研"信息论"，也从最简单的计算机书本开始学起，认真钻研过计算机科学。并在"量子通信和量子计算"课程教学实践中逐渐摸索，创建了"把经典信息论和量子信息论融为一体"的教学内容体系，制定了教学大纲，编写了教材，并于 2000 年 5 月出版了国内最早的有关量子信息的著作《量子通信和量子计算》。该书首印 1000 册，很快销售一空，中国科技大学的一个课题组第 1 次购入 20 册，第 2 次购入 100 册；中国科大书店在半年内先后进货 8 次之多，总量在 700 册以上。到 2006 年已再版 3 次，总印数近 5000 册，被中国科技大学、武汉数物所、吉林大学、湖南师范大学、湖南大学等国内多所大学和研究所选为研究生、本科生教材或参考书。该书于 2002 年获第四届解放军图书奖。

2007 年，在认真总结教授研究生量子信息学相关课程基础上，并融入多年开展量子信息研究的成果，申请了学校及国家自然科学基金资助，编著出版了《量子计算机研究》一书，分上下两册，于 2011 年由科学出版社以重点图书（精装本）出版。该书详细介绍了量子计算机物理原理，主要量子计算模型，目前正在研究的量子计算机物理实现主要途径，量子纠错码的理论、方法，无消相干子空间的概念，容错计算和容错计算的物理实现等内容，本书特色明显，内容既包含学科主要基础，又在分析整理该领域大量文献资料的基础上，系统介绍了当前该领域前沿研究的主要方向和动态，特别是把经典计算和量子计算融为一体，进一步突出了理论和实验结合的特色。网评："本书系统性很强，它包括了量子计算各方面的知识，值得一读""内容相当不错，很全面"，"是有关方面的一本好书"。

四、爱岗爱业，为爱献身

孔子说过："知之者不如好之者，好之者不如乐之者"，乐趣可以使我们不知疲倦，不畏艰险，勇于追求。我认为上好课的第一条就是热爱教师这个岗位、热爱自己所选择的专业。热爱，才能产生兴趣和爱好，才能不知疲倦地去追求、去探索，为爱献身。

我们有理由为教师这个职业感到自豪。撇开人们常常赋予教师"人类灵魂的工程师""辛勤的园丁""人梯""蜡烛"等种种赞誉不说，教师还担负着传承科学和文明、弘扬人类道德精神的社会重任，而不仅仅是个人一种谋生的职业。每当我看到一双双渴望求知的眼睛，我就会有无限的激情；每当我解答学生的问题，看到他们满意而归的身影，心理上就会很满足；每成功上完一堂课，都会使我感到莫名的高兴。教师通过自己诚实的劳动，对社会的贡献是具体的、实实在在的，我为自己的劳动价值而骄傲。

要上好课，还要爱自己所选的专业，真心实意、发自内心地喜欢你所教的课程。有了这种爱，你才能乐意、主动、积极去讲（不是为完成任务被迫去讲），在讲课中才能产生激情，有激情才有感染力，这对于上好课是必要的。

我是教物理的，我就很爱物理学这个专业，我的喜爱绝不是口头上的，是基于我对物理学的理解和体会。2009年秋，我应院领导的指示，给物理专业新生做过以"物理专业——是你无憾的选择"为题的报告，其中详细解释了我爱物理学的理由。

（1）我们来到这个世界上，从小就被宇宙万物、大自然的种种奥妙吸引，而物理学就给了我们理解、探索大自然这些无穷奥妙的语言、方法、工具。

（2）我们生活在社会上，物理学给了我们判断是非、真伪的标准和依据，是我们抵御一切伪科学的强大思想武器。物理学的品格具有彻底的唯物主义精神，坚持"实践是检验真理的唯一标准"，坚持"实事求是"的科学态度。

（3）物理学是科学方法的宝库。在长达数千年的发展过程中，汇集了一代又一代人的创造和智慧，不仅丰富和发展了物理学本身，而且锤炼、升华出一套普遍适用的科学思想和科学研究方法，使物理学成为蕴藏科学方法的宝库。这些科学方法（如实验的研究方法、理想化模型的研究方法、统计的研究方法、逻辑推理的研究方法等）不仅适用于物理学、自然科学，而且已广泛用于社会科学。如相对论物理学的结论，已经是辩证唯物主义世界观的基础。热力学熵的概念不仅出现在信息论中，热力学第二定律在研究社会现象中也有重要的启发性和应用。

（4）物理学是科学技术进步的源泉和推动力，是现代高新技术产生的主要基础。物理学目标是把人类从自然界中解放出来，致力于利用自然界，服务于人类，使人类的物质文化生活趋于文明和高尚。

历史上，热力学研究——导致蒸汽机的出现和热机效率的提高——引起第一次工业革命。18 世纪电磁学的研究促使电气化时代的到来，社会生产率获得极大提高，从根本上改变了人类生产、生活方式。今天，物理学是各种高新技术——核技术、新能源、激光技术、微电子学和信息技术的主要源泉和基础，互联网的出现、信息技术日新月异的进步，引起社会生活的变革，使我们目不暇接。

（5）物理学本身就充满魅力，物理作为一门科学理论，具有无与伦比的优美体系。

美，就其概念来说，包括两个方面：外表形式美和内在灵魂美。

一般来说，人们喜欢有序，厌恶混乱；喜欢和谐，厌恶冲突；喜欢简洁，厌恶繁杂；喜欢深刻，讨厌肤浅，从而决定了形式美的标准，即简洁、明快、对称、和谐、赏心悦目。而内在美的标准则是反映本质、具有普适性、逻辑严谨、玄妙精深。物理学完全符合这些美学原则。

爱因斯坦说："大自然是按美学原则设计的。"

杨振宁说："自然现象的结构是非常之美的，非常之妙的，……物理学的美是由表层到深层的灵魂美、宗教美直至达到最终的美。"

由于物理学具有这样的美学特征，历史上追求物理学美，就成为物理学发展的重要驱动力。牛顿力学的创立，麦克斯韦电磁理论、相对论的产生以及量子力学的建立，其中都包含着对这些美学的追求。

物理学既是科学，同时又是高品位的文化，具有艺术品的特质。例如，电动力学具有高度概括性，它把各种各样的电磁现象，概括在电场和磁场满足的一组简单的方程——麦克斯韦方程组中，变化磁场激发变化电场，变化电场激发变化磁场，反映了自然界的电磁对称性。而自然界不存在激发纵磁场的磁荷——迄今这是实验事实，这种不那么完美的对称，又启发了人们对电磁现象更深入的探索。

又如相对论，运动长度收缩，运动时钟延缓，时间和空间的统一，这些不仅深入揭示了空间、时间的物理本质，而且揭示了物质和运动的统一，并由此揭示在非相对论条件下一些表面上不同的物理量实际上是相对论条件下同一个物理量的不同分量，如力和功率、动量和能量、波矢量和频率、电场和磁场等。

量子力学是物理学美学特质的又一体现。波性和粒子性，在经典物理中互相冲突、排斥的两种性质，在量子理论中居然是同一物理客体、普遍、统一的性质。量子力学体现的辩证唯物论的世界观、量子测量理论、量子纠缠，从经典看是那样神秘和不可思议，而从量子物理看又是那样合乎情理，不得不令人惊叹。另外，在经典世界中不可思议的量子纠缠现象，现在正作为新的信息物理资源，被蓬勃发展的量子信息所开发和应用。

最后，不得不提到物理学的另一分支——热学。热学不仅把各种各样的热现象规律归结为四个基本定律，还给出了生命现象的基本解释。

我相信，热爱物理学绝不是我个人的感受，许多对物理学有一定了解的人都会有相同的感情。

以上讲的主要是我所选择的物理学专业，但我想不独是物理学，各个不同学科专业都有着自己独特的魅力，作为教师，要履行好使命，就是要发掘自己所从事专业的魅力，不仅自己要热爱，还要用这种热爱通过你的教学去感染学生，使他们发自内心地热爱学习，学好你所教的专业课程。

谢谢各位！祝愿各位在自己的教学中都取得好成绩！

（2016 年 9 月）

附录

名师推荐文档*

一、名师心得

我爱物理学，物理学给了我们理解大自然的语言，给了我们研究、探索大自然奥妙的工具和方法；物理学给了我们判断是非、真伪的标准和依据，是我们科学自然观、科学世界观的基础，是我们抵御一切伪科学的强大思想武器。

我觉得物理学已经融入了我的思想观念中，当我遇到一些自然现象时，自觉或不自觉地都会用物理学概念、方法，用物理学工具去思考它、理解它。

物理学本身充满魅力，物理理论不仅具有简洁、对称、和谐、赏心悦目的形式美，而且还具有反映本质、普适性、逻辑严谨、玄妙精深的内在美。物理学具有无与伦比的美。

一组形式简单、具有对称美的麦克斯韦方程组，深刻揭示了电磁场的物质性，淋漓尽致地展示出包括光在内的各种电磁现象的本质。相对论的结果不管听起来多么不可思议、违背常识，但都是理论的逻辑结果，深刻地揭示了物质世界更高层次上的和谐统一，"物质分布决定时空几何，时空几何影响物质运动"，成为我们了解广袤宇宙的理论工具。

在几条基本原理基础上建立起来的量子力学规律，描述了微观世

＊ 按"申报国家教学名师"要求写的三段文字，当时字数受限，收入本书时略有增加。

界，其博大精深，迄今也没有发现违背它的实验事实。根据量子力学理论，我们不仅发展了 20 世纪的激光技术、微电子技术、计算机技术，而且现在正开发、利用奇特的量子纠缠现象，发展 21 世纪的信息技术，这也正是我们课题组目前的研究方向。

量子力学还是研究宇宙起源、探索生命现象的工具。

"教"，本身就是学习的过程。"教"是消化、理解、知识再加工，用自己的语言、自己创造的方式重新表述的过程。我相信能上好课绝不是与生俱来的本领，必定是一个不断进取、不断更新知识、不断提高的过程。"教学"并不仅仅是单方面付出，教学是个既教又学、边教边学、不断提高的过程，"在教中学"是治学的途径。

有人说，上课是一门艺术，我赞成这种说法。讲课不能照本宣科，死记硬背，要以自己理解的方式与自己创造的想法去讲；讲课要面对学生，不仅需要语言互动，还要有眼神和情感上的交流；要讲出自己的态度和情感，讲出激情，有激情才能感染学生。要上好课，必须备好课，备课的过程就是整理讲课思路、深入理解教学内容的过程。

通过具体的物理内容教学，对学员进行辩证唯物主义科学世界观的教育和科学思想方法的教育，启迪创新，培养悟性与灵感。大学物理教学内容需要进行现代化改革，要在近代物理基础上为学员构建一个"合理的、开放的物理知识结构"，使他们能以此为基础理解当代科技新概念、新技术。

导师对学生身教重于言教，导师需靠自身的德行与人格魅力去感染学生。导师本人严谨的学风，宽广扎实的专业知识，身体力行的科学研究，客观上对学生有种道德上的约束力。导师应能站在本学科前沿，把握学科发展方向，对学科发展趋势有深入的了解，应能在学术上给学生以切实的指导；导师应当启发学生认识自己的潜能和价值，建立必胜的信心，具备自信比学业上一时的成功更重要。

二、名师寄语

热爱祖国和人民，有献身国防的思想和愿望，关注人生的意义和价值，具有强烈的社会责任心和历史使命感，这是当代年轻人的本质和主流。

要处理好德育与智育的关系。

要塑造高尚的人格，处理好人际关系，要主动地适应社会、适应军队需要。只有把自己融入集体，为社会主义事业而奋斗，才能最大限度地实现自己的人生价值。

修身立德乃为师之魂。教师要有高尚的道德情操和崇高的社会责任感，教师要堂堂正正做人。教师必须也只能靠自身的德行与人格魅力去感染学生。

要时刻牢记自己的职责和使命，全心全意、无私奉献、敬业爱生、为人师表，忠诚国防教育事业，为培养德才兼备的高素质新型军事人才做出自己的贡献。

三、名师名言

热爱物理学，并坚信它是宇宙的真理，在讲课时富有激情，有激情，才有感染力。

要做好学问，必先做好人。

科学的本质是求真求实，来不得半点的虚伪轻浮，禁忌装腔作势、不懂装懂。

"教"是对知识的消化、理解、再加工；"教"必须融入自己的体会和创造，绝不能照本宣科。

"在教中学"是治学的途径。

物理教学改革的一个重要内容就是开发物理学中蕴含的高品位文化功能，就是寓科学世界观教育、素质教育于物理知识教育中，就是坚持知识教育、素质教育、科学精神教育并重。

（2008 年 5 月）